石原　渉　著

# 碇の文化史

佛教大学研究叢書

思文閣出版

碇《いかり》の文化史◆目次

# 碇の文化史

# 序章

## はじめに

海の象徴といえば、誰しも思い浮かべるのは船や波そして鴎《かもめ》などの海鳥だが、船の象徴といえばまず浮かんでくるのが碇《いかり》である。これは世界共通のことであり、とくに海事関係の企業、すなわち海運会社や水産会社の社章や社旗に碇をデザインするものが多い。また、世界各国の海軍は伝統的に碇を徽章としている。

では、碇とは船にとってそれほど大切なものなのだろうか、船には帆もあれば、櫂《かい》や舵、ロープや旗など、ほかにいくらでも船具はあるはずである。ましてや水上の移動手段である船にとって、動くための道具こそが重要であるはずだ。それに比べて碇とは、その船を固定するさいに用いる道具である。動くことを規制する道具なのに、なぜ人々は船の象徴として思いを馳せるのだろうか。碇の研究は、このような疑問から始まった。

また、四囲環海の島国であるわが国には、海事史に関する記録文書が多数存在し、碇に関する研究や文献も、多数存在するものと期待していた。しかしそれは見事に裏切られた。それればかりか、先史時代から続く船の歴史の中にさえ、碇に関する先行研究は希薄であった。海といえば船、船といえば碇という連想の中で、その存在が希薄であることに違和感すら感じた。そこでわが国における碇の存在とはどういうものであったのか、さまざまな時代ごとに、実際の碇をとりあげ、その形態上の変化と発展の系譜をたどりながら、さらには海事史の隙間に埋もれた碇というものの存在を、文化史の側面からも考察してみたいと思う。

## 第一節　研究の視点

ここで碇というものの存在とその意義について考えてみたいと思う。そもそも無動力化した船を水上に固定するためには、繋船索《けいせんさく》（舫綱《もやいづな》）と連結した支点が必要である。これには大きく分けて二種類の方法がある。まず陸岸に近ければ、着岸したさいに岸の繋留柱《けいりゅうちゅう》に繋船索をつなぐ方法である。これら繋留柱は単一のものをビット（Bits）、二本並んだ双繋柱《そうけいちゅう》をボラード（Bollard）と称する。Bitsの語源は地面から突き出した杭のことで、木の幹を意味するBdeからきているといわれている。わが国の例をあげれば、兵庫県美方郡香美町香住区今子の今子浦に存在する繋留用に岩に穴をあけた繋留用棒杭《ぼうくい》があるが、これは千石船用の繋留柱であった。同じように一六世紀後半に銀の積出し港として栄えた島根県石見銀山の沖泊や温泉津湾にも「鼻ぐり岩」といわれる岩に穴をあけたものや、円柱形の繋留柱が存在する。一方、船上の繋船具には、船に固定された繋船用金具のクリート（Cleat）やフェアリーダー（Fairleader）があり、そこに陸上からの繋船索を結びつけて船を固定するものである。そして陸岸から離れている水上や、繋船索をつなぐ固定した支点がない場合は、水底に支点を求める繋船具である碇（Anchor）を使用することになる。水底との摩擦効果によって繋船索を緊張させ、その抗力によって船を固定するのである。こういった船の繋留に使用する船具を総称して繋船具という。ただし本論考はこれら繋船具の中でも「碇」に焦点をおいたものであることから、以降は碇を中心に話を進めていきたい。

それでは、ここでまず碇というものを定義してみることにしよう。碇とは、船に付随する道具である。それは船を水上の定位置に留め置くための道具である。碇は沈まなければならない。そのためには重くなければならない。そして何よりも丈夫でなければならない。碇は水底の何らかの障害物にからんで引き揚げが不可能となった場合は、放棄される存在である。したがって常に放棄される可能性を考慮し、その素材は安価なものが望ましい。すなわち碇とは消耗品なのである。

次に、その材質に着目してみたい。まず碇の黎明期は、ほぼどの社会においても、その素材は石であった。そしてもっとも原始的なものは、自然石に索《なわ》を巻いたものから始まっている。なぜならば、材質は丈夫でしかも劣化しにくく、なおかつ容易に入手可能で、交換の便も良いことなどがその理由にあげられよう。(1)

碇は、素材によって表記が異なる。すなわち「碇」「矴」「錨」「椗」などである。なお、現代の碇は鉄で造られたものがほとんどであるため、「錨」の字を用いることが多い。しかし碇の素材が、鍛造の鉄によるものに変わるのは、東アジア世界においては、中世からのことであり、それまでの碇は石を素材とし、あるいは複合材として木材を付加したものが用いられていた。これに関しては別項において精述することになるが、材質が石製の場合の名称は「碇」の字を、あるいは碇の形態による差で生じる表現においては「矴」の字を用いる場合がある。また、石製の錘《おもり》と木材による碇爪《ていは》や碇身《ていしん》をもつものについては、わが国では木碇《きいかり》と呼び、中国では木石碇《きいしいかり》と呼ばれていた。なお、中国では比重の重い木だけを使った木製碇を「椗」と称することがあった。したがって、本論を展開する中で、その都度、これらの表現を用いることとする。また、倭語であるイカリについても、のちに漢字表記の碇に置き換えられるが、中国でいうところの碇とは、爪を備えたものをいうのであって、石だけのものは、たとえそれが船を固定するためのものであっても、種別からすれば錘なのであり、わが国の古文献には重石や沈石と表記してイカリの読みを与えているが、これが碇爪をもった碇なのか、石だけの錘なのかについては、遺物として現存するものが存在しない以上、明確な用語の使い分けができないのが現状である。この問題についても別項を割いて精述することになるが、これから論を進めていくうえで、無用な混乱を避けるために、次のように碇に関する用語を規定しておきたい。

まず、先史時代の遺跡から出土した遺物で、丸木舟にともなう繋船具の可能性のある礫石錘《れきせきすい》を、碇と報告したものがあるが、これらはいわゆる礫石錘そのものであって、特徴的なものとしては、その遺物には緊縛用のために抉《えぐ》りをともなうことである。これを繋船具の碇とするか否かについては、別章でくわしく述べるが、いわゆる漢字表記の碇とは性格が異なるものである。すなわち碇とは、爪をもつものをいうのであって、礫石錘を表わす用語としてはふさわしくない。しかし、これら遺物が繋船具であった可能性も否定できないので、こういった礫石錘については、あえてカタカナ表記によるイカリの表記を用いることにする。また、繋船具の総称として表現する場合は、漢字表記で碇の文字を用いることにする。

次に、碇の形態にも着目しておきたい。まず碇は船の大きさに比例して大きくなるものである。船の大きさに比例して大きくなれば、当然、水中から碇を引き揚げるのが難しくなる。碇が船とともに巨大化するのを防ぐには、いかに水底の接地面と碇を固定できるかにかかってくる。そのためには重さだけではなく、抗力を生み出さなくてはならない。それが碇爪や碇歯、碇鈎《かぎ》と呼ばれる爪が工夫されたゆえんである。

黎明期においては、碇本体の石に孔が空けられ、そこに木質の棒を挿入して、水底へのかかりをよくするための工夫などがおこなわれたが、中世になると、碇の錘とされた碇石が角柱状となり、ストック（桿）として碇爪を確実に水底に嚙ませる役目が与えられた。では、碇のかかりをよくするために開発された碇爪について考えてみよう。まず、碇爪は水底に嚙ませた部分が丈夫でなければならない。そして水底の土層に関係なく、確実に水底を噛まなければならない。碇爪を水底に確実に噛ませるには、仕掛けが必要である。それがストック（桿）の考案である。碇爪と直行するように十字形に接合したストック（桿）は、重量がある碇の錘として、まず最初に水底に到達する。そして次に碇本体である木質部分の碇身が着底し、テコの原理によって碇爪の部分が水底を噛むことになる。碇爪には、一本爪、二本爪、三本爪、四本爪などの種類がある。碇爪は引き揚げ時に船体を傷つけてはならないし、船上にあっては邪魔になってはならない。

なお、碇本体（錘）と碇爪（抗力増強材）とが一体化し、さらに碇軸（抗力増強材を構成する碇身）が、異質な材質で構成される場合、つまり碇石（石質）と碇爪（木質）や碇身（木質）が連結されることによって一体化された碇で、繋船索（碇綱）が碇身である連結材に結ばれたものを「木碇」と称したい。

次に、碇の使用法であるが、碇は黎明期から現在にいたるまで、さほど形態に大きな変化はみられない。きわめて簡素化されたもので、とくに使用中は視界に入らないので、際立つ装飾も必要がない[2]。機能面ばかりが追求される存在である。碇の機能面からいえば、なるべく小型軽量で、しかも杷駐力が高く、引き揚げが簡単で、水底の底質を選ばないものが最良といえる。

繋船索（碇綱）も長ければ、しまっておくスペースが広くいるので、なるべく短い方がよい。そして碇は船を繋留するだけでなく、船の運用上で使われることも多い。すなわち座礁したあとの離礁作業や、碇を使って船の向きを制御する用錨回頭、減速して行き足を止める「たらし効果」別名「シーアンカー」などである。

また、碇は重くなると人力での引き揚げが困難となるので、碇が大型化するとその巻き上げ機が必要となり、時代を経て開発された。中国ではこれを「盤車」と呼び、日本では専用具ではないが「轆轤《ろくろ》」という巻き上げ機があった。また、碇は通常、船が波によって沿岸へ打ち寄せられ、破損しないように沖側になげうたれることが多い。したがって碇は水底ないしは陸上に接地され、その地点と接触面が摩擦抵抗をもち、水上での波や風、流れによって動こうとする船を定位置に保った。

すなわち碇は、接地面とのあいだにおいて常に摩擦抵抗をもたねばならない。さらに碇は、一艘の船に複数必要とされた。それは船をどのように繋留（停泊）するかによって違ってくるが、たとえば一本の碇を一点だけになげうって船を繋留すると、船は風上に向かって碇を中心軸とした八の字に振れるのである。したがって、普通は船首の左右両舷から、二本の碇をなげうつ「二点碇」が用いられた。

最後にイカリという言葉であるが、その語源はさまざまである。古代朝鮮語であるという説、海中の岩を表わす「イクリ」だという説などがある。また、碇のつく地名も各地に残る。碇は「伊刈」「伊加利」などさまざまに表記されることもある。これらについても別項を割いて紹介したいと思う。

さて、このように「碇」という存在を、いろいろな視点からみていくと、今まで気づかなかったものがみえてくる。これからこういった多様な側面を視点を変えながらみていきたいと思う。

## 第二節　研究の方法

研究の方法については、まず時間軸に沿って時代ごとの碇をみていく。しかし先史時代にあってはなかなかイカリと特定できるものにめぐり合うのは難しい。ましてや旧石器時代においては渡海の方法すら判明していない。しかし何らかの方法によって人々が海をこえたことは間違いない。長野県野辺山高原にある矢出川遺跡の細石刃石核は、太平洋上に浮かぶ神津島産の黒曜石を材料として作られていることが判明している。すなわち旧石器時代の人々がまぎれもなく海をこえて黒曜石を獲得し、長野高原で石器として利用していたのである。しかし、今日、その渡海手段についての資料は発見されてはいない。したがって現在知りうるもっとも古い資料である、縄文時代の海浜の遺跡で確認された丸木舟にともなう出土品や、あるいは礫石錘や釣針、大型魚類や海獣類を突刺するための銛《もり》など、漁撈具をともなう遺跡などで出土する礫石錘の中から、明らかな形態的特長をもち、船をつなぎ止めるだけの重量をもつものをイカリと想定しながら、集成を試みたいと思う。その過程で、そこからは先史時代の生業のありようもみえてくるはずである。イカリを通して先史時代の生業の変化をもたどってみたい。

弥生時代においては、出土資料の土器や銅鐸の表面に、船の線刻画を描くものが発見されている。これらには多くの艪櫂《ろかい》が表現され、船の大型化が図られた事実を物語っている。また、生業としての漁撈も発達し、その活動範囲も沿岸から沿海そして近海へと広がっていった。その中では多様な礫石錘が産み出され、一部は船のイカリとして活用されたものもあったであろう。

次に古墳時代、古代の碇について論述してみたい。この時代は、原始的な丸木舟を素材とし、準構造船（縫合船）の段階まで進んだ時代である。丸木舟が沿岸および沿海の漁撈に限定されていた段階から、近海に乗り出し、波頭をこえて島嶼部や、あるいは外洋に出て朝鮮半島や、大陸へも行来する航洋性の高い船が登場した時代である。当然、船も大型化し、古墳に副葬された埴輪船にみられるような大型船へと変化していった。当然ながらその船を留めるためのイカリも変化したはずである。その実態に迫りたいと思うが、古墳時代や古代のイカリについても、遺物として今日に伝わるものがきわめて少ない。そこで古墳時代においては、古墳や横穴墓の石室内に描かれた、線刻画として残された絵画資料や副葬品として埋納された船形埴輪などから、イカリの実態に迫りたいと思う。

古代においては、遣唐使として唐に渡り、苦難の末に無事、帰国をはたした求法僧円仁（慈覚大師）の記録

『入唐求法巡礼行記』を参考として、渡海から帰国までの船による道程の中で紹介されている碇の描写について、さまざまな角度から当時の碇の使用法について検討する。そこには碇が単なる船を固定するための船具というだけではなく、特殊な使用法が盛り込まれており、現代の用錨法《ようびょうほう》に相通じるところがある。

次に、中世においては、主に西日本や沖縄地域でみられる、大型の碇石に焦点をあてる。これらの碇石は、古来「蒙古碇石」と呼ばれ、文永一一年（一二七四）と弘安四年（一二八一）の二度にわたり襲来した、蒙古の軍船の碇であると信じられてきた。ところが近年のさまざまな研究成果から、これらの碇が必ずしも蒙古の軍船のものではなく、中国貿易船の碇である可能性が出てきた。さらには長崎県松浦市鷹島町の海底からは、蒙古の軍船の碇そのものが共伴遺物とともに出土し、その形態がこれまで知られていた碇石とは、まったく別物であることが分かった。これについても別章を設けくわしく述べ、中世の東アジア世界における碇をみていくことにする。(3)また、あわせて当時のわが国固有の碇が、どのようなものであったのかも詳述したいと考えている。

次に、碇が近世になってなぜ、石と木を組みあわせた木碇から、鉄錨に変わったのかを論述する。今日、鉄錨が主流であるが、その鉄錨への変化には、何らかの原因が存在したはずであり、これまでそれが語られることはなかった。しかし、そこに焦点をあてることによって、石製碇の終焉が明確になるはずである。

したがって、本論考の主題は、石製の碇の誕生と終焉までの変遷を具体的にたどり、時代ごとの形態の変化をみながら、その理由と使用法の変化に言及する。そして、石製碇が終焉せざるを得なかった原因を検討し、鉄錨の登場という素材の変化をもって、石製碇の終焉を論証するつもりである。

## 第三節　船の発達史

### (一)　船の発展段階

碇について論じる前に、やはりその主体となる船について論じなければならないであろう。まず船の発達史をわが国で最初に論じたのは西村信次氏である。西村氏は船を「水上運搬具」という概念でとらえ、それを世界的な見地から概観して、次の五段階の発展経過を提唱した。(4)

第一段階　浮き (Float)

動物の内臓をくりぬいて空気を入れた皮袋をもちい、チグリス・ユーフラテス、インダス、揚子江のような大河で、古くからもちいられたもの。大甕を多数浮かべて結びあわせたものもこの類とされ、鴨緑江《おうりょくこう》でも使用されていたとしている。またさらに原始的なものは、アフリカのヌビア人が丸太にまたがって川を渡る風習があることを鳥居龍蔵氏の指摘として紹介している。

第二段階　筏 (Raft)

木材、竹材を多数並べて束ねたもので、わが国でも類例が存在したが、揚子江、メコン河をはじめとして世界的に類例が多い。西村氏は、エジプトの葦船《あしぶね》もこの類に入れている。

第三段階　刳船

一本の木材をくりぬき、中を空洞にして乗るもので、いわゆる丸木舟(独木舟)もこの種の舟を指す。第二段階までとは異なり、これが一般的にいう「舟」と呼ばれるものの原始的な形である。

第四段階　皮船

木や動物の皮で造った船で、西村氏は木材などで外殻を造ったものに、獣皮を張ったものをこれに加えた。

### 第五段階　準構造船（縫合船）

いくつかの材を植物性の縄などで結び合わせて造るのが縫合船、釘づけにしたものが構造船とした。以上が西村氏の「水上運搬具」の発展過程であるが、わが国においては現在までに明確に先史時代の「水上運搬具」と呼べるものは、第三段階の刳舟（丸木舟）と、第五段階の準構造船・縫合船（刳船をベースに波除けの板材などを補強したもの）が知られている。ただし西村氏は、『日本書紀』の応神天皇一三年の条で、天皇が淡路島で狩をしていたさいに、鹿が多数海を泳いで渡る姿をみて、従者に調べさせたところ、それらはすべて人間で、角のついた鹿皮を衣服としていることが分かった、という記述を、当時の浮き具と考えた。また、同じく『日本書紀』の素戔嗚尊が新羅の国に追われたさい、日本に帰ろうとして、「埴土を以って舟を作り、乗りて東に渡り、出雲国の簸の川上に在る鳥上の峰に到ります」とあるのを、鴨緑江にみられる、大甕を多数並べてその口を縛り、その上に木を縦横に組み合わせた水上運搬具を示すものではないかと推論した。すなわちわが国における第一段階の「水上運搬具」の存在を示したわけだが、今日、その存在を明確に示す材料は見当たらない。また、松木信広氏は六四例の丸木舟の資料をもとに年代比定の研究を展開している。(5)

これら「水上運搬具」のどの段階から碇が存在したのかという点であるが、現在では第三段階の刳舟、すなわち丸木舟の段階からと考えられている。水上運搬具の中でも汎用性の高い「舟」段階において、その活動範囲の広がりとともに、船の繋留という状況に対応するかたちで碇という存在が現れたと考えられるのであり、船と碇の歴史は、まさにここから始まるといっても過言ではない。船の発達とともに、碇の形態や使用法にも変化が現れたものと考えられる。すなわち船と碇の発展過程は、まさに軌を一つにしているわけである。そこで、次項ではわが国における船の歴史を概観しておきたい。

（2）　先史時代の船

まず、先史時代の船といえば、具体的に思い浮かべるのは丸木舟ということになる。それは刳舟ともいわれるものであり、ほかにもマルタブネ、カッコブネや独木舟《まるき》、空《うつ》ろ舟の呼び名がある。ここでは丸木舟に統一しておくが、つまりは一本の木をくりぬいて造った船ということになる。西村信次氏が想定した「水上運搬具」の第三段階を示すものであって、これらは考古遺物として、かなり古い時代からその存在が知られていた。

わが国におけるもっとも古い発見例としては、天保九年（一八三八）、愛知県海部郡諸古村満城寺で発見されたもので、「尾張名所図会」に図をともなって紹介されている。これによれば長さ一三間（二三m）で、前部と後部を別々に造って中央部で接合した「複材式」の丸木舟であったらしい。この船は現物が残されていないので、くわしいことは分からないが、かなり大型の船であったと思われる。

このような丸木舟の形式分類に初めて取り組んだのもまた西村信次氏であった。それはヨーロッパにおける丸木舟の三形式を基本として分類され、独自の【和名】を与えるというものであった。すなわち以下の三形式である。

①サセックス（ローベンハウゼン）形【割竹形】この形式は、大木を半分に裁断し、前部と後端を切り離し、裁断面から船体をくりぬくものである。

②ゲルマン（メーリンゲン）形【鰹節形】この形式は、基本的には①に近いが、前後端を削っていき、細く尖らせて船首と船尾を造るものである。

③サントーバン形【箱型】この形式は前後端が尖らず、平面部分が長方形の箱の形を呈するものである。これに対し石井謙治氏が、船首が鰹節形で船尾が角形をなす、いわゆる折衷の形式を確認して第四の形式として【折衷形】を提唱した。この折衷形は、主に関東地方で発見される丸木舟に顕著な特徴である。したがってこの【折衷形】を加えると、外観からの分類は四形式となる。

次に、丸木舟の製作過程による分類法であるが、これは原木を切り倒し、船をくりだすさいの工程によるもので、原木の横断面からそれを読みとる分類法である。清水潤三氏が以下の三形式に分けた。(6)

A半円形　原木を中央から縦割りにした材の表皮の側をそのまま船底とし、切断した面を上にして船体をくりだすものである。

B凹形　原木の上下を縦に切り落とし、一面をそのままに近い形で舟底とし、反対面からくり込みをおこなったものである。

C半円特殊形　Aの半円形に近似しているが、半円形では原木の状態から船底部分までくり込んでいくので、原木の芯となる部分は残らないのが普通であるが、Cの半円特殊形では断面が半円形でありながら、原木の芯が明瞭に残るものである。このような状況が生まれるのは、原木の上下いずれかの切断が浅いか、あるいは原木の太さが足りず、縦方向の切断をおこなわず、原木からただちにくり込みをおこなったからだと考えられている。

このように外観による分類と、横断面による分類を組み合わせて、出土した丸木舟を分類していくと特徴的なものがみえてくる。

【外観による分類】（図1）　　　　【横断面による分類】（図2）

①割竹形　　　　　　Ⓐ半円形

②鰹節形　　　　　　Ⓑ凹形

③箱型　　　　　　　Ⓒ半円特殊形

④折衷形

清水潤三氏によると関東地方では②Ⓐ形、④Ⓑ形、②Ⓒ形の組み合わせによる丸木舟が顕著であるという。各形式と、これまでにわが国で出土した丸木舟とを照らし合わせてみると、まず①割竹形の丸木舟は（図1の1）、わが国での出土例が見当たらないという。次に②鰹節形であるが（図1の2）、これこそわが国の丸木舟の主流をなすものであって、とくに関東地方で発見例が多く、中でも②Ⓐ形が普遍的な存在であり、縄文後期のものと考えられる千葉市畑町出土のものなどがある。これに対し②Ⓒ形は、埼玉県入間郡芳野村中老袋出土や千葉県八日市場市吉田出土のものなどがあり、こちらも縄文後期のものと考えられている。

次に③箱型であるが（図1の4）、西村氏が提示したものとは若干の差があるものの、③Ⓐ形としては埼玉県大宮市膝子出土（縄文後期）のもの（図3）、③Ⓑ形は千葉県山武郡横芝町のものなどがある。③Ⓒ形としては千葉県光町出土（図4）のものがあり、断面は凹形で、一端に原木の芯がみられるが、鉄釘を用いた補修痕があるため、年代の特定は困難といわれている。

最後に④折衷形であるが（図1の3）、これも②鰹節形とともに、出土する丸木舟の大半を占める。その大多数の断面は典型的な平底のⒷ形であり、清水氏はほとんどが河川用と考えている。典型的なものとしては埼玉県南埼玉郡和土村出土のもので、土師器や須恵器をともなっており、古墳時代のものと考えられている。

関西地域の縄文時代の代表的な例では、滋賀県の近江八幡市元水茎町から、縄文時代後期の単材式②A形が出土している。同じく滋賀県米原市の入江内湖遺跡の五号丸木舟（縄文前期前半）や京都府浦入遺跡（縄文前期前半）などから出土した丸木舟の例などから、関西地域においても、先史時代には単材式の丸木舟が活用されていたことが考えられている。

次に、弥生時代の丸木舟をみていくことにする。発見例がきわめて少ないが、その一つは弥生時代の代表的な遺跡である静岡市の登呂遺跡から発見されたもので、断片に過ぎないが、長さ九八cmで舳先の部分と考えられる丸木舟である（図5）。観察にあたった後藤守一氏は、長さ二～四mで、幅五〇cmの舟であったろうと推定している。外見は鰹節形で船首端が棒状に突出しており、その直下に小孔が穿ってあった。また断面の観察では、船

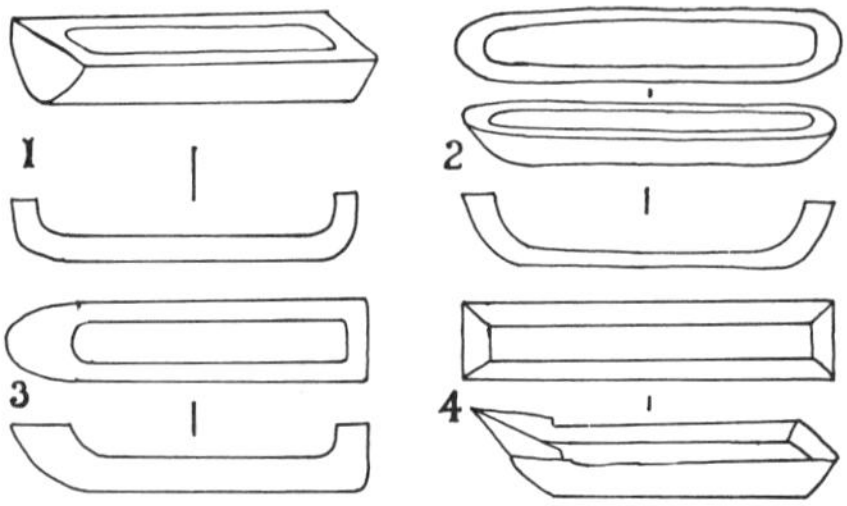


丸木舟の形態　1割竹形(①)　2鰹節形(②)
3折衷形(④)　4箱形(③)

図1　丸木舟の船形による分類法

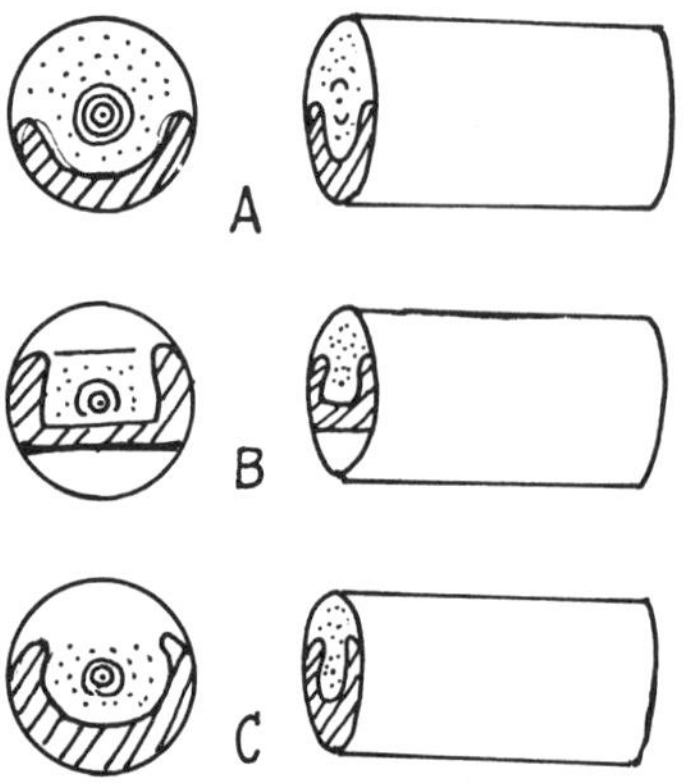


横断面による分類(木取法模式図)

図2　原木より丸木舟を彫り出す分類法

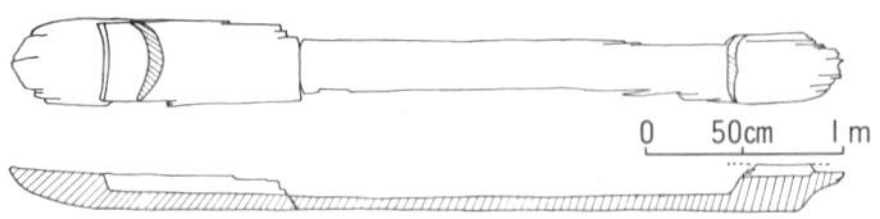


図3　埼玉県大宮市膝子出土の丸木舟(③A形)

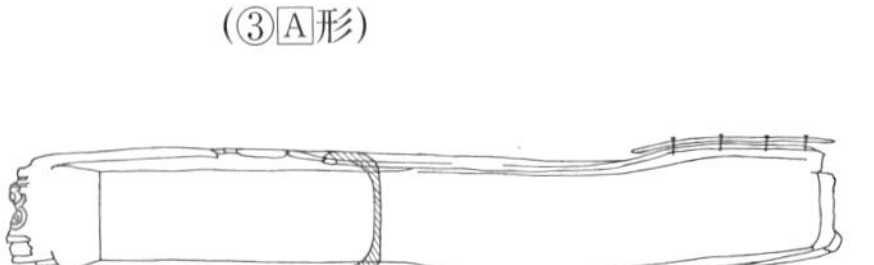


図4　千葉県光町出土の丸木舟(③C形)

底の形状がV字形にシャープな削り込みをされていて、波きりを考慮し、速力の増加と、推進力の節約に効果を発揮したのではないかとみられている。

同じく静岡県田方郡韮山町山木からも丸木舟が出土しており、やはり船体の一部が残存するものだが、現存する部分は長さ一・一m、幅五六cmで、断面は登呂遺跡のものと同様、かなり精巧なV字形を呈していた。和歌山県西牟婁郡串本町笠島遺跡のものは、一九六〇年に発見されたものであり、長さ四・〇八mの舳先部分を残した船底部分で、かなり薄く造られ、特徴的な点は舳先が尖った特異な形状であることであった（図6）。

縄文時代の丸木舟は、船首と船尾に特徴的な差はみられないが、弥生時代のものは、船首と船尾の形状に差が認められるという。たとえば奈良県の唐古遺跡出土の弥生式土器に描かれた舟の図では、船尾が若干反り上がり、

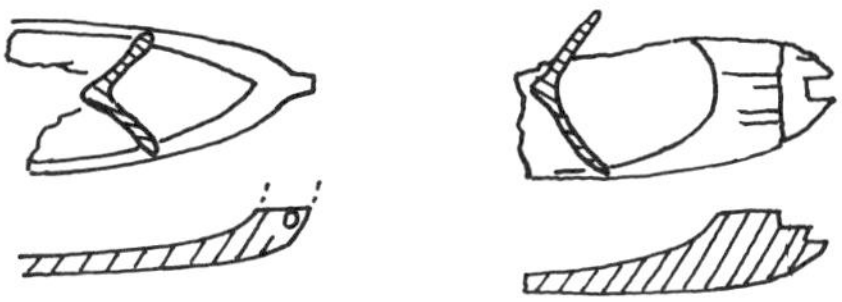

図5　静岡県登呂遺跡出土の丸木舟

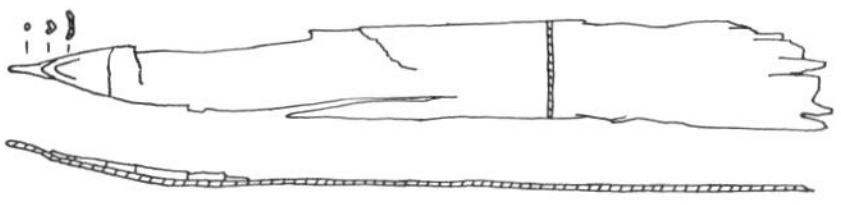

図6　和歌山県西牟婁郡串本町笠島遺跡出土の丸木舟

人物のもつ櫂は、船尾の斜め後方におろされていて、いわゆる舵の役目をはたす櫂、すなわち「ネリガイ」とみられている。また船首に沿って等間隔で櫂が描かれていることから、複数の人間が漕ぐ大型船の様子であることが分かるという（図7）。

福井県春江町出土の流水文銅鐸に描かれた三隻の船の図でも、やはり船尾がひときわ反り上がり、人物が船尾後方にさした「ネリガイ」をもっていて、船体からは上下に櫛の歯のような細線が描かれている（図8）。これは多数の櫂を表現したもので、上下の櫂は、両舷側に座った大勢の漕ぎ手を表していると考えられる。すなわちこの時点で、船は大型化が図られ、おそらく横波による海水の浸入を防ぐために波除の板材

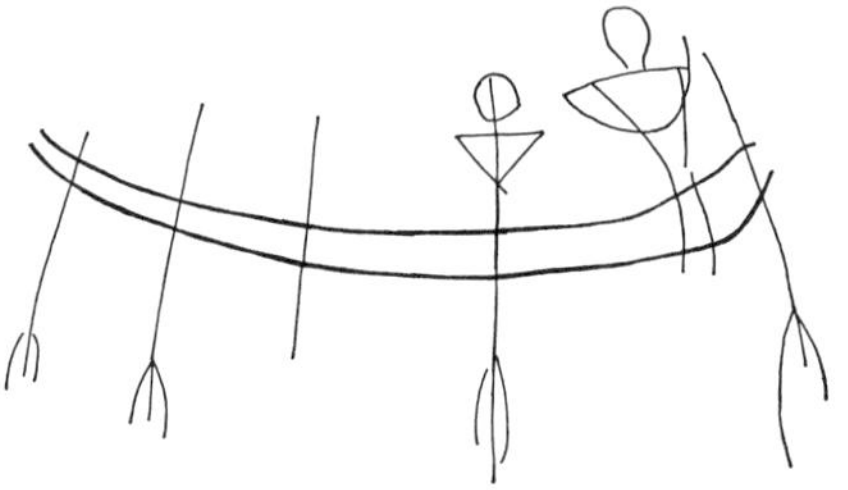

図７　奈良県唐古遺跡の土器に描かれた舟の図

図８　福井県春江町出土の流水紋銅鐸に描かれた舟の図

がつけられて、船首には波きり材が補強され、船首も反りをもったことが分かる。

　古墳時代に入ると、船はさらに大型化へと進み、先述したように丸木舟も④B形となり、関西地域では複材式による大型船が登場する。その船の主体となる船底部分は、単材であれ複材であれ、丸木舟がベースとなっており、そこに板を継ぎ足して準構造船（縫合船）としたもののようだ。

　関西地域における丸木舟の出土例としては、一八七八年に、大阪市浪速区船出町の鼬《いたち》川の工事中に発見されたものがある。長さ一五ｍにもおよぶ大型舟で、前と後を別に作って中央部で接合したいわゆる複材式であった。またこの船はイワイベ式土器（須恵器）をともなっていたとされ、古代のものと思われている。

　一九一七年には、やはり大阪市東成区今福町の鯰江《なまずえ》川の川底から、長一三・四ｍ、幅一・八九ｍの巨大な複材式の丸木舟が発見された。接合部には鉄釘と木釘が交互に使用されており、須恵器の破片が共伴していたことから、こちらも古代のものと思われている。

　一九三二年には大阪市西淀川区大仁町鷺洲で、長さ一一・七ｍ、幅一・七七ｍの大型丸木舟が発見された（図9）。これは単材式であったが、右舷に破損があり、それを材で補修し、さらにその上に板を一枚継ぎ足してあった。その接合には上下の板に穴をあけ、栓をその穴に押し込む方法がとられていた。また同年には大阪市の天神橋北岸で、長さ七・七五ｍの単材式の丸木舟が発見されている。こちらは断面がコの字をした箱形であった。

一九三七年には、やはり大阪市内の東淀川区豊里萱原町で長さ四・五五ｍの鉄釘を用いた複材式の丸木舟が発見され、翌年にも東区宰相山町で長さ四・〇六ｍの単材式の丸木舟が発掘された。土師器、須恵器、開元通宝、木製品が共伴したといわれている。

戦後の発見例としては、一九五五年に東成区今里本町の下水道工事中に、前後を欠損しているものの、一端に隔壁のような設備をもった複材式の丸木舟が発見された（図10）。これら出土した丸木舟は、その後、大阪城天守閣に展示公開されていたが、先の大戦中に空襲などで消失したものが多く、現存するものは、下福島出土の単材式ものと、今里本町から出土した特異な複材式のものだけである。また、その多くは古代に属するものであり、複材式という前後を別の木で作って接合し、巨大な船体を構築するという工法は、鉄製工具による接合部の加工が必要であることから、古墳時代以降の所産といわねばならないし、共伴する土器類が土師器や須恵器といった点からも、その時代をうかがい知ることができる。

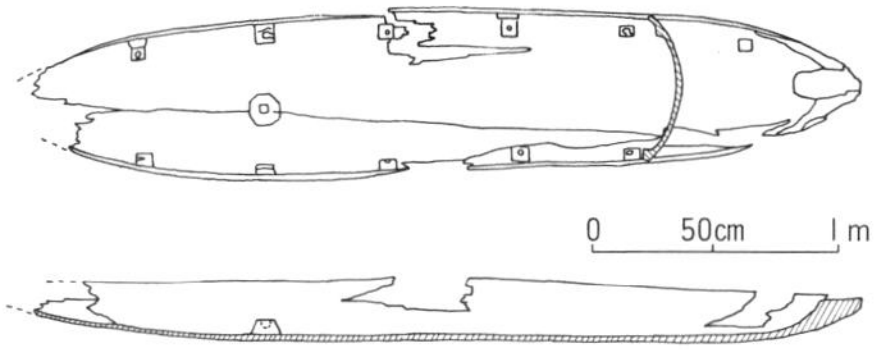


図９　大阪市西淀区大仁町鷺洲出土の丸木舟

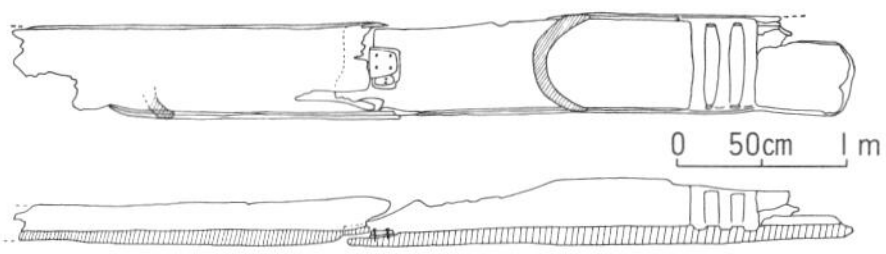


図10　大阪市東成区今里本町出土の丸木舟

宮崎県西都原古墳群出土の埴輪船には、その構造を示すモチーフが残されている。それは船体主体部をなす丸木舟の舷側上に、波除板を継ぎ足したような一条の凸線帯が認められる（図11）。これは接合部を補強するための材と思われ、外側から貼りつけたもののようである。また舷側の上には左右六対の突起がみえ、これは櫂の支点と解釈できるので、この頃には各自が手で漕ぐパドル（短櫂）から、オールのような長櫂に変化し、速力の向上が図られ、外洋での航海を可能にしたものと思われる。

したがって壁画古墳にみられる船形の、ゴンドラ型のように船首尾が反り上がる形状は、こうした丸木舟の船底に波除の板材を継ぎ足し、船尾では舵の役目をはたす「ネリガイ」をもった人物が針路を決定する、いわゆる操船をおこない、ほかの乗組員が長櫂を漕いで推進力とした船の形状を示していることが分かる。

図11　宮崎県西都原古墳群の埴輪船

### （3）　歴史時代の船

歴史時代に入ると、記録上には船に関する記載がたびたび現れるようになる。『日本書紀』応神天皇五年には、一七四年に伊豆国に命じて長さ一〇丈の船を作らせ、この船が軽く飛ぶように航行したことから「枯野」と名づけられたという。同じく応神天皇三一年、摂津の武庫の水門に諸国の船を集めたところ、新羅の使節団の船から出火し、多くの船が類焼したことから、新羅王が造船匠を献じて詫びたため、天皇はこれを許し、造船匠は摂津の猪名に置かれ「猪名の工人」と呼ばれたとある。これは大陸の先進的な造船技術をもった職業人が渡来したことを示唆している。

飛鳥・奈良時代になると、大陸との交流が頻繁となり、白雉五年には「安芸の国に命じて百済の二隻を創らしめ」として、安芸の国に百済船の造船技術者が存在したことを物語るとともに、朝鮮半島における造船技術の伝来があったことを伝えている。この船は、わが国伝統の丸木舟を主体とした縫合船などではなく、おそらく中国式のジャンク船に近いものであったろうと思われる。これ以降、遣唐使船が安芸の国で造られるのも、こうした百済からの工人の渡来と、先進的な技術力をもつ造船集団の存在があったものと考えられる。石井謙治氏はこのような技術力の導入が一部で計られる一方、丸木舟式の縫合船ともいうべき準構造船の船体構造はその後も生き続けたという。(7) なぜならば平安から鎌倉時代にいたる絵巻物の船は、総じて船の船底部分が丸木舟であるという事実があるからである。ましてや寛平六年（八九四）に遣唐使が廃止されると、朝鮮半島から伝来した造船技術も忘れ去られ、わが国古来の丸木舟式縫合船が主体となる。それがようやく変わるのは、明との交易が盛んとなった室町時代からにほかならない。遣明船は一石積から、二五〇〇石積と大型化し、もはや丸木舟式縫合船では、大容積を確保できないため、本格的なわが国独自の造船が誕生するきっかけとなっていくのである。

## おわりに

これから本論を始めるにあたり、研究の視点と、研究の方法、日本における船の発達史について、その要旨をまとめた。また、碇という存在が、西村真次氏が提唱した水上運搬具のうち、「船」の原始とされる第三段階の丸木舟から存在することを述べた。すなわち碇とは、船という段階から登場し、船とともに今日まで発展し、船にはなくてはならない存在として、今日あることを概観したのである。では、なぜ碇は船の象徴となりえたのか、という疑問がある。そこで、ここに一つの仮説を立て、それをこれから論証してみたいと思う。

まず碇の役目として、船を水上に固定するものであるということはすでに述べた。これは晴天時であろうと、荒天時であろうと同じことがいえる。さらにいうと荒天時において、船が操縦機能を失い、高波や強風に翻弄されたとき、船に乗り組む人々は、ただただ荒天がおさまるのを祈り、碇をなげうって船の動揺を鎮めようとしたはずである。場合によっては、積んでいるすべての碇をなげうって、沿岸や岩礁に打ち寄せられることを回避しようとしたであろう。操船の自由を奪われた船を危機から救う手段は、唯一、碇の存在にかかっていたのである。

中世のガレオン船には当時最大級の碇が装備されていた、いわゆるわが国でいう一番碇、中国では主碇と呼ばれる碇である。その最大の碇の別称を「神聖碇」というそうである。荒天時、万策尽きて、最後の頼みの綱としてなげうつ碇、そこには生死を分かつ命運がかかっている。碇が船の象徴であるのは、碇が生死を分ける存在であるからにほかならないのである。碇が「希望と信頼の象徴」といわれるゆえんは、まさにここにあるのであろう。このことについても本論の中で明らかにしていきたいと思う。

最後に、碇の素材という点に着目して、その素材の変化がどうしておこなわれたのかを論じてみたい。碇という存在は、前述したようにある意味では消耗品である。時としては水底の障害物に絡んでしまい、繫船索を手繰っても引き揚げられないことがある。そのさいは躊躇なく放棄される運命にある。そのためには代替が可能な素材がもっとも経済的である。したがって古来よりその素材は石や木が使われた。加工技術にしても時代を経るごとに工夫をこらし、最終段階の中・近世の段階では、木と石の複合材が完全に一体化した木石碇が誕生している。それにも関わらず碇は、のちに鍛造された鉄の錨へとその座を譲ることになる。

高度な技術力と高価な鉄素材を鍛造した錨と、代替品がすぐに手に入るきわめて経済的な石の碇が、どうして取って代わらねばならなかったのか、きわめて不可解である。しかしそこには明確な理由が存在するはずである。それは碇の構造や、ごく微細な海洋生物が織り成す複合要因によるものとみられるのである。その点についても本論において論証していきたいと思う。

さらにいえば、近世から現代においては鉄錨が主流であるにも関わらず、石の碇は今日まで、細々とではあるが小型漁船の補助的な繋船具として生き残っている。そこも注目すべき点があろう。

本書においては、歴史学という大きな枠組みの中から、ときには考古学的な見地から出土遺物をとらえ、またあるときは文献資料や絵画資料を駆使し、そしてまたあるときは民俗例や伝承、風俗といったものも絡めて、碇というものに焦点をあてながら、ただ単なる繋船具というだけでなく、碇の変遷を通してみえてくる文化史を浮き彫りにしたいと考えている。

（1）碇の種類によっては、陸上に接地する種類のものもある。
（2）主に船舶で使用する碇が底質（岩などは除く）とのあいだに生み出す抵抗力。
（3）旧長崎県北松浦郡鷹島町。伊万里湾に浮かぶ離島。弘安四年に元の軍船が台風により覆滅した地。
（4）西村真次「先史時代及び原始時代の水上運搬具」（『人類学・先史学講座』第六巻、雄山閣、一九三八年）。
（5）松本信広「上代独木舟の考察」「古代船舶伝承考」（『日本民族文化の起源』第二巻、講談社、一九七八年）。
（6）清水潤三「船」（大林太良編『日本古代文化の探求』社会思想社、一九七五年）。同「古代の船　日本の丸木舟を中心に」（『ものと人の文化史　船』法政大学出版局、一九六九年）。
（7）石井謙治『日本の船』（創元社、一九五七年）。

# 第一章　先史時代のイカリ

## はじめに

先史時代に海岸近くで営まれた遺跡の一部から、用途不明の大型あるいは超大型の礫が出土することがある。これらは一部に人工的な抉りや、溝、あるいはくびれ部が施されており、中には蔓で緊縛されたままの状態で出土した例もある。また、重量も一〇kgから二〇kgをこえるものがあり、重さもこの遺物の重要な要素の一つであったことが推測される。これまでこの遺物に関しては礫石錘という認識のもとに、とくに宝珍伸一郎氏が提唱した「大型礫石錘」（長さ一〇cm以上二〇cm未満で、幅五cm以上一六cm未満、重さ三〇〇g以上二kg未満）や「超大型礫石錘」（長さ二〇cm以上、幅一〇cm以上、重さ二kg以上）として、通常の礫石錘とは使用目的が異なるものであると考えられた。そしてその使用目的としては、丸木舟のイカリや漁網用の錘ではないかとする考察がなされてきたと指摘している。しかしそれを確定しうるだけの傍証がないまま、今日にいたっていることも事実である。

先史時代の漁撈活動において、魚網を水中に垂下するための錘や、釣針を沈めるための錘、あるいは丸木舟の繋船具としての錘も必要不可欠なものであったはずである。そこで本章においては、先史時代の大型礫石錘や超大型礫石錘の資料を再検討し、その形態的な特徴や重量に着目して類型化をおこない、共伴遺物や遺跡の環境といった点も加味しながら、これら遺物の用途について考察し、先史時代の漁撈活動における「大型礫石錘」や「超大型礫石錘」の実像に迫りたいと考える。

## 第一節　イカリと錘

本書においては大型礫石錘あるいは超大型礫石錘の用途としては、船を繋留するためのイカリの可能性もある、という論旨に立つことから、「碇石」という表現は用いない。「碇石」という場合は、のちの時代に登場する木と石を組み合せた「木碇」のように、碇爪を有する木質の碇身を沈めるための錘として、あるいは碇の桿《かん》（てこ・stock）としての機能を石にもたせた場合のみ、「碇石」という表現を用いることとする。

そもそもイカリとは、その語源をたどれば「石」の錘という意味に帰着することから、あえて単体の礫石錘を「碇石」という言葉では表現しない。また、イカリという倭語は、船を水上に固定する錘の総称であって、これを古代では漢字表記に置き換えて、沈石や重石と表記した。のちには「碇」や「矴」を使うようになったが、本来、漢字表記でいうところの「碇」や「矴」は碇爪をもつ船具として認識されるものであって、古代のわが国において認識されていたイカリとは形態が異なるものである。これに関しては別項を設けて詳述することになるが、本書でもその表記によって誤解を生じるおそれがあることから、あえて船を固定するための道具という意味で便宜的にイカリという表記を使うことにする。したがって単体の礫石錘は錘として使われた石そのものを代表する言葉としたいのである。

また、イカリと錘の違いについても明確にしておきたい。イカリとは、水底に着底し、その摩擦が索を通じて船に伝えられ、船を索の緊張によって固定する錘具の一種で、船を固定するための船具とする。これに対し錘とは沈子《ちんし》（漁具に用いるおもり）と同じく、錘具としての重さが重要であって、釣針などを円滑に水中の特定深度に到達させることを目的としている。すなわち、潮に流されないよう、または上層の小魚に釣り餌をとられないよう、急速に目的水域の特定深度に釣針などを沈下させるためのものである。したがって本来、垂下することが前提である。また沈子とは、通俗「イワ」とも称され、地域によっては「ユワ」や「ヤ」とも呼称されるもので、網の下辺につけて、網足を水底に接着する役目を担うか、あるいは水中に垂下するためのもので、その重さや大きさは網の大小によって異なる。その効用は、水底に接着させて魚の脱逃を防ぎ、あるいは水中で網を障立させて魚道を遮断する役目を担うもので、材料は現代でも、鉛、陶器、鉄、石などを用いるが、水底が泥の場合は、昔から石がよいとされてきた。延縄漁の沈子などはきわめて形状も大きく、石に索を巻いたものや、木の枝分かれした部分を利用し、石を縛ったものなどがあり、その姿形は、まさに船の碇と見間違えるほど大きなものがある。

そこで、本書では船を水上に固定する錘具を碇と称し、垂下して釣針や魚網を沈めるためのものを錘あるいは沈子と称する。ただ用途が不明確なものについては、あえてこれらを包括する用語として礫石錘と総称することにしたい。

## 第二節　先史時代の礫石錘に関する研究史

先史時代の礫石錘については、これまであまり研究対象とはならなかった。数少ない先行研究で、先史時代の礫石錘に最初に関心を示したのは、英国人のN・G・マンロー氏である。マンロー氏はその著書『史前の日本』（一九〇八年）の中で、長さ一二・五㎝、幅八㎝ほどの繭状の石器が、しばしば海岸地方で発見されることを紹介し、一種の錘ではないかと関心を示している。さらに詳細については後述するが、一九一二年に新潟県西頸城郡能生村沖の日本海で、水深七〇ｍの海底から、刺網によって三個の大型礫石錘が引き揚げられ、大野雲外氏が「海底発見の石器に就いて」[1]でこれを報告し、漁業用の錘であろうと推測している。

昭和に入ると、江藤千萬樹氏が一九三五年に「駿河国沼津を中心とする弥生式異形石器について」[2]を発表し、静岡県下における大型礫石錘の集成を著した。また、翌年には藤森栄一氏が「弥生式末期に於ける大型石錘」[3]を発表し、日本海沿岸、中部湖沼地方、中部太平洋沿岸という地域に分けて、繭状の大型礫石錘の分布を紹介し(表1)、その用途として船の碇、網の錘、原始信仰の対象物、あるいは家屋に付随する風鎮など、使用目的の可能性を示した。そして藤森氏は日本海と太平洋という地域差がありながらも、類似の遺物が存在することから、その用途については、地域性をもつものと考えることの不当性を示したうえで、一種の錘であると結論づけたのである。

その後、藤森氏は、諏訪湖の底や低地からも大型の礫石錘が出土することに着目し、太平洋沿岸や日本海沿岸でも海底や低地遺跡から、同じように出土することから、これらを船の碇として論及を進めていった。

そして、①出土地点は海底、湖底、河岸、低湿地遺跡が多く、いずれも水に関係があること、②弥生後期頃のものであること、③漁業用の錘としては大きく重過ぎること、④いずれもが充分なくびれや縄掛け溝があること、そして⑤それらが碇としての充分な要素であること、⑥中部太平洋沿岸は頭縊式、中部湖沼地方は縄掛式、日本海沿岸は中部太平洋沿岸と中部湖沼地方との特色が相半ばしていること、すなわち各々地方色がある一方、⑦繭状は全国共通、普遍的なもので、高井田横穴墓の船の線刻画にも、この形式の碇が描かれていることなどから、これらを船の碇とし、同時に複数みつかることについては、船に二個以上を装備していたのではないかと考えた。そして諏訪湖にはこれらを碇とする大型船があったと推測したのである。[4]

表Ⅰ　藤森栄一氏が集成した礫石錘の形態と出土地

註：図版番号は図1内の番号に対応。

| 分布地帯 | 出土地 | 礫石錘の形態 | 時代区分 | 図版番号 |
|---|---|---|---|---|
| 中部湖沼地帯 | 下諏訪町友之町前田(湖岸低湿地遺跡) | 棒状縄掛式 | 弥生後期 | 3 |
| | 下諏訪町高木相沢先の諏訪湖底 | 棒状縄掛式 | | 4 |
| | 岡谷市小尾口海戸、諏訪湖底 | 棒状縄掛式 | 縄文・弥生 | 5 |
| | 諏訪市湖南大安寺跡の鴨池川付近 | 棒状縄掛式 | 縄文・弥生 | |
| | 諏訪市岡村小西六敷地角間川岸 | 棒状縄掛式 | 縄文後期・弥生 | |
| | 諏訪市桑原角間橋の角間川床 | 棒状・繭状棒状 | 弥生 | 9 |
| | 諏訪市仲浜町鶴遊館沖諏訪湖底 | 棒状縄掛式 | | |
| 中部太平洋沿岸 | 愛知県知多半島豊浜・知多半島海浜遺跡 | 棒状 | 弥生後期 | |
| | 静岡県伊豆半島稲取、伊豆海岸 | 棒状縄掛式 | | |
| | 静岡市馬捨場　駿河湾 | 棒状・繭状多数 | 弥生中、後期 | |
| | 沼津市矢崎の狩野川低地遺跡 | 棒状・繭状多数 | 弥生中、後期 | |
| | 沼津市上板橋清水上 | 棒状・繭状多数 | 弥生中、後期 | |
| | 静岡県愛鷹村東代 | 棒状頭縊式 | | |
| | 小田原市刑務所敷地、相模湾 | 棒状頭縊式 | 弥生中、後期 | 6 |
| 日本海沿岸 | 新潟県能生町鬼伏の海底 | 棒状頭孔・縄掛式 | | 1 |
| | 新潟県佐渡島鷲崎日本海底 | 棒状 | | |
| | 福井県伊井村清間九頭竜支流低湿地遺跡 | 棒状 | 弥生後期 | 2 |
| | 福井県東和村 | 棒状 | | |
| | 京都府久美浜函石浜の海岸砂丘砂浜遺跡 | 棒状・繭状 | 弥生後期 | |
| | 京都府熊野郡湊村 | 棒状 | | |

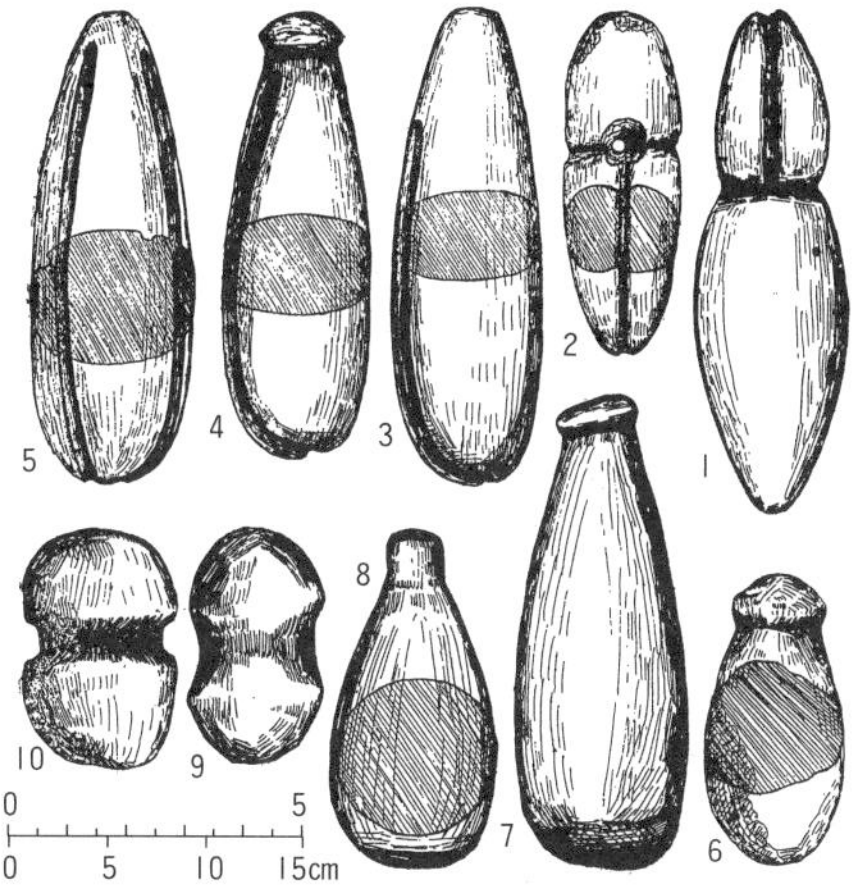

図1　藤森栄一氏が集成した礫石錘の実測図

このように藤森氏は、中部湖沼地方の例、中部太平洋沿岸の例、日本海沿岸の例を示し、中部湖沼地方では棒状縄掛式、中部太平洋沿岸では繭状と棒状頭絛式が並存すること、日本海では棒状縄掛式と繭状が分布することを明らかとした（図1）。

その後、藤田富士夫氏が大型礫石錘は水深器ではないかとの説を唱えた。藤田氏は弥生時代と限定したうえで、大型礫石錘を大型特殊石錘と呼び、重量は二〇〇g前後から、一三〇〇gまでのものとして以下の通り二種類に分けた(5)。

まず[A]群としたものは、「扁平な円礫の端部近くに両面穿孔の孔を有するもので、大阪府高槻市の安満遺跡から前期～後期の弥生式土器を伴って出土した、重量は四八七gを指標とする石錘」とし、和田晴吾氏の見解を紹介して、時代と地域を問わなければ、北海道のモヨロ貝塚や千島エトロフ島のシャナ貝塚などにも出土例があることを述べ、オホーツク海沿岸に多い形式で、南太平洋のマンガレーヴァ島民の用いる礫石錘にも同じ形式があるとした。

次に[B]群として、「長楕円形の円礫の端部近くにくびれをつけ、あるいは端部近くに孔を穿ってそこから先端をめぐる溝をつけたもの」とし、これらの分類は江藤千萬樹氏の論文が基礎となっていることを述べている。ただし、用途として江藤氏が推察した延縄の錘説には、延縄漁法が弥生時代までさかのぼるかは不明とし、延縄用の錘は後世における二次的派生であると述べている。

この[B]群の礫石錘出土地は、静岡県駿河湾沿岸、長野県諏訪湖周辺部、新潟県佐渡市鷲崎海岸、京都府久美浜

の函石浜遺跡など、日本海沿岸から太平洋沿岸まで、フォッサ・マグナを通じて結ばれており、時代的には弥生時代後期から古墳時代までのもので、富山湾や相模湾、駿河湾などの海岸線から三～五㎞沖合で、水深二〇〇ｍの大陸棚が広がる地域と、その分布範囲が重なることを指摘している。

そして藤田氏が水深器説を唱えるきっかけとなったのが、新潟県佐渡の小木民俗博物館に展示されていた漁撈用具の水深器（長さ二五㎝、太さ八㎝）である。超楕円形の円礫の端部に紐結び用のくびれをもつもので、形状も弥生時代の大型礫石錘と酷似している。その資料解説には「海の深さを測るときに使ったり、延縄のタテの重りに使用」と書かれていたことを紹介し、これを「弥生時代の伝統が現代にまで残ったもの」とした。

佐渡の浜端洞穴や夫婦岩洞穴（弥生中期～古墳時代）から出土する魚骨には、イカやマダイといった水深三〇～一五〇ｍに生息する魚類が含まれているが、これらの漁場は陸岸から一～四㎞の海域にあり、生息水域である水深をはずすとイカやマダイは漁獲できないことから、そこには適正深度を知る必要があり、その判定に水深器としての大型礫石錘が用いられたと考えたのである。また諏訪湖周辺の遺跡で出土する大型礫石錘についても論及し、これも水深器と考え、その理由としては、湖ではその湖底地形によって、水質、水温が異なるので、魚が生息する場所が微妙に異なり、湖の漁の基本として、湖底の状況を把握することが大切だったとしている。そしてこれらは日本海域から南下した人々によって、諏訪湖での漁撈にも応用されたと推測したのである。

大型礫石錘や超大型礫石錘に関する研究は、このように地域に限定される研究が散見されるが、全国的な視野からとらえた研究としては、宝珍伸一郎氏の「超大型礫石錘に関する二、三の考察」(6)や、佐原真氏が資料紹介の形で紹介した「弥生・古墳時代の船の絵」(7)があり、その中で佐原氏は先史時代のこれら遺物類を船の碇と想定して、各地の資料を紹介している。

しかし、各々が示した資料は礫石錘という共通項を除くと、その大きさ、形、重さ、使用された時代などがまちまちであり、その使用目的にいたっては、ある種の先入観によって、船の碇であるとか漁網を固定するための錘という結論が、あらかじめ用意されていたように思えてならない。しかし実際にはそれを論証しうるだけの材料は揃っていないのである。すなわち何をもって船の碇といえるのか、また何をもって漁網用の錘といえるのかは、共伴遺物との関係や、漁撈活動の手段や漁獲物の種類、遺跡のおかれた地形や自然環境など、重層的な視点に立った組み合わせから現れてくる漁撈生活の中から、初めて導きだせるものでなくてはならない。

これからそういった視点をもとに先史時代の礫石錘をみていくことにしよう。

## 第三節　縄文時代の礫石錘

先史時代において礫石錘が出現するのは縄文時代からである。縄文時代は丸木舟を駆ってほかの地域と交流したり、漁撈活動が活発化した時代である。すなわち船の発達と軌を一にしながら、漁撈という生業が確立した時代ともいえよう。そこで本章を考究していく前提として、本節ではまず全国各地の発掘調査における報告文の中から、縄文時代の遺物として確認された礫石錘を、時代別、形態別に区分し、それぞれの特長に注目し、のちの考察にそなえることとしたい。

### （一）　伊木力遺跡（長崎県諫早市多良見町船津郷松手）

一九八四年、同地の伊木力小学校の移転にともなう、通学路新設工事に関連する埋蔵文化財包含地の確認調査により発見された。同志社大学考古学研究室を中心とする調査の結果、海水面以下に縄文時代前期を主体とする遺物包含層を検出し、多量の植物遺体や獣骨などが発見され、自然の貝層や流木、生痕などから、旧入江状地形での埋没を確認するにいたった。とくに注目すべきは、曾畑式土器の包含層から丸木舟らしき加工材を確認したことで、翌年の一九八五年には船体長軸を北西から南東に横たえた丸木舟であることが確認された。丸木舟は保存状態が必ずしも良好とはいえず、腐朽し、全体的にみてもフナクイムシの侵食による小孔が無数に穿かれており、いずれが船首か船尾かも判断しかねるといった状況であった。しかし、木材は広葉樹のセンダンを用材としており、長さ六・五m、最大幅七六㎝、厚さ二・五～五・五㎝で、残存する船体は船底の部分と思われ、旧地形の観測から、丸木舟は遺棄されたのち、汀線（海岸線）付近で水に浸った状況で放置されたものと考えられた。また、出土層は曾畑式土器の単純層であるⅦ層と、轟B式土器あるいは同系の単純層であるⅧ層との境界部分にあったことから、縄文時代前期前葉から中葉にかけての時期のものと思われた。また丸木舟の一部を試材としておこなわれたC14炭素年代測定法では五六六〇±九〇ＢＰという年代が与えられた。

このⅦ層は、本遺跡の主体をなす文化層で、土器や石器のほか動植物遺体も多量に含み、上層部では礫や大型礫石錘が多く検出された。大型礫石錘は調査時に一一〇点が出土しており、曾畑式土器の単純層であるⅦ層、Ⅶ'a層から五四点、縄文後・晩期の土器が主体を占めるＶa層、Ｖ層から一二点、弥生時代以降の土器が主体を占めるⅡ層～Ⅳ層から四点、そのほかの出土区、出土層不明の採集品が三六点であり、その主体がⅦ層、Ⅶ'a層にあることが判明した。また、大型礫石錘に用いられた石材は、結晶片岩三八点、安山岩三六点、溶結凝灰岩二六点、砂岩八点、そのほか二点で、これら石材に関していえば、結晶片岩は西方約二〇㎞の西彼杵半島に産出し、溶結凝灰岩や安山岩は遺跡近辺にある長崎火山岩類の構成岩石で伊木力側の川床や海岸で比較的容易に入手可能で、砂岩についても多良見町船津や木床地区の第三期層中に産出されるものであった。図2は最長四九・三㎝、

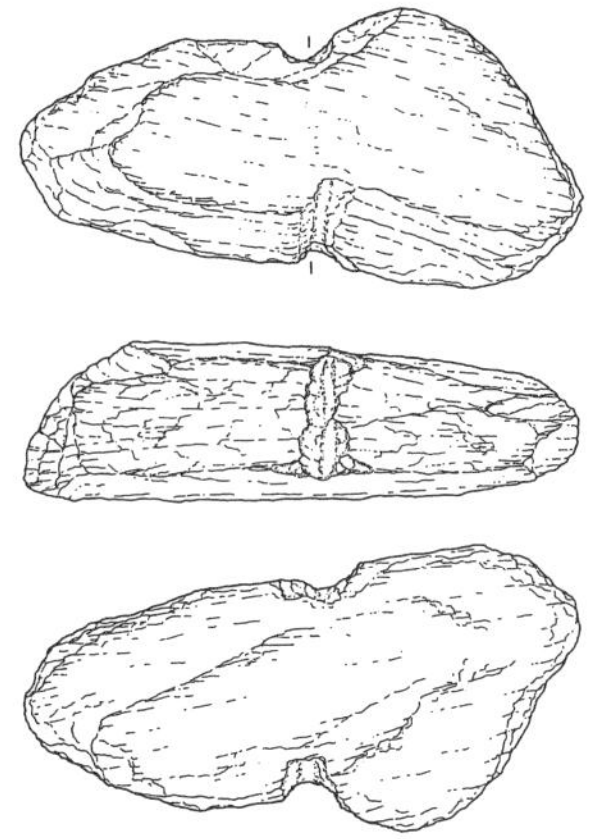

図２　伊木力遺跡の礫石錘①

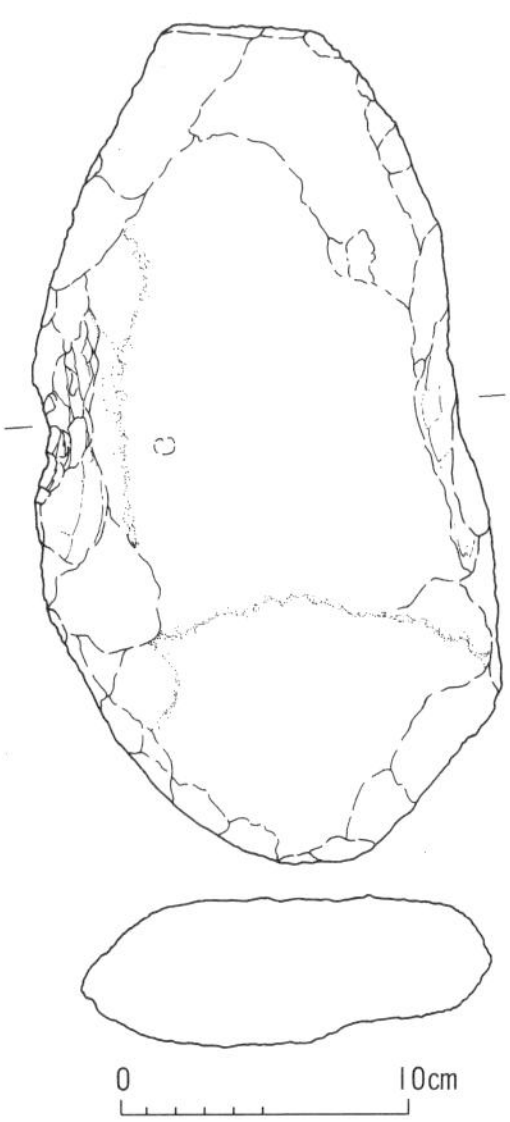

図３　伊木力遺跡の礫石錘②

最大幅一九・二cm、厚さ一〇・八cm、重さ八・七kgの長楕円形の頁岩《けつがん》である。短軸の両面には敲打による抉入浅痕があり、索を巻きつけるために施したものと思われる。(8)

一九九三年に再び伊木力地区周辺の道路拡幅工事が計画され、長崎県教育委員会により、同志社大学調査区周辺の調査がおこなわれることになった。調査は一九九三年一一月二九日から一二月七日まで範囲確認調査が実施され、本調査が一九九四年八月二二日から一二月七日に実施された。調査区A区には縄文時代の包含層が検出され、曽畑式土器・轟B式土器にともなって石器、石製玉、網代編物、植物遺体が検出され、調査区東側からは標高〇m前後の泥炭質土層を掘り込んだドングリ貯蔵穴が一六基検出されている。大型石錘が検出されたのは第六層の轟B式土器の単純層で、土石流の堆積物であるが、石鏃、石匙、石斧、楔形石器、ハンマーストーン、台石、礫石錘で構成されていた。(9)

とくに礫石錘は超大型で、最長二九・一cm、最大幅一九・一cm、厚さ一一・三cm、重さ八・三六kg、長楕円形の頁岩で、短軸の左右には抉入の加工痕がみられる裏面扁平のものや、最長二九・一cm、最大幅一六・七cm、厚さ六・一㎝で重さ四・二㎏、長方形の結晶片岩で、こちらも短軸に大きく抉入の加工痕がみられるものがあった。

また、第五層の曽畑式系土器をともない、最長二八㎝、最大幅一五・五㎝、厚さ四・九㎝、重さ三・二㎏で長楕円形の頁岩を素材とし、全体的に整形痕がみられ、やはり短軸両端には抉入痕がある、裏面扁平のものも出土した（図3）。この第五層からは大型礫石錘のほかにも砂岩製の小型礫石錘などがみられ、礫石錘の数としては続く第四層とともに多かった。明らかに海洋性の漁撈を生業とした縄文の漁村を印象づける遺物類であり、大型や超大型の礫石錘についても漁撈活動で使用されたものと考えられる。

（2）　浦入遺跡（京都府舞鶴市千歳池カナル・花ケロ）

大浦半島の西縁部に位置し、舞鶴湾の湾口に面する西端部の海側に突出した岬の先端が砂嘴《さし》を形成し、その砂嘴によって海と隔てられた入り江が浦入湾と呼ばれている。一九九二年に分布調査と試掘調査がおこなわれた。

注目すべきは、R地点といわれる砂嘴の付け根部分の調査で、一九九七年に舞鶴市教育委員会によって試掘がおこなわれ、表土下約二〇㎝というごく浅い部分に縄文時代中期の遺物包含層が検出された。その後、調査は京都府埋蔵文化財センターに引き継がれ、本格的な調査がおこなわれる。その結果、縄文時代中期の遺物包含層のさらに下層の海成層を掘り下げたところで、砂嘴を形成する基盤層（黄褐色礫層）の直上に丸木舟を検出したのである。[10]

この砂層は厚さ一・五ｍに堆積した海成砂で、約四〇〇〇～五〇〇〇年前の年代を示し、縄文時代前期後半の土器が出土している。丸木舟は洪積世再堆積物のほぼ直上に位置し、青灰色砂層に埋もれた状態で出土した。検出時の標高は〇・五ｍで、砂層を除去し、丸木舟を露出させたところ、当時の海岸線が現れたという。

丸木舟が利用されていた当時の浜には、あまり砂の堆積がなく、陸上から供給された拳大から人頭大の角礫を主体とするものであった。丸木舟の主軸は汀線の主軸に一致しており、丸木舟より低い位置に杭跡と思われる腐蝕跡がみつかり、これも精査したところ先端を抉った杭を検出し、海中あるいは水際に杭を打ち込んで構造物を設けていたと考えられている。また付近からはイカリと思われる礫が確認されており、縄文時代中期以前の船着場としての機能を有していたことが推定されている。出土した丸木舟は鰹節形のもので、船体の船首から船体の半ばまでの約半分が残存しており、残存長は約五m、船底の厚みは約七cmで、最大幅約一m（丸木舟の幅は約六〇cm内外が多いが、当該遺跡のものは土圧による変形を受けていた）材質はスギで、C14炭素年代測定法の結果は、五二六〇±九〇BPの年代が得られている。なお、層位に該当する青灰色砂層下層からは北白川IIa式の粗製深鉢が出土しており、縄文時代前期中頃のものと考えられている。イカリとみられている礫もほぼ同様の年代が推定されている。(11)

（3）　江湖《えご》貝塚（長崎県福江市下大津町）

長崎県五島列島最大の島である福江島に所在する同遺跡は、潮間帯に位置しており、出土遺物は縄文時代前期の曾畑式土器を主体とする貝塚で、多くの礫石錘が発見されている。その中でも特徴的なものは、長さ一〇～二〇cm未満、幅五cm以上一六cmまでのもので、重さが一～二・二kgまでのものが、合計四五個出土している。またさらに大型のものは、長さ二〇cm以上、幅一〇cm以上で、重さも二・八～一五kgまであり、とくに超大型化した礫石錘が六個出土している。五島灘に面した縄文前期の漁村の漁撈のあり方を知るうえできわめて重要な遺跡である。(12)

## （４）千里ヶ浜遺跡（長崎県平戸市川内千里ヶ浜）

遺跡の所在する長崎県平戸市は、平戸島とその北東に位置する度島《たくしま》など、多数の島からなっているが、中でも最大の平戸島は、全長約四〇km、最大幅約九km、面積一六三㎢を有する。その平戸島の北東に位置する川内地区の東側海岸に千里ヶ浜遺跡が存在する。

同遺跡は平戸を代表する縄文時代前期の海岸遺跡であり、平戸瀬戸をこえた田平町のつぐめの鼻遺跡や、星鹿《ほしか》半島の南側海岸部に位置する松浦市の姫神社遺跡などは、ともに縄文前期の漁撈を生業とした遺跡の一つと考えられる。同遺跡は二〇〇一年七月から港湾環境整備のため発掘調査が開始された。調査範囲は約四〇〇〇㎡で、遺跡自体が海浜部にあるため、満潮時には水中に没するという特殊な条件下であり、干潮時に低い部分を調査し、満潮時に高い部分を調査するといった制約を受けながらの調査となった。この遺跡の出土遺物で注目すべきものに大型の礫石錘がある。主に第三層の縄文時代前期の轟式土器、曽畑式土器などの包含層から出土するもので、報告者は、中型六個、大型一三個（重量四kg以上）、超大型三個（重量一五kg以上）に分けている。その多くは楕円形礫の短軸を左右から抉入した形であるが、超大型のものは厚みのある自然礫の短軸の一端のみを抉ったものである[13]（図４）。

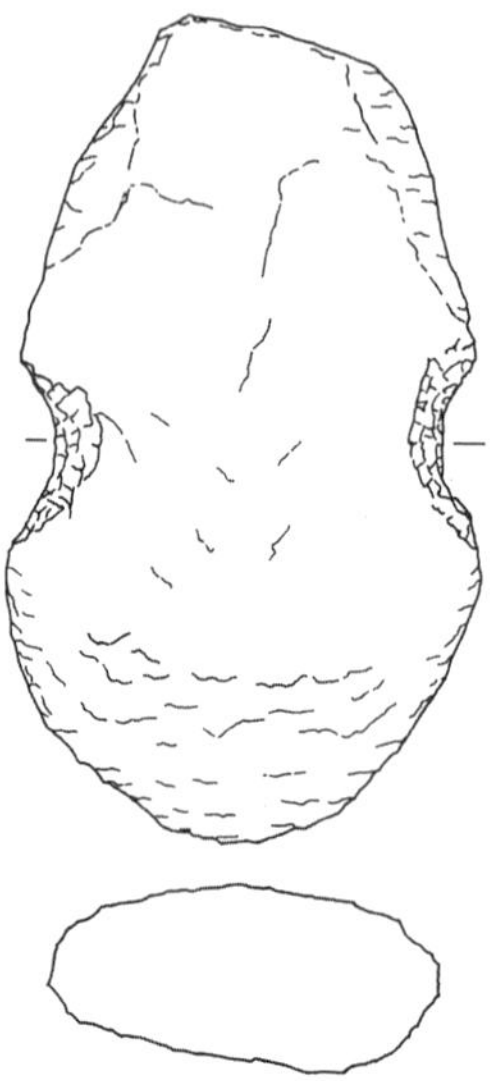
図４　千里ヶ浜遺跡の礫石錘

また、本遺跡の特徴は縦型石匙の多さである。縄文時代早期や前期の遺跡からは石匙の出土例が多く、長崎県内の遺跡では国見町の百花台遺跡、田平町のつぐめの鼻遺跡、同じく田平町の前目遺跡、多良見町の伊木力遺跡、長崎市内の深堀遺跡などから出土しているが、横型のものが主体である。ただし伊木力遺跡の第Ⅴ層（曽畑式土器段階）では、石匙の縦型と横型が混在している。本遺跡は縦型のみで構成されており、その理由として、捕獲した海棲動物の解体を意味するのではないかと報告されているが、その捕獲のための漁撈具は検出されていない。

（5）　供養川遺跡（長崎県平戸市大久保町供養）

同遺跡は平戸島の東側に位置し、南側に沿ってオランダ商館跡や平戸城があり、遺跡後方には松浦藩の菩提寺である雄香寺がある。この供養川遺跡は平戸港（小川地区）海岸保全工事にともなって調査がおこなわれた。とくに九州本島と平戸島を隔てる潮流の早い平戸瀬戸（水深四五ｍ）に面し、満潮時には海水面に覆われる潮間帯の遺跡であったことから、調査も干潮時を見計らっておこなわれた。

範囲確認調査は二〇〇一年六月におこなわれ、とくに遺跡周辺の北側には、一七世紀初頭のオランダ商館にともなうオランダ船の修理のための製材所設置や改築の記録があることから、何らかの接岸遺構などの検出が期待されていた。そこで試掘抗を六か所設定して掘ったところ、六番目の試掘抗の第Ⅲ層から縄文時代前期の曽畑式土器が出土し、安山岩製の尖頭状石器や蛇紋岩製の磨製石斧、礫器が出土した。

大型石錘は総数一〇〇点ほどあるが、重量が一五kg以上のものは一六点で、曽畑Ⅱ式土器を含むⅣ層下部で発見されている。報告者はこの超大型礫石錘を船のイカリと網漁の礫石錘の両面から検討し、立平進氏の提唱する民俗例(14)（図5）をも考慮に入れながら検討した結果、断面が三角形のものなどもあって、木の軸との組み合わせを念頭に置いたもののようだとして、とくに網漁の礫石錘に機能を限定して考えなくてもいいのではないか、との考えを示している。超大型礫石錘は、大多数が扁平な長楕円形ないしは楕円形であり、自然の礫の両側面を打ち欠いて抉入させ、索を結ぶさいのかかりとしている。一部に三角形の断面をもつものがあるが、底部は扁平であり、木軸などを組み合わせて用いるには適した形をしている（図6）。重さも四kgから最大で二四kgまでさまざまだが、一〇kg以上が一〇個存在する。これらがすべてイカリとは断定できないが、急流である平戸瀬戸に面した同地において、網漁を営んだとは考えにくく、同じ層位から海獣骨が出土していることを考え合わせると、銛やヤスなどを使った狩猟が主体だったのではないかと推測される。[15]

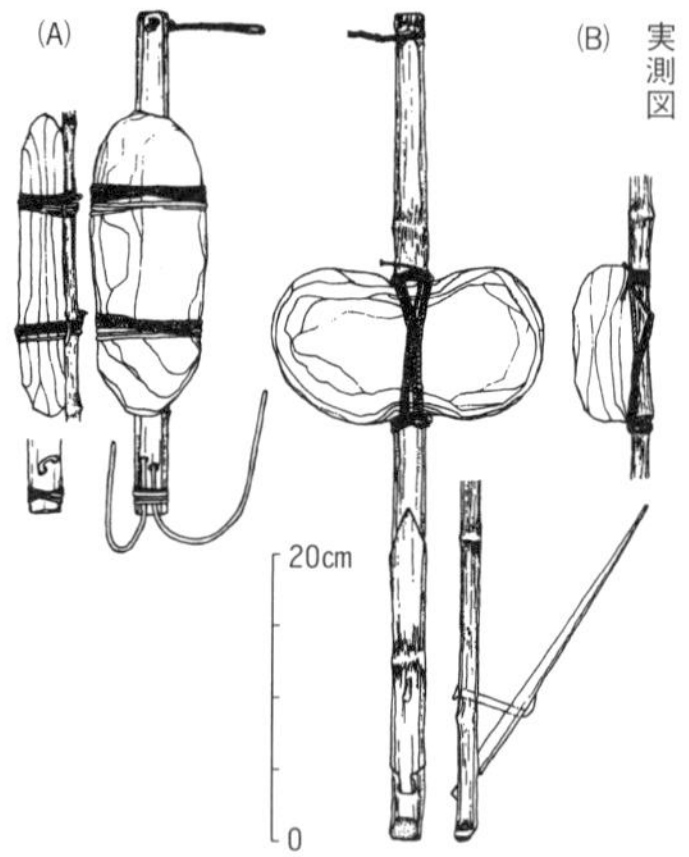

(A)長崎市式見　(B)外海町下黒崎
図5　漁撈民具(ホタリ漁の碇)

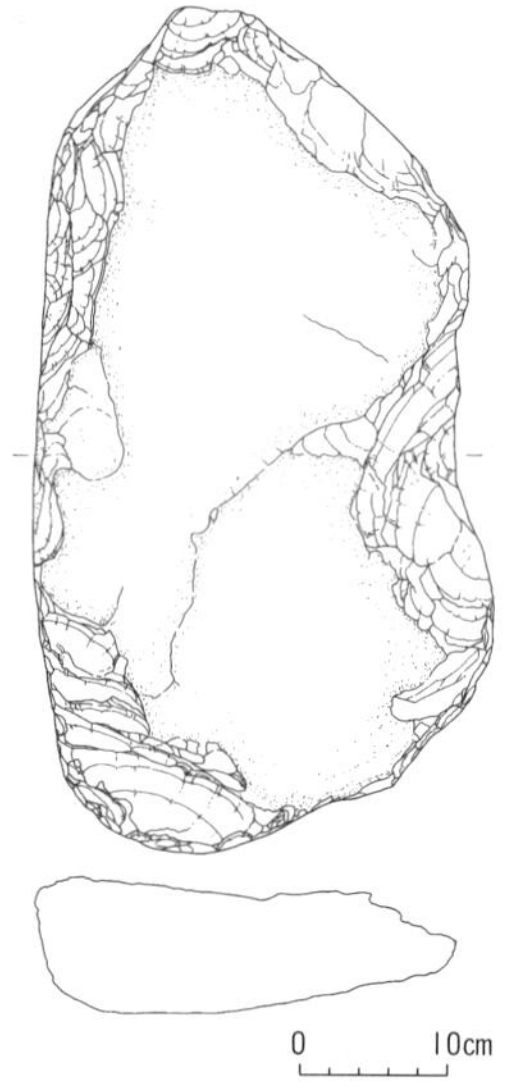

図6　供養川遺跡の礫石錘

（6）　針原《はりわら》西遺跡　（富山県射水郡小杉町黒河）

遺跡は富山県のほぼ中央の射水平野に所在し、南に北アルプス立山連峰を後背地とし、北には日本海が開けている。もともと射水《いみず》平野は、標高五m程度であるため、六〇〇〇年前の縄文海進時には、海水面が現在より二～三m上昇し、同遺跡周辺は日本海に面した大きな湾内の縁辺部に位置していたと思われる。[16]

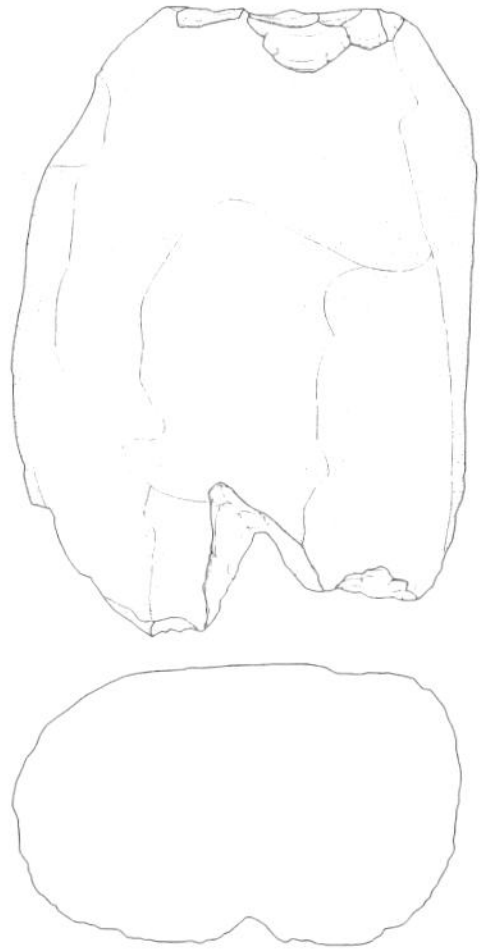
図7　針原西遺跡の礫石錘

この遺跡に調査の手が入ったのは一九九九年の道路整備事業のための試掘調査によるもので、二〇〇一年に川跡からイカリと思われるものが出土した。この周辺では貯蔵穴や大量の土器片、石製品が発見され、川岸に張り出すような形で杭が打ち込まれ、土留めを施した施設も発見され、意図的に川の流れを変えていることから、木の実をさらす施設か、あるいは船着場ではなかったかと考えられている。

イカリと思われている超大型礫石錘は大別して二種類に分かれる。一つは長軸の上下を打ち欠いて形成したもの。もう一つは短軸の上下端を打ち欠いたものである。前者は長さ一九cm、幅一二・五cm、厚さ五cm、重さ二・一kg、また最大の図7は、長さ二五cm、幅二〇cm、厚さ一〇cm、重さ八・二kgである。後者では長さ二〇cm、幅一四・五cm、厚さ六cm、重さ二・三kgのものや、長さ二一cm、幅一九cm、厚さ七cm、重さ五・二kgのものがある。

これら遺物の出土状況からして、この遺跡は縄文時代中期に営まれた川辺の村で、土器片錘や礫石錘を利用した漁網による漁撈を営み、木の実なども食物として採取し貯蔵していたことが分かった。(17)

（7）　伝福寺裏遺跡（神奈川県横須賀市久里浜）

本遺跡は、三浦半島東南部を流れる半島最大の河川である平作川が、久里浜湾に注ぐ河口の南岸付近にあって、海抜五～七m程度の砂丘上に営まれたものである。遺跡の東には海抜二〇m程度の山があり、山頂には住吉神社が鎮座し、西には大楠山塊に連なる伝福寺裏山があって、この二つの山に挟まれた谷あいに遺跡が存在する。海抜五～七ｍの砂地は、海進時には入江が存在していたことが想定されている。遺跡の初見は、一九三〇～四〇年代の鉄道施設工事中に多量の土師器が発見され、その存在が知られるようになった。また一九四四年には縄文時代のものと思われる硬玉製の勾玉が発見され、翌一九四五年には赤星直忠氏らの試掘が何度か試みられ、縄文時代から古墳時代にいたる複合遺跡であることが確認された。また、当地の東北部には露頭した貝層断面があり、その中に摩滅した縄文土器が発見されたことから、赤星氏は縄文時代の二次堆積貝層であると考えた(18)。

一九八一年五月、西側に清掃工場建設が計画されたため、その道路予定地となった同地に再び事前調査が実施された。調査は予見された古墳時代からの包含層が発掘調査され、古墳時代前期の土器片を確認したが遺構面は検出されなかった。しかしその後、下層に砂層が存在し自然貝層が二枚確認されて、縄文時代の遺物が包含されていることが分かった。

同年一〇月には道路予定地の下に幅三ｍの下水道管施設が計画され、第二次調査として深さ四ｍの砂層を調査するため、工事用パイルを設置して三ｍ×一〇〇ｍを調査対象として再び発掘したところ、縄文時代の丸木舟がパイルで切断された形で出土し、丸木舟の延長部分を検出するために、一九八二年にも追加の発掘調査がおこなわれた。

調査区の土層はⅣ層まで確認されている。Ⅰ層は黒褐色土層で古墳前期を中心としており、竪穴状遺構が三基検出され、井戸跡の可能性のある摺り鉢状の落ち込みも検出された。Ⅱ層は黄褐色砂層で、二枚の自然貝層を含む層で、Ⅱａ層は縄文時代後期後半の土器片を含んでいた。Ⅱｂ層～Ⅱｅ層は海成層で、縄文時代前期末葉～中期前葉の土器片を含み、鹿角製銛頭などの骨角器やイノシシ、ニホンジカ、クジラ類の獣魚骨が検出された。Ⅲ層からⅣ層は、黄褐色砂層で植物性遺物を含み丸木舟もこの層から検出された。東側の調査区ではこのⅣ層の

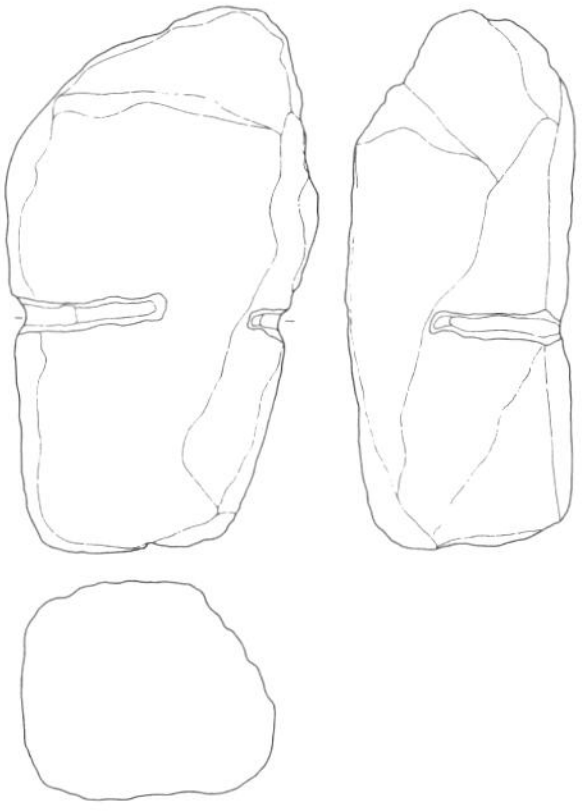
図８　伝福寺裏遺跡の礫石錘

上面三〜五〇㎝に泥岩礫の集中がみられ、この中にはクジラ、イルカなどの海獣類の骨と、土器片（十三菩提式や五領ヶ台式）、石鏃などが検出された。検出された遺構は土坑が一基確認されたのみで、泥岩礫の集中も自然科学的な分析結果により、人為的なものでないことが分かっている。

遺跡の石器群としては石鏃、石鏃未製品、礫器、打製石器、敲石とあるが、中でも三kgをこす大型礫石錘が三点、二三・六kgの超大型礫石錘が一点含まれる点が注目される。大型、超大型は軟質の粗粒凝灰岩を石材として利用し、大型の礫石錘は長楕円の短軸両側縁に敲石による打ち欠きを施し、超大型といえるものは全長四六・三㎝、幅二七・四㎝・厚さ二〇・五㎝、重さ二三・六kgで直方体の自然礫の短軸をめぐるようにU字状の溝をめぐらすものである（図８）。ほかにも全長四一・一㎝、幅二二・二㎝、厚さ一三・三㎝、重さ八・四kgのものもあって、ほかの礫石錘を遥かに凌駕しており、丸木舟の存在から舟のイカリと推測された。

（８）　殿崎遺跡（長崎県北松浦郡小値賀町殿崎）

同遺跡は、五島列島の小値賀町にあって、小値賀空港建設にともなう緊急発掘調査として実施され、明らかとなったものである。遺跡は縄文時代中期から後期にかけて営まれた生活跡で、約一〇〇〇㎡の調査区から土器、石器、装飾品など二〇〇〇点が出土している。縄文土器に関しては、第一次調査区では縄文時代後期の鐘ヶ崎式土器を主体とし、第二次調査区では、後期前葉の中津式、南福寺式、出水式といった阿高式系土器が量的にも多

かった。(19)

石器に関しては剥片鏃、石鋸、石銛、つまみ形石器、礫石錘などがあるが、その礫石錘の中でも、とくに大きいものは、長軸二〇・五㎝、短軸一二・八五㎝、厚さ四・三五㎝で、重さが一・七三kgあって、やはり短軸の両端を敲打によって抉っている（図9）。重さからいうと舟のイカリとしては軽いので、網漁の錘と考えた方がよさそうである。

### （9） 森の宮遺跡（大阪府大阪市中央区）

同遺跡は、ＪＲ環状線森の宮駅から西方に約一五〇ｍの大阪市立労働会館一帯に位置する。一九七一年に第一次・第二次にわたる森の宮遺跡発掘調査が実施され、その後も一九七四年と一九七七年に難波宮址顕彰会による第三次・第四次の調査が実施され、遺跡の全体像が明らかとなった。同遺跡の形成は縄文時代中期にはじまり、

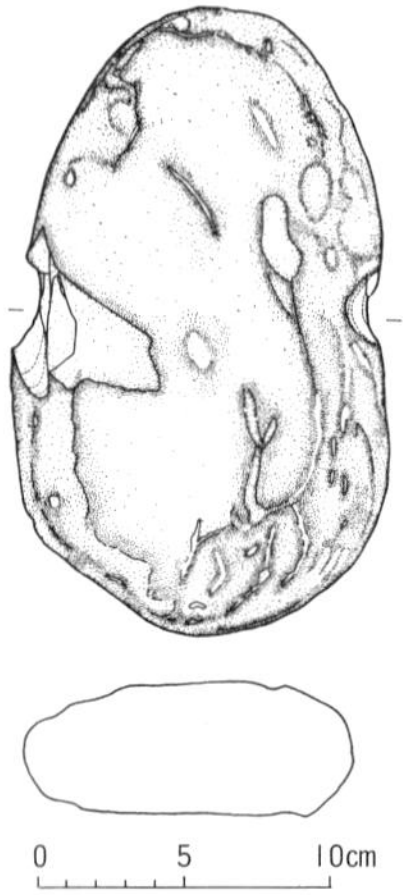

図9　殿崎遺跡の礫石錘

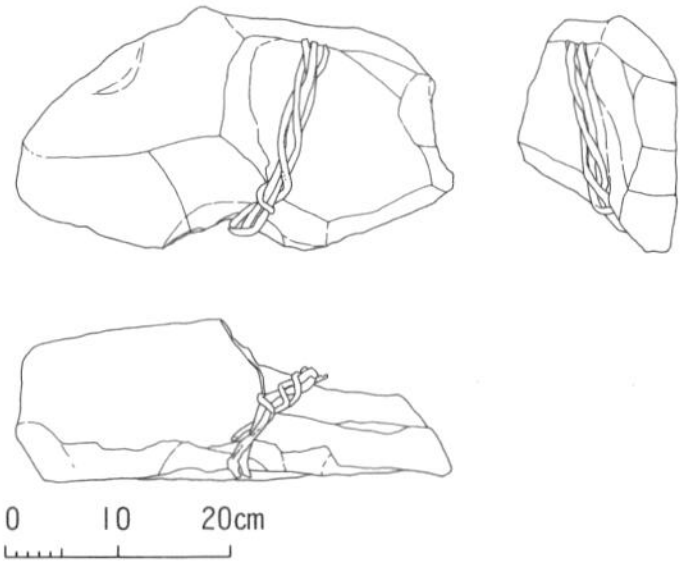

図10ⓐ　森の宮遺跡の礫石錘

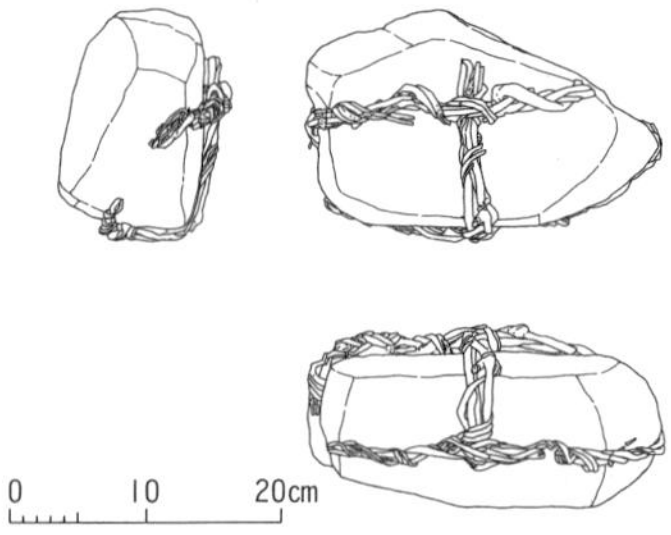

図10ⓑ　森の宮遺跡の礫石錘

弥生時代、古墳時代を経て、近世までつながる複合遺跡であることが分かっている。とくに注目されたのが、縄文時代後期から弥生時代中期にかけて営まれた貝塚で、一八体の埋葬人骨が発見されたことである。

遺跡は、海抜七mの洪積台地である上町台地北東端に位置しており、台地の裾が東方の河内平野平坦部へと移行する傾斜地となっている。また、魚類遺体や貝層に残された貝類から、同地が河内湾の縁辺部に位置した縄文時代の漁村で、周囲の環境も河内湾から河内潟へと淡水化が進み、捕食した魚類や貝類も海産生から淡水産生へと変化したことがわかっている。

一九九五年、同遺跡から超大型礫石錘四個が出土した。層位から縄文時代の後期～晩期にかけて、当時水中であった場所であることが確認された。これらの礫は南東から北西方向に、二～四mの間隔をおいて出土している。このうちの二個には蔓が巻かれていた。報告者は「錘として使われたのは確実であるが、どのようなものの錘として使用されたかは明らかではない」とし、さらに「推定される海岸線に沿って並んでいることからすれば、網の錘としての機能が考えられる」と述べたものの、「民俗例からすると網の錘としては重すぎるようである。舟のイカリと考えると船着場のようなものが存在したのかもしれない」と結んでいる。

この超大型礫石錘を細かく観測してみると、まず図10ⓐ、図10ⓑともに自然礫が使用されており、図10ⓐは和泉砂岩で最大長四二㎝、重さ一二・五kgで、長軸と短軸のそれぞれ両側面に打ち欠きがみられる。蔓で作った索は、短軸に巻きつけられた状態である。長軸の右側面の打ち欠きは、索を巻きつけるために施したのであろうが、中央部から左側面が隆起しているため、使用には耐えられなかったと思われる。次に図10ⓑであるが、石質は花崗岩で最大長は二七㎝、重さは八kgである。こちらは完全な自然礫で打ち欠きなどの加工跡は認められない。蔓の索は長軸と短軸の中央部で直交するように、十文字にかけられていた。蔓の索に関していえば、図10ⓐの場合は、太さ〇・六㎝の二本の蔓を軽く撚り合わせ芯になる部分をつくり、さらに二本の蔓を上から巻いて太さ二・五㎝の一本の索としている。解けるのを防ぐための補強として施したものと考えられている。図10ⓑは芯となる索に三~四本の蔓を撚っており、さらにその上から〇・二㎝程度の細い蔓を数本巻きつけて、太さ二㎝の索を作っており、蔓の巻きつけ方は図10ⓐよりも細かく丁寧である。また残りの二個の礫には加工跡も蔓の索も認められないが、報告者は、図10ⓐや図10ⓑと同様に蔓が巻かれていたのではないかと推測している。またこれら超大型礫石錘が船のイカリか網の錘かは断定できないとしながらも、図10ⓐに関しては形状からして上げ下ろしのさいに索が外れてしまう可能性が高いことから、いずれにしても絶えず沈めておくものであったろうとしている。(20)

（10）　佐賀貝塚（長崎県上県郡峰町大字佐賀）

同遺跡は対馬のほぼ中央に位置する。調査は一九八五年四月から五月にかけて、遊技場用地の造成にともなう緊急発掘調査として実施された。面積は四〇〇㎡あって、調査区近くからは、一九五七年に切石を使った箱式石棺一基が出土している。同貝塚の土層は第一層から第七層まであって、最下層の第七層は、砂丘の砂層であり、縄文時代中・後期の海浜がすぐ近くまであり、遺跡はごく限られた山際の狭い部分に立地していたことが分かる。

遺構は埋葬遺構と住居址で、埋葬遺構からは六体の人骨が確認され、うち四体が埋葬状態で確認された。いずれも縦一三五㎝、横八〇㎝内外の土廣に屈肢葬の状態で、頭位を西ないし南西に向けていた。なお、一号人骨には偏平石斧が副葬され、四号人骨には頭部付近に大型のアワビの殻が五枚、左膝に一枚が残されており、埋葬当時はかなりの数のアワビが全体を覆っていたと考えられている。住居址は三つの柱穴群から、それぞれ一号住居

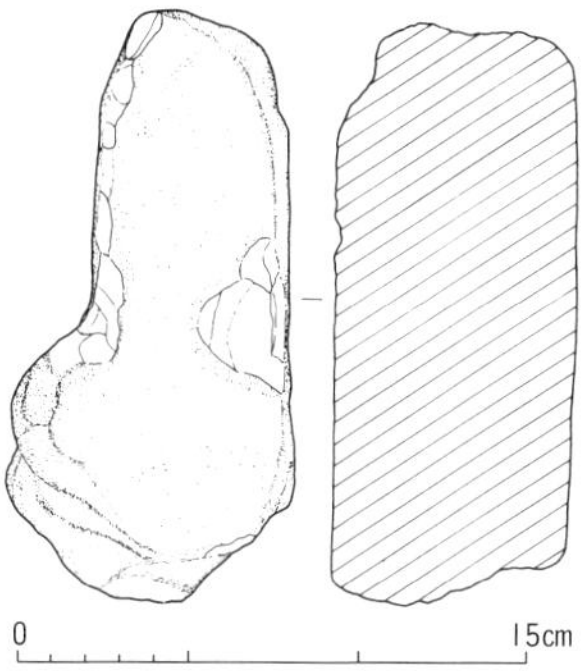


図11　佐賀貝塚の礫石錘

址、二号住居址、三号住居址が確認された。一号住居址は南北二・二m、東西一・五mの楕円形であった。

二号住居址は、径二五〇cm、深さ三〇cmほどの円形竪穴を掘り、大小二六個の柱穴を有していた。竪穴内は床面が堅くしまった状態であるが、炉跡はなかった。三号住居址は、東西約四m、南北約三mの範囲に、二五個の楕円形の柱穴群で構成されており、床面は堅くしまり、焼石のまとまりがあって、屋外炉の可能性が指摘されている。また住居址からは石斧とその木製品が三〇点以上まとまって発見され、砥石の大半が出土している状況などから、石斧造りの工房的なものであったろうと推測されている。

遺物の中でも縄文土器は、頚部がくびれ、短く口縁部が外反する深鉢型土器で、橋状把手をもつものなど、縄文時代後期の鐘ヶ崎式土器を主体としていた。石器は大型石鏃、石錐、石鋸、剝片鏃、つまみ形石器などの剝片石器類と、叩石、磨石、凹石、礫石錘、大型刃器、軽石製品、石皿、砥石などがある。ほかに骨製刺突具や猪牙製釣針などもあった。この中で図11は砂岩製で重さ一〇kg、自然礫を敲打によって抉っている。さらにもう二点同様の超大型礫石錘が出土している。(21)

## (二)　堂崎遺跡（長崎県南高来郡有家町石田名）

一九八〇年四月、同地で港湾改修工事が計画され、かねてより遺物包含地の可能性が予見されたことから、同年六月から七月にかけて試掘調査が実施され、縄文時代晩期遺跡の包含層六〇〇m²が明らかとなった。この堂崎

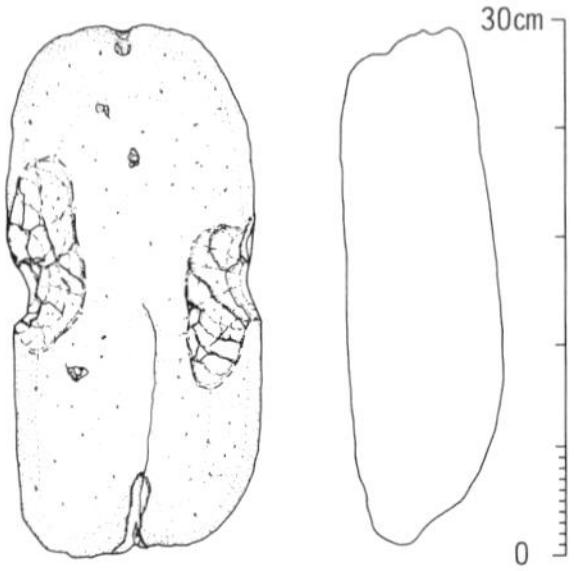

図12　堂崎遺跡の礫石錘

遺跡は島原半島にあって有明海に面し、対岸は熊本県三角地方、南に天草島を望む位置にある。地理的にも有明海を介した熊本との接触が深く、遺跡同士の性格についても共通点が多い。

同遺跡は潮間帯に立地する遺跡で、満潮時には水没するという性格をもっている。遺跡が面している有明海は、干満の差が激しいことで知られているが、満潮時の同遺跡付近は水深二ｍとなり、干潮時には海岸線から三〇〇ｍ沖合までが陸化するという特異な立地条件をもっている。したがって発掘調査も潮位表によって、調査が四時間以上可能な期間を選んで実施された[22]。

調査の結果、縄文前期・中期・後期の土器が若干混じるものの、主体は縄文晩期である。また縄文時代以降は、弥生時代の土器が数点と古墳時代の須恵器、土師器の出土がある。石器は、ほぼ縄文晩期のもので、礫器と石錘が九〇％以上を占めた。

土器は粗製深鉢を主体に、浅鉢、壺類が多く、貝殻条痕文による器面調整が基調となっている。また口縁部が外反した粗製深鉢などや研磨された土器は、山の寺遺跡の晩期II式の特徴を示し、刻目突帯文土器は晩期III式の特徴を示している。また出土する土器類から類推して、本遺跡が定住の地ではなく、漁撈活動を中心とした漁場的性格をもったキャンプサイトではなかったかと考えられている。次に石器であるが、先に述べたように礫石錘が総数一二八点あり、内訳は表採品六五点、縄文晩期包含層出土品六三点で、すべて礫石錘で、島原半島の筏遺跡の一五〇〇点に次ぐ数量であり、漁撈活動の生活様式をきわめて明確に示している。

中でも図12は、長軸二八・二cm、短軸一二・四cm、厚さ一〇・一cm、重さ四・五kgで、短軸両端から敲打による抉りがみられる。ほかにも長軸二二・四㎝、短軸九・一㎝、厚さ七・六㎝、重さ一・七八kgで、同様に短軸両端に抉りがみられるもの、さらには長軸三三・四㎝、短軸一三・二㎝、厚さ八・五㎝、重さ五kgでやはり短軸両端に抉りがみられるものなど、三個の超大型礫石錘は、明らかにほかの礫石錘とは、大きさ、重さを異にしており、使用された用途の違いは歴然である。報告者もこれらを礫石錘Ｖ型と分類し、とくに注目している。

通常の礫石錘の存在から、網による漁撈の存在は疑いないが、定住した住居址でなければ、当然そこから検出される遺物は、漁撈用具および関連する日用品ということになり、超大型礫石錘も網用の錘か船のイカリとして活用された可能性もある。

(12)　川津部遺跡（鹿児島県大島郡天城町）

遺跡は奄美群島徳之島にあって、縄文晩期の遺跡であるが、同遺跡からは輝緑岩製で、長さ二三・二㎝、幅一一㎝、上部に比べ下部がやや細い長楕円形の、上部の短軸に幅三㎝程度の溝をめぐらした超大型の礫石錘が出土している（図13）。重さについては不明ながら、やはり一〇kg前後はあるであろう。[23]

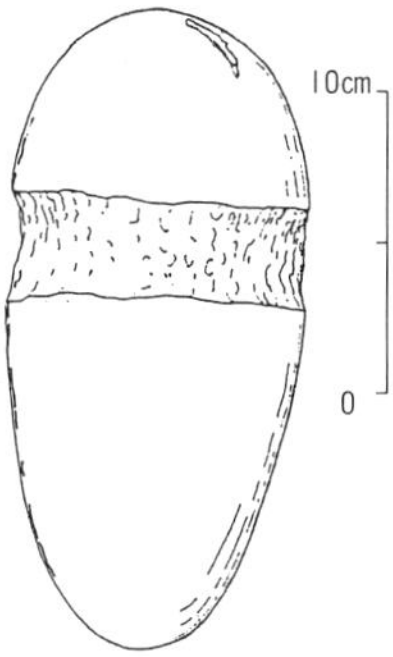

図13　川津部遺跡の礫石錘

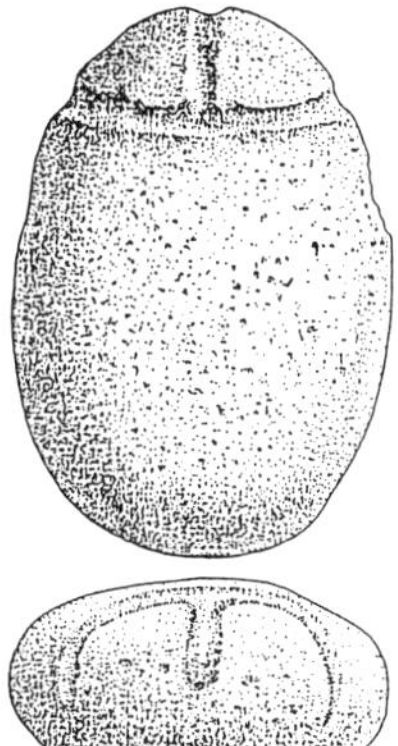
図14　石狩川沿岸の礫石錘

（13）　石狩川沿岸（北海道石狩川沿岸地域）

遺跡は石狩川沿岸に分布し、頭部に逆T字形の有溝をもつ長楕円の超大型礫石錘が一一点出土している（図14）。北海道石狩川流域で分布するもので、縄文時代晩期後葉に属すると考えられている。重量は一〇kg台を中心に、稀に二五kgに達するものもあるという。杉浦重信氏が確認した二六点の「錨石」を、四類型に分けたA型あるいは「有溝石製品」とよぶもので、船のイカリか石狩川を遡上するチョウザメを捕獲するさいの一種の錘を想定している。(24)

## 第四節　弥生時代の礫石錘

弥生時代において、丸木舟は沿海部から近海部、そして遠海部へと行動範囲が広がっていった。そのために丸木舟は大型化され、波きり用の船首材や波よけ用の材がとりつけられ、準構造船へと進化を始める。そして船の大型化とともにイカリもまた、その機能に対応する形で形態に変化がみられるはずである。本節においては前時代の礫石錘との比較を念頭において、報告文の中から該当する資料を集めて検討する。

（一）　原の辻遺跡（長崎県壱岐市東南部・旧石田町と旧芦辺町にまたがる地域）

遺跡は、福岡市の北西六七km、対馬からは南東に六七km離れた玄界灘に浮かぶ壱岐島（南北一七km、東西一五km）に所在する。古来より大陸から朝鮮半島を経た文物の流れは、対馬を経て、この壱岐島へもたらされ、さらに九州本土へと伝わる一つの文化交流の中継地点であった。そのため三世紀の様子を記述した中国の歴史書『三国志』の中にでてくる『魏志倭人伝』には、「一大国」（一支国《いきこく》の誤記と考えられる）の名で登場しており、のちの律令期には壱岐国として栄えた。

壱岐島における弥生時代の遺跡は、現在六〇か所知られているが、その中心となる拠点集落が、カラカミ遺跡（旧勝本町）、車出遺跡（旧郷ノ浦町）、原の辻遺跡（旧石田町と旧芦辺町）といわれている。

同遺跡は、島内中央部を源流とする幡鉾《はたほこ》川が作り出す深江田原沖積地に突出した舌状台地（標高八〜一八ｍ）と、現水田面（標高五〜七ｍ）の低地に立地している。すでに大正時代から遺跡として注目されており、戦後の一九五一年には九学会連合・東亜考古学会による発掘調査がおこなわれ、住居跡や墓域が確認され、卜骨や貨泉、銅鏃、朝鮮半島系の土器などが出土している。その後も度重なる調査を経て、一九九八年には、弥生時代前期末から中期にかけての居住遺構や、後期の濠などを確認するとともに、前漢代の五銖銭や三翼鏃などが確認されている。[25]

この遺跡の北部を流れる幡鉾川で、一九九三年から一九九八年にかけて流域の総合整備計画による、河川改修工事がおこなわれ、それにともなって遺跡の範囲確認調査が一九九四年から一九九六年にかけておこなわれた。この調査によって四条の旧河道と二か所の濠、一条の溝が検出された。中でも一九九四年度におこなわれた津合橋下流の河川敷の調査において、西から東に傾斜する河岸に弥生中期後半から後期初頭にかけての土器溜まり（堆積層五ｍ）が確認された。一部は、一九三九年に埋め込まれた河道によって削りとられていたが、その包含層は北壁で厚さ一・五ｍ、河床面の標高は二・二ｍを測った。ここで出土したのが、イカリとして報告された超大型礫石錘である。一号旧河道から一一個、二号旧河道から一八・二kgと一五kgの二個、そして三号旧河道から一

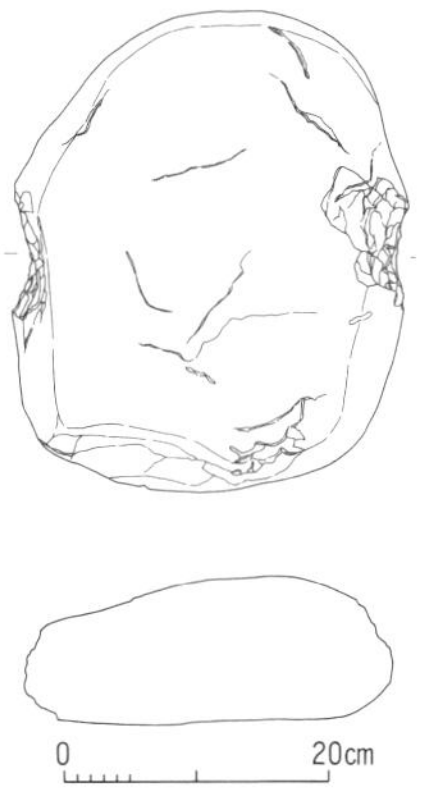


図15　原の辻遺跡の礫石錘

一・八kgの合計一四個が発見された。いずれも長楕円の扁平な礫の短軸に、抉入部を施したものであった。

（2）　西川津遺跡（島根県松江市西川津町）

遺跡は松江市市街地東側の西川津町に所在し、朝酌川の河川敷に存在する低湿地遺跡である。朝酌川は島根半島の北山に源流を発し、松江市街東端の沖積地を南下して宍道湖と中海をつなぐ大橋川に注いでおり、川沿いに原の前遺跡やタテチョウ遺跡などが存在する。

一九八三～八五年の三か年にわたって同遺跡海崎地区の発掘調査がおこなわれ、縄文時代後晩期～弥生時代前期までの遺構、遺物が確認されたもので、その中から超大型礫石錘が出土している（図16）。長さ二〇cm、幅一四・九cmのほぼ円形の自然石に、幅三・四cmの溝を十文字につけたもので、重量は六・四kg、船のイカリと考えられている。一九九五年、同遺跡のⅢ区（左岸）C調査区の砂礫層からも、桃色を呈する安山岩製（中海に面する松江市大海崎町付近でとれる石）の超大型礫石錘が出土している。表面は敲打による綱止の十字溝をもち、溝底は一部摩滅している。表面全体は打痕を残し、底部は平らに加工され、断面はつぶれた楕円形であり、重さは約九kgで、川舟のイカリとして使用されていたのではないかと推測されている。時期は弥生時代中頃と思われる。(26)

（3）　宮の本遺跡（長崎県佐世保市高島町）

高島町は、佐世保市の中心街から北西にあって、西海国立公園九十九島の一つであり、相浦港から六kmの海上に浮かぶ南北三・五km、東西九〇〇mの細長い島である。遺跡は南北八〇〇m、東西二〇〇mの砂丘上に位置し、縄文前期から平安時代におよぶ複合遺跡であるが、中心は弥生時代の墓域が占めている。一九七七年、住宅の基礎工事中に石棺と人骨が発見されたことにより、緊急発掘調査がおこなわれ、弥生時代の箱式石棺五基と人骨が出土した。その後、翌一九七八年には遺跡の範囲確認調査が、そして一九七九年と一九八〇年には緊急調査が実施され、四〇体の人骨と石棺一八基、土壙墓一九基、甕棺墓三基が確認された。イカリと思われる超大型礫石錘は多孔質安山岩の楕円形礫に、敲打により溝をめぐらすもので、長さ三七cm、重さ一〇・七kgで長軸の中央部に二cm程度の溝がめぐっている（図17）。断面はゆるい円形を呈する。出土地点は海岸に近く、有孔円礫なども同じ地点から出土していることから、船のイカリか魚網の錘ではないかと推定されている。[27]

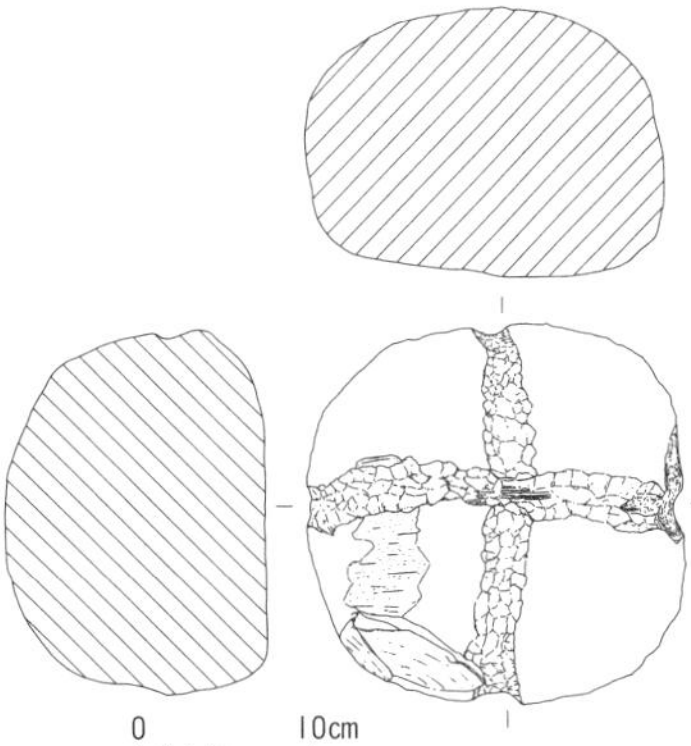

図16　西川津遺跡の礫石錘

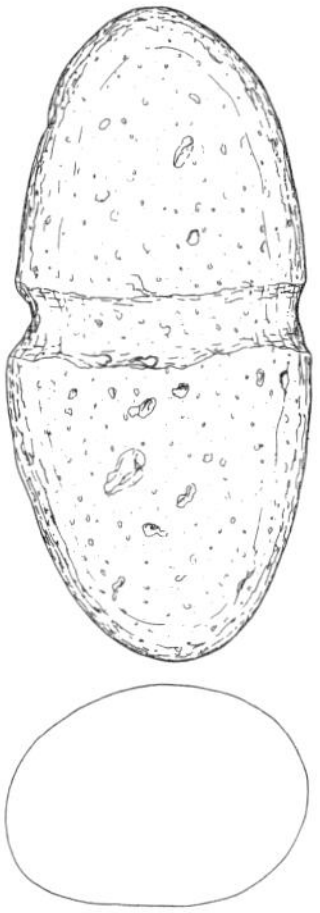
図17　宮の本遺跡の礫石錘

### （4）　宝金剛寺裏山遺跡（神奈川県小田原市国府津宝金剛寺の裏山）

宝金剛寺は、東寺真言宗の国府津山医王院である。天長六年（八二九）に杲隣大徳により、地青寺として創建された。その後、平安時代後期に醍醐寺の僧一海が中興し、後奈良天皇の勅命により、弘治元年（一五五五）宝金剛寺と寺名が改められた。のちに北条氏の祈願所として隆盛をきわめ、徳川家康が国府津護摩堂（現本堂）領として二二石を寄進するなど栄え、末寺三一か寺を抱える寺であった。この裏山より弥生時代中期の楕円礫で上部短軸に溝を施した大型礫石錘が出土している(28)（図18）。

（5） 花渡川《けどがわ》遺跡（鹿児島県枕崎市西鹿籠小江平）

遺跡は枕崎港より花渡川を一・五㎞さかのぼった河床に所在し、縄文時代前期から中世までの遺物が採集される。これらの遺物は元来、花渡川の左岸にある小江平台地の崩壊によって、付近の遺跡から流れ込んだものと推定されている。大型礫石錘は長さ二一・二㎝、幅五・二㎝で、いわゆる上窄下寛形《じょうさくかかん》（上が狭く下が広い）を呈し、先端部は尖り、ごく細い溝が先端部から両面にわたって施され、全長の三分の一くらいの所に小孔を穿ち、そこに連結している（図19）。索というより釣糸用の孔や溝と考えられる。類似の礫石錘は丹後半島の函石浜や若狭

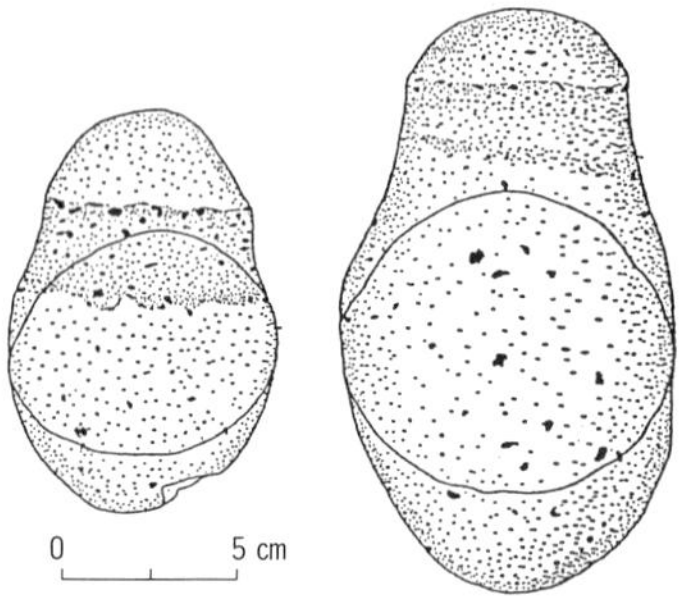

図18　宝金剛寺裏山遺跡の礫石錘

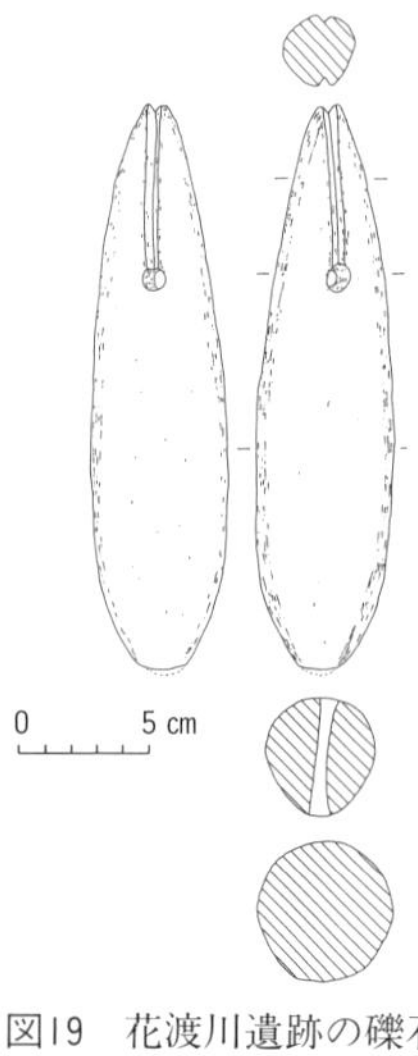

図19　花渡川遺跡の礫石錘

湾の小浜市岡津、三方町食見《しきみ》にあり、九州型石錘AⅠ（博多湾型）と分類されている。[29]福岡市の野方中原遺跡例にもあるように頭部の狭まりが緩やかで、先端は尖らず、丸みをもっている。最大の特徴は底部で、ゆったりと丸みをもって仕上げられている。長さ一〇〜一四㎝を通常の大きさとし、二〇㎝をこえるものもこの型式に属する。幅は四・五㎝、重量は一〇〇gを最小とし、四〇〇g弱まであるが、二〇〇g台のものがもっとも多い。九州型石錘の中心的存在である。[30]

（6）　稲荷台地b地点遺跡（神奈川県藤沢市稲荷台引地）

遺跡は弥生時代後期から奈良時代におよぶ複合遺跡である。ここから安山岩製の大型礫石錘二個が出土している。図20の1は一・五kg、2が一・六六kgで、いずれも上部短軸に敲打によって溝を施しており、この溝に釣糸ないしは索を巻くと思われる。付近の稲荷台d地点から鉄製の釣針が出土していることから、これも釣漁の錘具と考えられる。[31]熱海市の立ヶ窪遺跡からも類似の遺物が出土している。[32]

（7）　新潟県西頸城郡能生村沖（能生村沖四㎞の海底）

深さ約七〇ｍの海底から刺網で引き揚げられたもの。新潟県内の弥生時代後半〜古墳時代の遺跡からも出土するもので、頭部直下に溝をめぐらし、下部に沿って膨らみをもたせている[33]（図21）。頭部直下の溝部分は、索か釣糸のかかりとなるよう括れている。この大型礫石錘に関しては、「網のおもりで、大きいものは舟のいかりであろう[34]」との指摘もあるが、これもやはり釣糸ないしは索を巻くと、重心部分が下がって垂下することから、釣漁の錘具と考えられる。同様のものが沼津市雄鹿塚遺跡からも出土している。[35]

（8）今山・今宿遺跡（福岡県福岡市西区今宿）

遺跡は、福岡市西区今宿の標高八五ｍの小丘陵にある石斧製作跡である。一九二三年に中山平次郎氏が踏査して以来、硬質玄武岩を使って太形蛤刃石斧を製作する弥生時代の石斧製作跡であることが確認された。製作場所は丘陵の南東麓に集中するが、採石した原石を中腹で粗割し、麓で打製、敲打、研磨が加えられたのち、その成品は遠く大分や熊本にもおよんだことが分かっている。また、そこには石斧の専業的集団が存在したことも想定された。(36)

一九七六年、福岡市教育委員会により発掘調査がおこなわれ、磨製石斧の未成品や、古墳時代の製塩土器、蛸壺などを確認した。そのさい、調査区からイカリと報告された石製品一点が出土した。イカリと思われる超大型礫石錘は、最大長四一・五㎝、最大幅一八㎝、重さ八・二kgで、扁平な長楕円形を呈し、かなり研磨され整形されており、表面の中央部には、最大幅二・五㎝、深さ〇・五㎝の溝を、両側面の抉入部まで彫り込んでいる（図

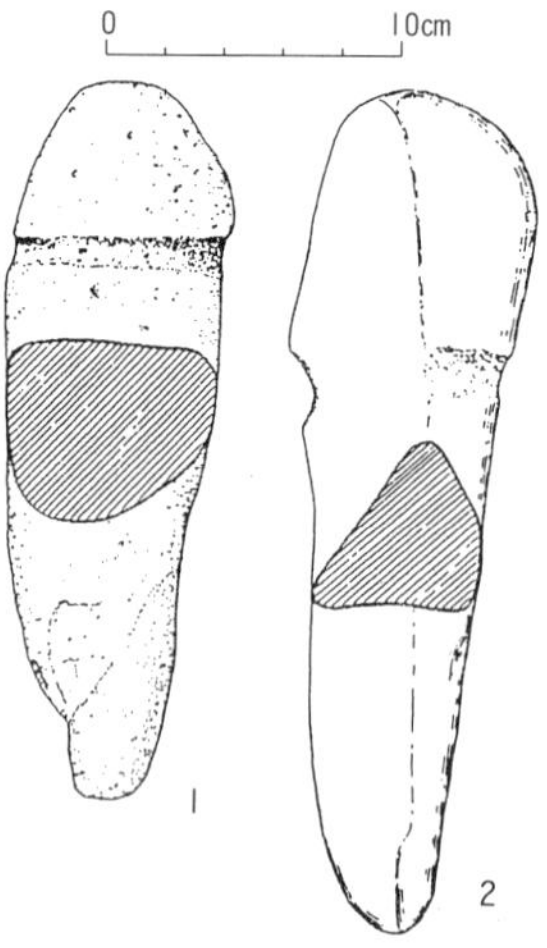

図20　稲荷台遺跡の礫石錘

図21　新潟県沖から引き上げられた礫石錘

22)。入念に加工を加えたものであることが分かる。とくに両端の抉入部は最大二cm深を測る。

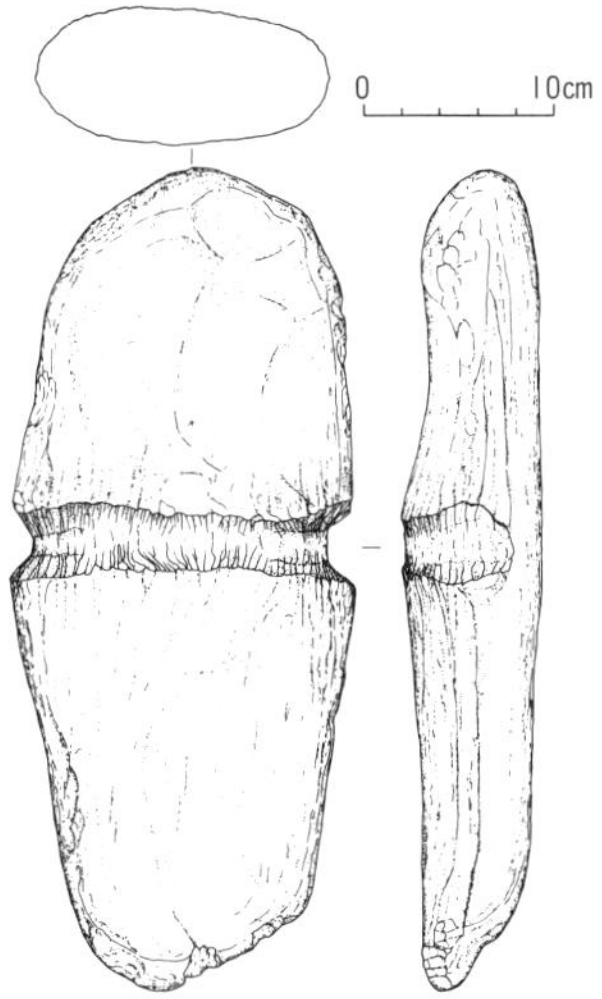

図22　今山・今宿遺跡の礫石錘

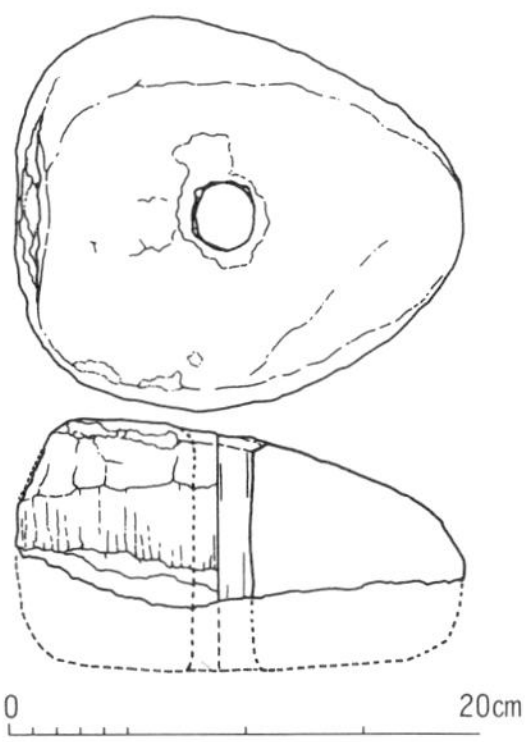

図23　唐原遺跡の礫石錘

### (9) 唐原《とうのはる》遺跡（福岡県福岡市東区唐原）

遺跡は、博多湾の東部最奥部の福岡市東区唐原の唐ノ原川河口域にあたる。同地には玄界灘の西流海流と博多湾の左転回流による土砂運搬作用によって砂岩段丘が形成され、弥生時代以来の姿をとどめている。また同地は「筑前国続風土記拾遺」にも「地名を塚の元といふ。其の辺に塔ノ元といふも有」とその名をとどめる。また三角縁神獣鏡を出土した香住ヶ丘古墳など、古墳が点在しそれが地名の由来と考えられている。なお、同遺跡は弥生時代後期から古墳時代前期の漁撈集団による住居址と考えられ、長さ五・二cm、幅二・八cmの大型鉄製釣針や、長さ六・五cm、幅〇・七cmの鉄製ヤスなどとともに、滑石製の大型有孔礫石錘が出土している(37)。

弥生時代後期の住居址から壺や甕とともに出土したこの礫石錘は、滑石製で直径一七～一九・九cmの卵形、中央部に二・六cmの円孔を穿つ、重さは三・六四kgある（図23）。ほかにも直径一四・八～一五・二cm、厚さ六・

九〜七・八cm、中央に二・四cmの孔を穿ち、重さ二・五六kgのものなどがある。民俗学の調査による例では中国江南地方や南太平洋地域で船のイカリとして使われている例もあるが、延縄漁などのイカリ（錘）としての例もある。

（10）真栄里貝塚（沖縄県糸満市真栄里）

遺跡は、沖縄本島最南端に位置する糸満市の糸満港の南に位置する、岬状の小丘陵南斜面に形成された貝塚で、沖縄貝塚時代後期（本土の弥生時代に相当）のものである。同遺跡は一九六七年、高宮廣江氏によって九州の弥生時代前期の流れを汲む真栄里式土器が確認された地でもある。(38) そして一九九六年、糸満市教育委員会により遺跡の保存状態を確認するための発掘調査がおこなわれ、イカリと報告された超大型礫石錘が出土した。この超大型礫石錘は片側が緩やかな曲線を描き、もう片方が直線的な面をもつ特異な形状で、最大幅三四・五cm、最大厚一五・五cm、重さ二九・九kgで、本体中央部は表裏ともに凹部があり、直径六cmの穴が穿たれている（図24）。穴には紐擦れによる摩擦痕が観察され、全体的にも水磨が著しく、穴の近くや平坦な縁辺部にはサンゴの着床がみられる。報告者は大型の石皿を転用したものではないかとしている。(39)

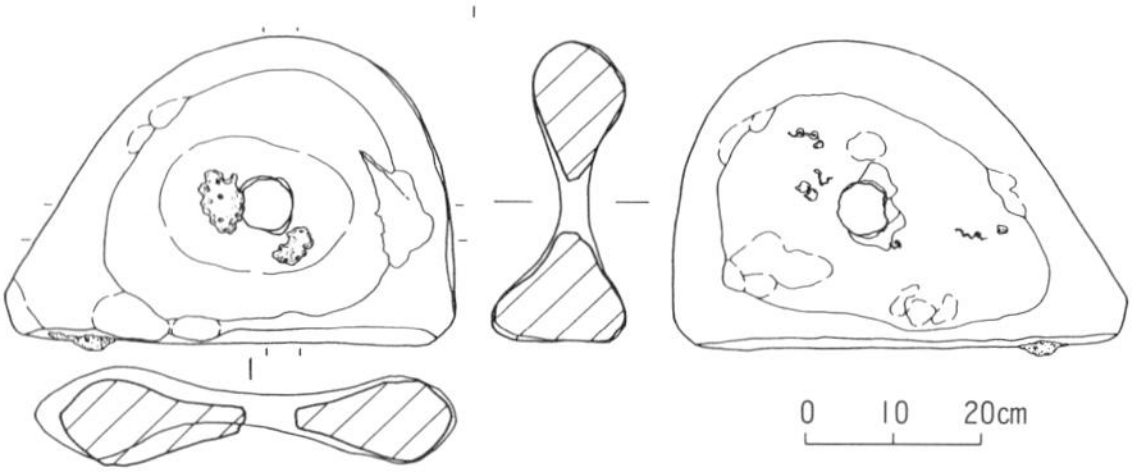


図24　真栄里貝塚の礫石錘

## 第五節　礫石錘の形態分類

全国から出土した大型礫石錘あるいは超大型礫石錘をみてきたが、これを各要素ごとに類型化し、さらにその実態に迫ってみたい。まず時代区分であるが、前節では先史時代を大まかに縄文時代と弥生時代とに区分したが、さらに各時代を細かく分ける。次に形態ごとの類型化を試みる。そしてこれらが出土した遺跡の立地と環境にも目を向けよう。さらには共伴遺物の存在から、生業としての漁撈活動の実態にも迫りたい。これらを整理することによって大型礫石錘あるいは超大型礫石錘というものの用途が明らかとなるはずである。

さて、本節を論ずる前に、「礫石錘」というものについて、少し整理をしておきたいと思う。まず礫石錘に関する研究は、縄文時代の魚網錘としての研究から始められた。そしてこの研究の先駆的な役割を担った渡辺誠氏は、縄文時代の魚網錘を、土器片錘、切目石錘、有溝土錘、有溝石錘、有溝鹿角錘、管状土錘、揚子江型土錘、揚子江型石錘の諸形態がみられるとし、この中で、礫石錘だけを例にとると、切目石錘は、材料が手ごろな河原石から転化したものであり、長軸両端に切込みを施したA類と、短軸両端にも切込みを施したB類とに分類されるとした。また、有溝石錘は、有溝土錘A種に対応する溝が長軸を一周する有溝石錘Aと、有溝土錘C種に対応する溝が長軸と短軸を各一周する有溝石錘Cに限定され、それぞれの関係は密接であるとしている。(40)

これらはあくまでも魚網錘としてとらえたわけであるが、この分類法にしたがって大型礫石錘や超大型礫石錘を分けたのが宝珍伸一郎氏である。宝珍氏は伊木力遺跡などの西北九州の遺跡から出土する大型礫石錘や超大型礫石錘を、円礫の両端を打ち欠いて縄掛け部を作り出した「礫石錘」の一部として次のように分類した（図25）。

Ⅰ類　礫の長軸両端を打ち欠くもの。

Ⅱ類　礫の短軸両端を打ち欠くもの。
Ⅲ類　礫の長軸両端と短軸の一端の三か所を打ち欠くもの。
Ⅳ類　礫の短軸部に、主に敲打によって溝をめぐらすもの。

しかし、最近の発掘調査によって大型礫石錘や超大型礫石錘の資料も増え、この分類範疇に収まらないものもあることから、これら多様な大型あるいは超大型礫石錘の資料を再度俯瞰し、新たな類型を加えた考察を試みる。

では、前節までで紹介した遺跡の中から出土した大型礫石錘や超大型礫石錘をみていこう。まず森の宮遺跡から出土した自然礫を蔓で緊縛しただけの大型礫石錘であるが、これがもっとも簡易的なものといえよう。当時水中であったと考えられる場所から二〜四ｍの等間隔をおいて確認されたことと、二つの礫が蔓で緊縛された状態で出土したことから、この自然礫が何らかの用途に使われたものであると認識されたのである。もし蔓が人為的に巻かれていなければ、調査担当者もただの自然礫の転石として注意を払わなかったに違いない。とくに図10ⓑは、自然礫の短軸と長軸を直交するように蔓を巻いただけのもっとも簡易的なものであった。そこでこのようなものをⒶ類としよう。すなわちⒶ類とは、自然礫に索を巻いただけのもっとも簡易的なものとする。

長崎県五島列島の福江島で発見された江湖貝塚出土のものは、礫の長軸両端を打ち欠くもので、一一点確認されている。これは宝珍氏が分類したⅠ類にあたるものである。ここではこれをⒷ類とする。すなわち礫の長軸両端を打ち欠くものである。同遺跡は満潮時には水没してしまう汀線付近に立地した遺跡であり、時代は曾畑式土

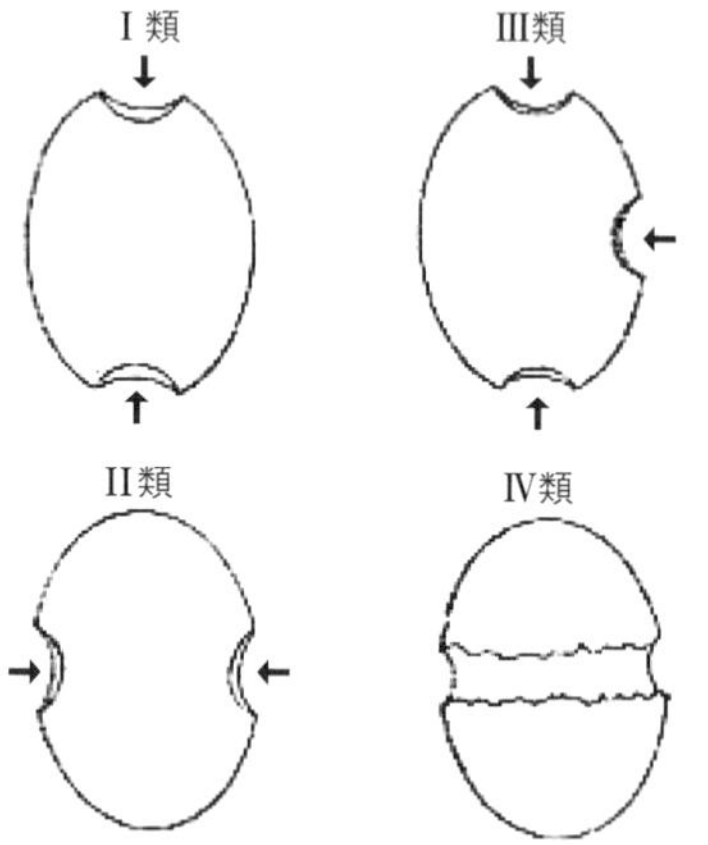

図25　礫石錘の抉入の状況からみた分類法

器を出土することから縄文時代前期と考えられ、漁撈を生業とした漁村と考えられている。同じような例は富山県の針原西遺跡でもみられた。同遺跡は川岸に営まれたもので、ここでも川に張り出すよう杭が打ち込まれており、調査担当者は木の実をさらす施設か船着場の可能性を指摘している。時代は縄文時代中期と考えられている。

次は長崎県の伊木力遺跡から丸木舟の船底部分とともに大量に出土した大型礫石錘と超大型礫石錘である。とくに注目すべきはその量の多さであるが、大半のものが礫の短軸両端を打ち欠くものであった。これは宝珍氏のいうII類であるが、これを[C]類とする。すなわち[C]類は索を緊縛するために礫の短軸両端を打ち欠いたものである。なお、同遺跡にも杭跡が確認されており、丸木舟を繋留するための施設だった可能性がある。曽畑式土器をともなっており、時代は縄文時代前期と考えられる。同様のものは江湖貝塚、千鳥ヶ浜遺跡、供養川遺跡にも存在し、縄文時代晩期の堂崎遺跡や、縄文時代中期から後期にかけての殿崎遺跡、縄文時代後期の佐賀貝塚でも出土している。いずれも縄文時代を通じて漁撈を生業とした縄文時代の漁村から出土している。また形状からいえば縄文時代前期の曽畑式期のものは、かなり巨大な礫石錘を抉入して作った超大型の礫石錘群といえる。

[D]類については、礫の長軸両端と短軸の一端の三か所を打ち欠くもので、宝珍氏のいうIII類にあたるが、大型礫石錘、超大型礫石錘においてはいずれにも類例がない。

次に[E]類であるが、これは礫の短軸部に、主に敲打によって溝をめぐらすもので、宝珍氏のいうIV類にあたる。類例は伝福寺裏遺跡のものがこれにあたる。縄文時代前期末葉～中期前葉の土器片を含み、鹿角製銛頭などの骨角器やイノシシ、ニホンジカ、クジラ類の獣魚骨が検出されており、堆積層のIII層からIV層が黄褐色砂層で植物性遺物を含み、丸木舟もこの層から検出された。礫石錘には数種類あるが、とくに巨大なものが二三・六kgの超大型礫石錘であり、丸木舟との関係からこの船のイカリと考えられたものである。またこれに類するものでは、奄美群島の縄文晩期の遺跡である川津部遺跡や弥生時代の遺跡である長崎県佐世保市高島町の宮の本遺跡からの出土例がある。川津部遺跡のものは輝緑岩製で、上部に比べ下部がやや細い長楕円形で、長さ二三・二cm、幅一一cm、上部の短軸に幅三cm程度の溝がめぐっている。一方の宮の本遺跡のものは安山岩製で長さ三七cm、重さ一〇・七kgあり、長軸の中央部に二cm程度の溝がめぐっている。いずれも断面はゆるい円形を呈する。また、[C]類を多く出土する伊木力遺跡においても、砲弾形を呈した原石の全周に溝をめぐらすものがある。これらは安山岩製で、長さ三二・四cm、幅一七九cm、厚さ一二・九cm、重さ六・一kgのものや、長さ二九・八cm、幅一九・七cm、厚さ九cm、重さ六・二kgのもの（図26）、あるいは長さ三四・九cm、幅二一・七cm、厚さ七・六cm、重さ六・三kgのものなどである。断面はいずれも円形を呈している。

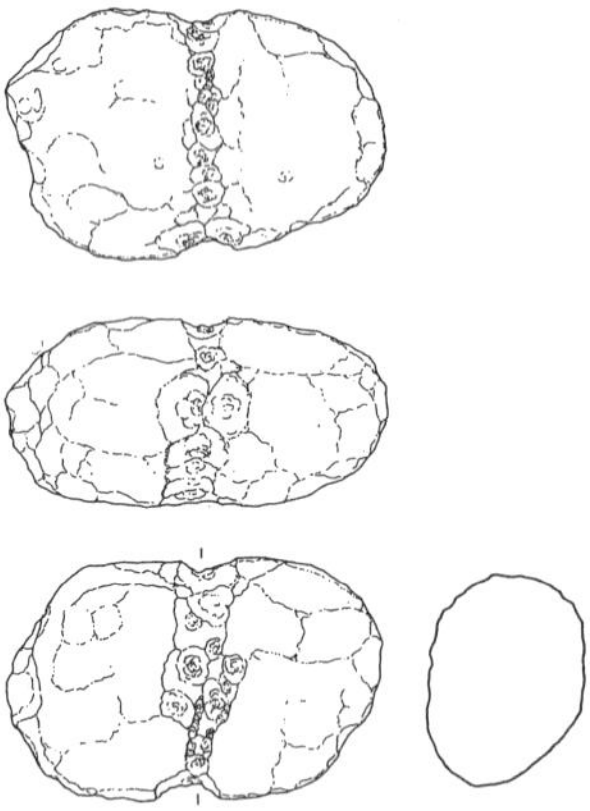
図26　伊木力遺跡の礫石錘③

[E]類の特徴としては、その断面がほぼ円形であることから、敲打による抉り部を造り出しただけでは、索がはずれやすいため、緊縛効果を高める意味から溝を施したと考えられる。弥生時代終末期の例では福岡市の今山・今宿遺跡の例が挙げられよう。こちらは最大長四一・五cm、最大幅一八cm、重さ八・二kgで、扁平な長楕円形を呈し、かなり研磨整形されており、表面の中央部には、最大幅二・五cm、深さ〇・五cmの索を縛りつけるための溝を、両側面の抉入部まで彫り込んでいる。これまでにみてきた[E]類とはかなり趣を異にし、入念に加工を加えたものであることが分かる。とくに両端の抉入部は最大二cm深を測る。これに関しては、立平進氏の考察（図5）もあり、イカリと想定したうえで、その構造を示している。(41)

[F]類は、不正形円礫の長軸、短軸部から、敲打によって溝をめぐ

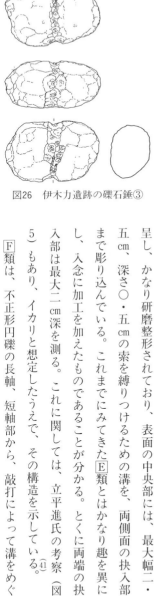

らし、中央で直交するものである。島根県松江市の市街地東側にある西川津町に所在する西川津遺跡例が挙げられる。遺跡の営まれた時代は縄文時代後晩期～弥生時代前期までの時期にあたり、桃色を呈する安山岩製（中海に面する松江市大海崎町付近でとれる石）の表面には敲打による綱止の十字溝をもち、溝底は一部摩滅している。表面全体は打痕を残し、底部は平らに加工され、断面はつぶれた楕円形であり、重さは約九kgで、川舟のイカリとして使用されていたのではないかと推測されている。時期は弥生時代中頃と思われる。

G類は、大型の上窄下寛形で、先端が尖り低部幅が狭く、長さが長い筍形で、有溝は頭部付近のみの礫石錘である。直下の孔と組み合わされており、重心が下にくるので、垂下して使用したものと推測される。下條氏のいう九州型石錘で、鹿児島県枕崎市西鹿籠小江平に位置する花渡川遺跡の例がある。長さ二一・二cm、幅五・二cmで、先端部は尖り、ごく細い溝が先端部から両面にわたって施され、全長の三分の一程度のところに小孔を穿ち、そこに連結している。索というより、釣糸用の孔や溝と考えられる。類似の礫石錘は丹後半島の函石浜や若狭湾の小浜市岡津、三方町食見にあり、九州型石錘ＡⅠ（博多湾型）と分類されている。福岡市の野方中原遺跡例（図27）にもあるように頭部の狭まりが緩やかで、先端は尖らず、丸みをもっている。最大の特徴は底部で、ゆったりと丸みをもって仕上げられている。長さ一〇～一四cmを通常の大きさとし、二〇cmをこえるものもこの型式に属する。幅は四・五cm、重量は一〇〇gを最小とし、四〇〇g弱まであるが、二〇〇g台のものがもっとも多い。九州型石錘の中心的なものである。

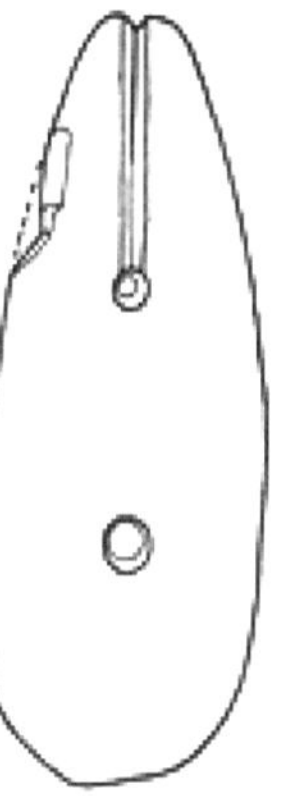

図27　野方中原遺跡の礫石錘

『日本水産捕採誌』[42]（農商務省水産局編、一九一二年）によれば天秤釣のさいの沈子には、同様の上窄下寛形の垂下式沈子が使われることが多い。したがって、G類は釣漁の沈子の可能性が高いといえよう。

[H]類は、長楕円形の上部短軸に、敲打によって溝をめぐらすものであり、東海地域で出土例が多い。形態に幾分の違いがあるものの、オホーツク沿岸でもみることができる。

神奈川県藤沢市稲荷台引地にある稲荷台地b地点遺跡や神奈川県小田原市国府津宝金剛寺の裏山にある宝金剛寺裏山遺跡から類例があり、静岡県熱海市の立ヶ窪遺跡からも類例が出土している。弥生時代後期後半のもので類似するものが北海道のオホーツク沿岸地域でもみられ、軽い物で一〇〇g程度、重いもので四kgのものもあり、延縄漁や網漁の錘と考えられている。これらはいずれも釣糸ないしは索を巻くと、重心が下に移って垂下するような構造であることから、着底させて水底との抗力を得ようとする錘の機能とは、相容れないものと思われる。東海地方、オホーツク海沿岸のいずれにおいても外洋での漁を考え合わせると、かなり深い海域で釣漁などに使用したのではないかと思われる。

[I]類は、頭部直下に溝をめぐらし、下部に沿って膨らみをもたせる茄子型で、頭部直下の溝部分は、索か釣糸の懸りとなるよう括れているものであって、北陸や東海地域にみることができる。新潟県西頸城郡能生村の沖合四km、深さ約七〇mの海底から刺網で引き揚げられた例や新潟県内の弥生時代後半から古墳時代にかけての遺跡から出土する例がある。この大型礫石錘に関しては、「網のおもりで、大きいものは舟のいかりであろう」との指摘もあるが、これもやはり釣糸ないしは索をひくと、重心部分が下がって垂下することから、釣漁の錘具と考えられる。同様のものが沼津市雄鹿塚遺跡からも出土している。

[J]類は頭部にT字形の有溝をもつ長楕円のもので、北海道石狩川流域に分布する。縄文時代晩期後葉に属すると考えられ、重量は一〇kg台を中心に、稀に二五kgに達するものもある。また、派生型として頭部に複数のコブ

状凸起を有する$J_2$が存在する。杉浦重信氏は石狩川を遡上するチョウザメを捕獲するさいの、一種のイカリと想定している。しかし類似するものは新潟県内の遺跡や、先の新潟県西頸城郡能生村沖から刺網で引き揚げられたものの中にもあり、同様の仕様による礫石錘もあることから、用途としては錘具であろうと思われる。とくに頭頂部に溝が施されていることは、釣糸なり索によって鉛直方向に垂下するためのものであろう。

K類は、礫の長軸、短軸の端部を敲打によって抉り、一部には溝を施したものである。北海道地域で出土例が紹介されているが、北海道江別市の北西約二・五km、石狩川より南へ約四〇〇mの旧坊主山遺跡近くで発見されたもので、長さ二六・五cm、幅二一cm、厚さ一〇cm、重さ六・七五kgで、長軸と短軸の両端に敲打による抉りがあり、長軸には細い溝が施されている（図28）。ほかの例では長さ二七cm、幅二三cm、厚さ八cm、重さ七・〇五kgのものもある。

また類例は旭川市神居村清水台の美瑛《びえい》川、瑠辺蘂《るべしべ》川、雨粉《うぶん》川が合流する地点にあり、旭川の後背地で伊沢などの山地を背にする地域で発見されたもので、約半分が欠損しているが、形は楕円形を呈し、長さ二七cm、幅一七cm、厚さ約七・五cm、重さ約四・二kg（いずれも復元時のもの、図29）。石材はいずれも安山岩である。偏平楕円

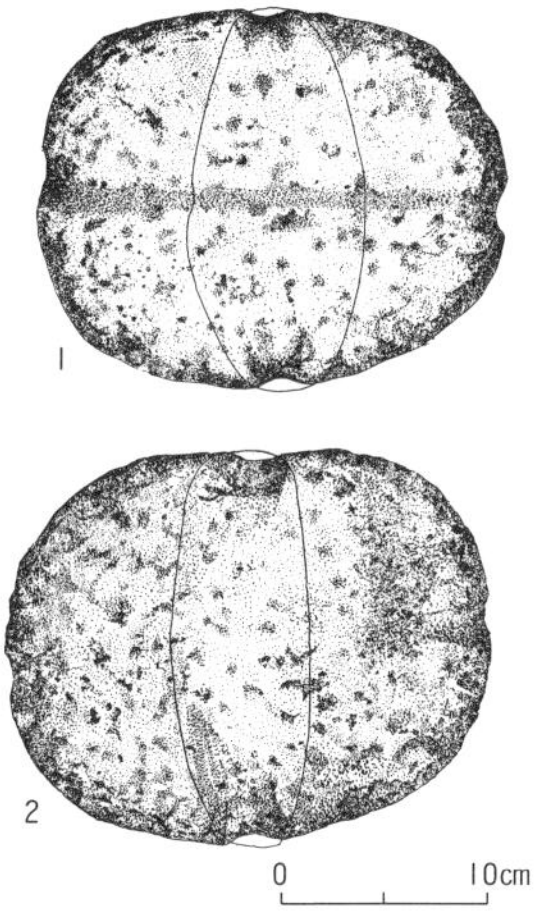

図28　旧坊主山遺跡出土の礫石錘

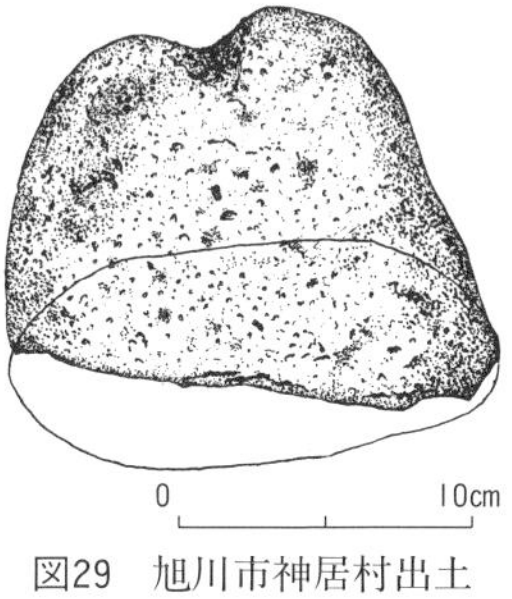

図29　旭川市神居村出土の礫石錘

の礫の長軸と短軸の両端を敲打によって抉り、索を十文字にかけて緊縛したと思われることから、何らかを水底へ着底させる用途をもっており船か網漁の錘具と考えられる。

[L]類は、中央部に穿孔した円盤型あるいは卵型のものである。北部九州の遺跡を中心に分布するが、民俗例も多い。福岡市東区唐原二丁目に所在する唐原遺跡や西新町遺跡からも出土している(43)（図30）。弥生時代後期の住居址から壺や甕とともに出土した礫石錘は、滑石製で直径一七〜一九・九cmの卵形、中央部に二・六cmの円孔を穿つ、重さは三・六四kgある。ほかにも直径一四・八〜一五・二cm、厚さ六・九〜七・八cm、中央に二・四cmの孔を穿ち、重さ二・五六kgのものなどがある。時代は下がるが古代と推定される海の中道遺跡においても、直径一六・八〜一七・五cm、中央部に直径二・六cmの孔を穿つ、重さ二・一三五kgの滑石製のものが出土している（図31）。共伴遺物には製塩土器や釣針、刺突具があり、漁村の遺物という印象を与える。民俗例では中国江南地方や南太平洋地域で、船のイカリとして利用する例もあるが、延縄漁などの錘としての例もあることから、同様の遺物は、かなり多用な使い方をされたものと思われる。

以上の類例を以下にまとめてみた。

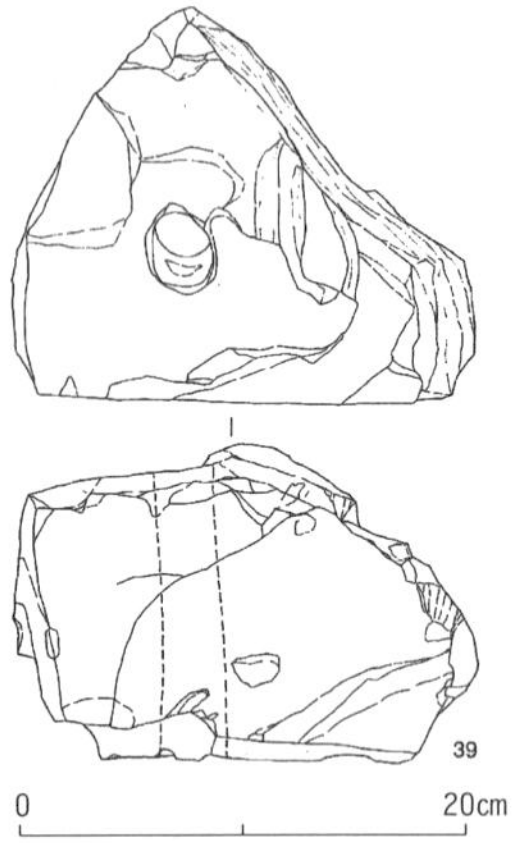


図30　西新町遺跡の礫石錘

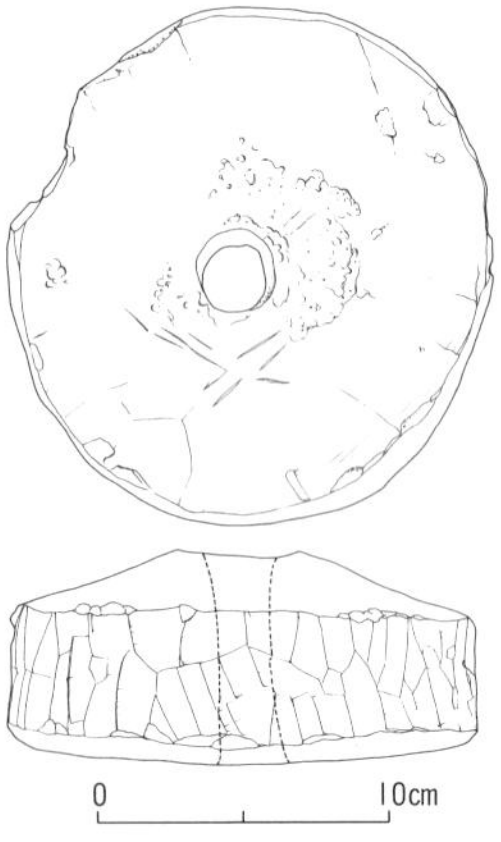


図31　海の中道遺跡の穿孔された礫石錘

A類　自然礫に索を巻いただけのもっとも簡易的なもの。縄文時代。
B類　礫の長軸両端を打ち欠くもの（宝珍氏のいうI類）。縄文時代。
C類　礫の短軸両端を打ち欠くもの（宝珍氏のいうII類）。縄文時代。
D類　礫の長軸両端と短軸の一端の三か所を打ち欠くもの（宝珍氏のいうIII類）。該当なし。
E類　礫の短軸部に、主に敲打によって溝をめぐらすもの（宝珍氏のいうIV類）。縄文時代～弥生時代。
F類　不正形円礫の長軸、短軸部から、敲打によって溝をめぐらし、中央で直交するもの。弥生時代。
G類　大型の上窄下寛形で、先端が尖り、低部幅が狭く、長い筍形、有溝は頭部付近のみで、直下の孔と組み合わされており、重心が下にくるので、垂下して使用するもの（下條氏のいう九州型石錘）。弥生時代。
H類　長楕円形の上部短軸に、敲打によって溝をめぐらすもの。弥生時代。
I類　上部に索懸りのための頭部を造り出し、下部に沿って膨らみをもたせたもの。弥生時代。
J類　頭部にT字形の有溝をもつ長楕円のもの。派生型として頭部に複数のコブ状凸起を有する$J_2$がある。弥生時代。
K類　礫の長軸、短軸の端部を敲打によって抉り、一部には溝を施したもの。弥生時代。
L類　中央部に穿孔した円盤型あるいは卵型のもの。弥生時代～古代。

## 第六節　先史時代のイカリに関する考察

これまで大型礫石錘や超大型礫石錘についてみてきたが、その出現は、およそ縄文時代前期と思われ、その顕著な例として北部九州の伊木力遺跡などでは一〇kgをこすものが現れた。いわゆるC類に分類した超大型礫石錘で、これまで礫石錘といえば、漁網錘や沈子としての使用を意味したが、それらをはるかに凌駕する大きさと重さをもった礫石錘が確認されたのである。とくに伊木力遺跡は、その出土数でほかを圧倒しており、同遺跡の調査を指揮した森浩一氏の言を借りれば「私が現地で感じたことは、碇石の数が異常に多いことであった（中略）この数は伊木力遺跡で使用したというだけでなく、伊木力遺跡はそれらを他の集落へ供給する拠点という性格があったのではないかと思わせるほど多数であった」というのも頷ける。(44) また、同遺跡から出土した丸木舟は、海での使用を示すかのように、海水棲のフナクイムシによる侵食を受けていた。さらには超大型礫石錘のうち二個には、牡蠣殻が付着しており、海での使用を示している。北部九州には、このほかにもC類の超大型礫石錘を出土する千里ヶ浜遺跡において、海棲動物の解体に適した縦型の石匙（図32）を共伴していたし、供養川遺跡や殿崎遺跡では海洋性の石器といえる石銛（図33・34）が共伴した。また佐賀貝塚では大型の結合式釣針や骨製刺突具をともなっていた。

西北九州型漁撈具としてとくに注目されるものに石銛がある。この石器は、一時、農耕具と考えられたことがあったが、その後、海岸部の遺跡に数多くみられることや、銛先状の石器などと共伴することから、銛のような機能をもつ漁具として認知されるようになった。(45) 出土地は、福岡県の山鹿貝塚や天神貝塚などが知られ、熊本県では天草の沖ノ原貝塚や牛深の椎ノ木崎遺跡、長崎県では、つぐめの鼻遺跡や岩下洞穴、深堀遺跡などから出土し、韓国においては釜山市の東三洞貝塚や、慶尚南道の山老大島貝塚など、およそ五二か所から出土例がある。(46)

これらを縄文文化の漁撈という視点からとらえると、渡辺誠氏が述べるように、縄文時代の海水面上昇により入江が複雑に発達した東関東地域の、網やヤスによる内湾性漁業に比べ、リアス式海岸でしかも多島海域である西北九州地域は、外洋性漁業の発達する素地があったと考えるべきで、サメやマグロなどの大型魚類や、イルカ、

クジラなどの海棲哺乳類の捕獲が目的であった可能性が高い。(47)

すなわちこれらの遺跡からは、漁網錘としての礫石錘はみられず、しかも縄文後期の遺跡である佐賀貝塚では、一王子型回転式離頭銛（図35）の後身となる西北九州型結合釣針（図36）が出土しており、外洋性漁撈がおこなわれていたことを示唆している。つまりこのような漁撈に欠くことができない漁具としてこの超大型礫石錘の存在があったことは否定できない。ただし、外洋性漁業の中心地域であったとしても、堂崎遺跡のように小型の礫石錘一二八点をともなう例もあり、ここの大型礫石錘は、前述した遺跡のものよりは、比較的小

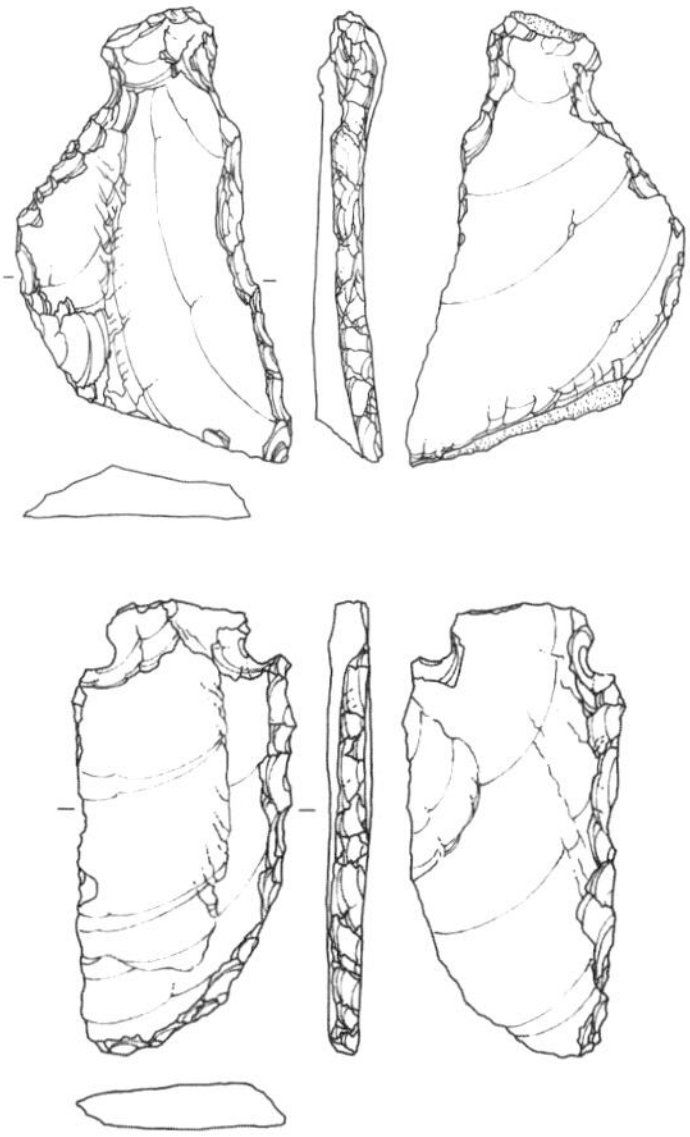
図32　石匙（千里ヶ浜遺跡）

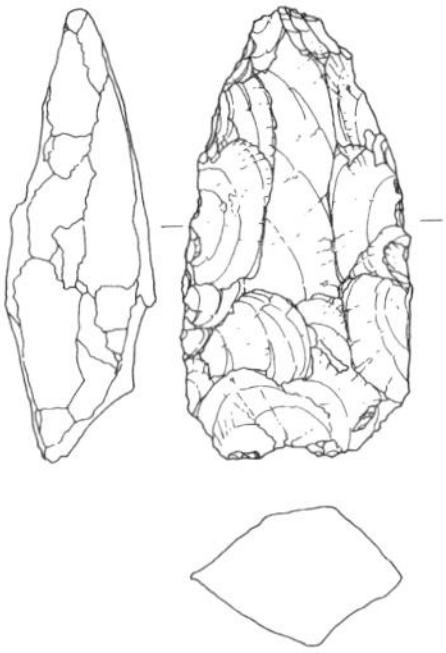
図33　石銛（供養川遺跡）

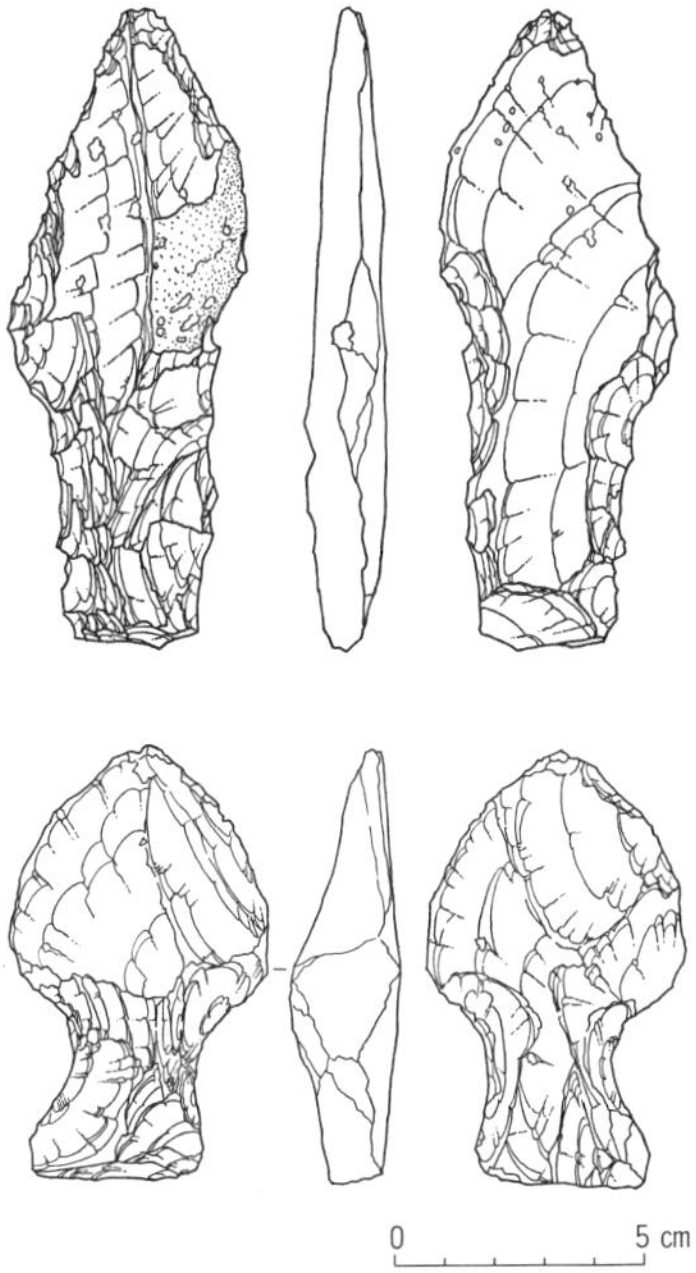

図34　石銛（殿崎遺跡）

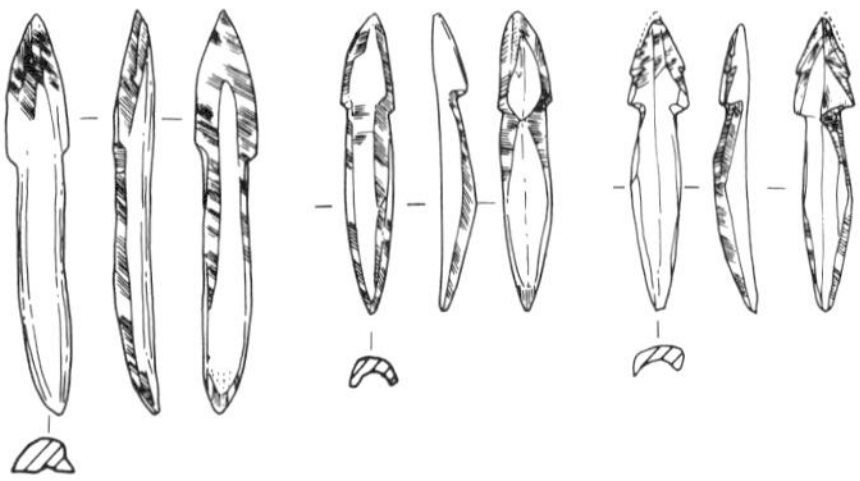

図35　一王子型離頭銛

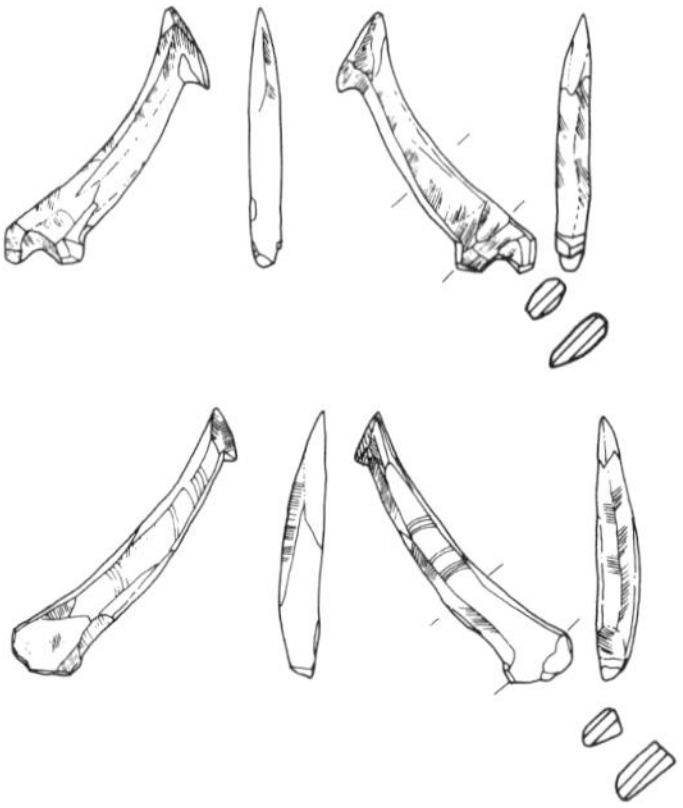

図36　西九州型釣り針

型であることなどから、漁網を固定するための錘であった可能性も残されている。

　さて、大型・超大型の礫石錘には、A類のように自然礫を利用したものを除けば、B類、C類のように緊縛のために礫の両端を敲打によって打ち欠いたり、全周、半周、十文字などの浅い溝をめぐらすものがあり、大きさや重さの点からいえば船のイカリとしての機能を有するものといえよう。さらにはG類やH類のように、とくに縦軸の片方（上方）に溝を施したもの、I類のように上部に索懸りのための頭部を造り、J類のように頭部にT字形の溝を施すものがあった。これらは緊縛され水中に投入されれば、自然と自重によって垂下される機能を有するものといえよう。そしてL類にいたっては扁平な円盤状をなし、中央部を穿孔しており、使用にさいしては索を通して何かを固定したであろうことを想起させるものであった。

　そこでこれらを少し類型別にみていくことにしたい。まず大型礫石錘であって、とくに超大型に属する伊木力遺跡、供養川遺跡、千里ヶ浜遺跡、堂崎遺跡、佐賀貝塚、原の辻遺跡でみられたC類については、重量も八～一〇kgあって、いずれも外洋に面した遺跡からの出土であり、イカリと考えられなくもない。しかし、これらの遺跡に共通するのは、海岸や離島の海浜に面しているという立地条件、さらには石匙や石銛あるいは西北九州型結合釣針など、サメやマグロなどの大型魚類や、イルカ、クジラなどの海棲哺乳類を対象とした漁撈が背景にあったことを示唆する出土品であり、そこでは一度捕獲した大きな獲物の逃亡を阻止するため、獲物に刺さった漁具を固定し、獲物の行動を抑制する錘としての機能も重要であった可能性がある。つまり船の専用具としてのイカリという、ごく限られた用途に限定しうるか否かという問題である。また、ほかの役割を充分なしうるだけの大きさと、重さをもっていることも事実である。とくに、伊木力遺跡においては過分なほどの超大型礫石錘が出土しており、出土した丸木舟一艘分のイカリとしては多すぎる。確かに生産拠点としてほかの遺跡へこれらを供給する役割を負っていたと考えられなくもないが、供養川遺跡、千里ヶ浜遺跡、堂崎遺跡、佐賀貝塚、原の辻遺跡においては、丸木舟は確認されていない。本来、船具としてのイカリであるならば、船の周辺にこれらの遺物がともなうはずである。たとえば、全国各地でこれまでに一一七艘の丸木舟が発見されているが、確実にイカリと認知されたものが共伴する例は一例もない。これまでイカリではないかと報告文に紹介された例は、ほかに用途が考えられないとか、イカリと考えても差し障りがないという程度のものである。丸木舟と繋船索（舫綱）によって結ばれた礫石錘が出土したのであれば、繋船具としてのイカリと認定してもよいが、そのような例はないのである。

したがって、C類に関していえば、船のイカリとしての用途を果たせるだけの蓋然性はあるものの、それが繋船具としてのみ活用された専用具かというと、それを確定しうるだけの根拠には乏しいといわざるを得ない。

また、船の繋船具としてイカリを装備しなければならない丸木舟の存在を主張するためには、当然、水上に一定期間停泊するという用件を満たすだけの根拠が必要である。縄文時代前期の生業としての漁撈活動にそのような特殊な用件がはたしてあったかどうかも疑問である。

次に、宮の本遺跡や伝福寺裏遺跡、今山・今宿遺跡から出土したE類、西川津遺跡から出土したF類、さらには北海道の遺跡に出土例がみられるK類は、溝に索を巻きつけて使用したものであり、E類は出土した遺跡の立地場所からして、C類と同様、海岸線に営まれたものであるため、外海に乗り出す漁撈生活者の居住区であったことは論を俟たず、舟のイカリであってもおかしくはない。F類、K類に関しては、河川近くの遺跡からの発見例が多く、重さも六kgから八kg程度と比較的軽いものであり、内水系の船のイカリと想定できなくもない。しかし、これらを繋船具としてのみ活用したというには少し無理がある。

まずは生業としての漁撈活動の実態が明確ではない。とくに今山・今宿遺跡においては、ほかに漁撈活動を示す遺物が共伴していない。F類に関しては西川津遺跡固有の遺物であって、ほかに類例をみない。単に地方色を示すというだけでは説明しかねるし、十字型に溝をめぐらす意味合いからも、縦方向の溝と横方向の溝を合致または連携する意味合いの方が説明しやすいと思われる。すなわち定置網などの錘具としての活用である。こちらも網具などをともなっていないので、確定的なことはいえないが、船の繋船具として考えるとき、はたして機能面において緊縛するさい十字型の溝が必要かと問われると、それは否ではないかと思われる。水底に着底して船を固定するだけなら、C類のように緊縛が解けなければいいので、わざわざ十字型の溝にする必要はないはずなのである。

K類に関しては、北海道の河川付近で発見されたものが多く、重量も七kg前後から五kg程度のものであって、ほぼ変形楕円形であり、用途を特定するだけの共伴遺物もなく、時代背景も明らかではない。河川部における漁撈活動に使用された可能性は否定できないが、必ずしも船に関連した錘具と特定しうるものではない。確かに錘具である事には間違いないが、使用方法については判断材料に乏しく確定的なことはいえない。船のイカリとしての蓋然性は低くはないという程度であろう。

次にG類の上窄下寛型を有する花渡川遺跡の例は、明らかに垂下するための構造であり、比較的大型ではあるが、重量はさほどない。この九州型石錘とよばれるものは類型が多く、しかも酷似するものは小型礫石錘が多いことから、釣漁の立縄用片天秤のための沈子と考えられる。

またH類の神奈川県藤沢市の稲荷台b地点遺跡や、形はやや異なるが静岡県熱海市の立ヶ窪遺跡、神奈川県小田原市の宝金剛寺裏山遺跡の類例、静岡県沼津市雌鹿塚遺跡出土のものや、新潟県西頸城郡能生の沖から採集されたI類などは、北陸や東海地域の遺跡からも出土例があった。

弥生時代の漁撈具として注目した平野吾郎氏が、東海地方から出土するこれら有頭石錘を集成し論考を試みている。これによればその分布は相模湾沿岸から駿河湾沿岸におよび、深い海が続く地域にみられ、遠州灘のような海浜が続く地域にはみられないことを指摘している。そしてその出現を弥生時代中期後半とし、サメやフカあるいは底魚のマグロやカツオといった魚を対象とした延縄漁での親綱の錘と考え、縄文時代以来、内湾的な漁撈から脱却し、より豊かなタンパク源を求めたのではないかとしている。(48)

また『日本水産捕採誌』によれば、相模地方や伊豆下田では、鯥《むつ》釣にさいして「ホウデ」と呼ばれる竹製天秤の中央部に礫石錘を垂らし、竹の左右

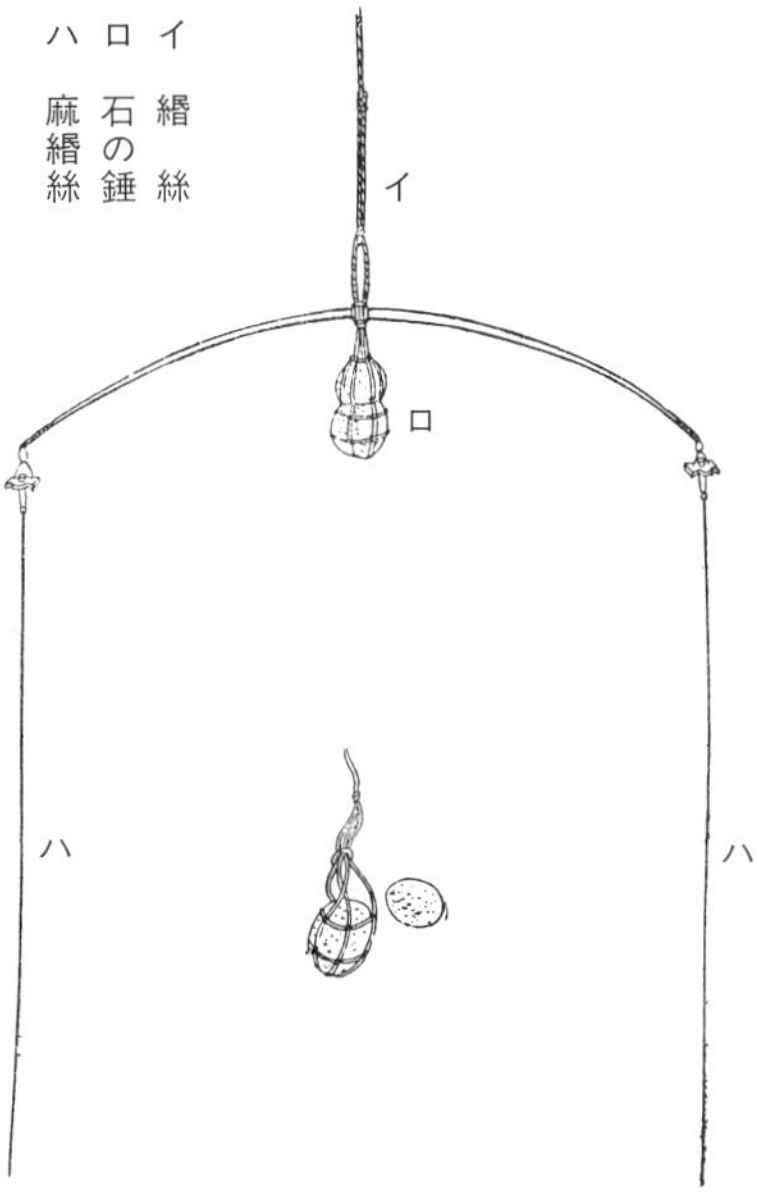


図37　鯥《むつ》釣具

両端から釣針を垂らす釣具がある（図37）。さらに秋田県男鹿半島では䲅漁《あら》にさいし、葛蔓製天秤の中央に礫石錘を垂らした釣具がある。こうした民俗資料は、もちろん近現代のものだが、先史時代の有頭石錘の活用法を示唆するものといえよう。

次に頭部にT字形の有溝をもつ長楕円の有溝石錘であるJ類は、北海道石狩川流域の内陸部の遺跡から出土するものなどがあった。これらは、かつて藤森栄一氏が棒状縄掛式や棒状頭縊式とよんだものに類似し、とくに大型のものは、船のイカリではないかと推測したものである。(49)

しかしイカリとしての機能を考えれば、水底に着底したのちは、いかに水底面との摩擦効率を上げるかが重要であり、そのためには表面積をできるだけ大きくしなければならず、扁平に近いことが何より有効と思われる。したがって、その点からいえば、これらは断面が円形であって、着底部分の表面積が小さく、イカリとしての機能をなしえないのではないだろうか。やはり釣漁などの錘と考えるのが妥当であろう。

北海道における大型礫石錘を集成した杉浦重信氏の見解では、これらT字形の有溝をもつ礫石錘は、石狩川に分布しており、石狩川と手塩川にはその昔、ダウリアチョウザメ属ダウリアチョウザメやチョウザメ属チョウザメが遡上していたことが知られている。これらのチョウザメは体長が二mにもおよぶ大魚で、春先に川をさかのぼり六月から八月頃に産卵して海に帰る性質があり、昭和初期頃まで、シーズン中に三〇〇匹の水揚げがあったようだ。(50)

これらチョウザメを捕獲している北アメリカ北部海岸の先住民は、チョウザメに対して船上から多頭銛を撃ち、銛が刺さって暴れる獲物の動きを鈍らせるために、縄で縛った重い石を船尾から投下するという。(51)

これらの事例から石狩川流域でも似通った漁がおこなわれ、そこにこの有溝石錘が使用されたのではないかとの示唆を与えている。有孔石錘に関していえば、一孔を有する円盤型の有孔石錘L類は、これまでの研究により、延縄漁の碇（錘）としての機能も立証されているが、民俗例が示すように船のイカリとしての機能も十分備えている。イカリは、本来、消耗品であるという前提に立って考えるべきで、万一の場合は、捨て去ることを念頭におき、きわめて簡易な加工しか用いないのが基本である。南西諸島の丸木舟のイカリは、カナゴといって石を索で縛っただけのもので、海底の岩場に挟まって揚がらない場合は、索を切って放棄するという。(52)

また、種子島の丸木舟もイカリは細長い自然石や楕円の礫に索を縛ったものを使用するという。これらをみると、適度な大きさと重量をもつ自然礫に、索を緊縛しているだけである。すなわちどこでも手に入るような自然礫を拾い、損なわれることも当初から想定して、きわめて簡易な加工を施す程度で使用し、引き揚げが困難となった場合は、放棄するというのが本来の姿であったろう。したがって先史時代にあっても、森の宮遺跡出土例などのような超大型礫石錘などは、その典型的な姿をとどめたものと思われる。

しかし水中へ投入したり、水中から引き揚げるさいに、索はしだいに緩み、本体からはずれてしまう。そこで適度な円礫に、緊縛しても解けないよう、索と礫との密着度を高めるために敲打によって溝をめぐらす、西川津遺跡のF類や、北海道地域において長軸短軸に有溝を施した、釧路市春採湖畔で表採された重さ二四・六kgのものや、石狩川沿岸の江別市対岸などから発見されたK類などが作られたのではないだろうか。しかし外洋の波や風、あるいは潮流に左右される荒海での使用となれば、イカリとしての効率を上げる必要から、扁平で表面積が広く、重く、なおかつ緊縛して解けにくいものでなければならず、いわゆる短軸の両側面を抉入したC類のような超大型のものが必要となるのである。その重量も一〇kgをこえるものが現れており、伊木力遺跡や供養川遺跡、原の辻遺跡の例などが、これにあたると思われる。

いずれにしても大型礫石錘や超大型礫石錘は、先史時代の漁撈という生業には欠かせない漁撈具であり、あるものはイカリとして、またあるものは漁網の錘として使用され、地域の環境や漁撈の対象物によって、その用途はその時々の目的にしたがって選別されたと考えられる。つまり先史時代において、繋船具として専用のイカリという概念が存在したとは考えにくい。その用途としては、丸木舟のイカリという用途で使用されることが多くとも、時と場合によっては海獣の動きを抑制するための錘として、海獣に打ち込んだ銛につけられた索の先に結ばれたのかもしれない。また、漁網を固定するために水中に沈めることもあったろう。すなわち先史時代においては大型礫石錘や超大型礫石錘は、個別の特定された用途に使われた専用具ではなく、多用途に使われたと考えるべきであり、丸木舟専用のイカリという繋船具としての概念からは、いささか遠かったのではないかと思われる。

## おわりに

これまで先史時代の大型礫石錘や超大型礫石錘の中から、報告文などで繋船具のイカリとして使用された可能性を指摘されたものを概観し、考察を加えてきた。ここで再度、これまでの考察をまとめてみたい。

(1) 縄文時代の大型および超大型の礫石錘にあっては、自然石を巧みに利用し、適度な礫の短軸を敲打によって打ち欠き、抉入部分を施して緊縛をより強固にすることを狙ったものであることが分かった。また、縄文時代の大型および超大型の礫石錘はその地域性から、釣漁や刺突漁の漁撈を生業とした集団の遺物として、ある時は漁撈活動で捕獲した獲物の逃亡を抑制するための錘として、またある時は丸木舟の繋船具として利用された可能性があることを指摘した。

(2)　弥生時代においては、同じく大型および超大型の礫石錘に溝を施して緊縛をより強固にする方法がとられた。そして礫石錘は楕円形または円形を主体とし、全体的に丸みをもたせている点が、明らかに縄文時代のものとは違った点であった。また藤森栄一氏の指摘にもあるとおり、礫石錘自体もさまざまな形態をもつものが生み出され、用途に応じて使い分けをしていることが分かった。とくに九州以西では上窄下寛式の穿孔のある礫石錘が発達し、東海以北では釣り糸をかけるために頭を造り出した有頭石錘が使用された。これらは沿岸から離れた海域での釣漁にさいして使用されたものと考えられる。また、九州地域では中央部に穿孔したものが現れ、丸木舟のイカリか網漁用錘の可能性を秘めていることが分かった。すなわち漁撈の場は、沿岸部から近海部へと変化し、漁撈のあり方そのものが大きく様変わりしたのである。そこには大型礫石錘や特殊な形態の礫石錘が活用される用途が広がり、漁撈活動の多様性が生まれるとともに、漁撈活動の場が次第に広がりをみせ始めたことを示していた。

(3)　縄文時代の礫石錘が自然礫を使用し、簡易な敲打による側面の打ち欠きで成形したのに対し、弥生時代の礫石錘が、緊縛のために溝を施し、礫そのものを円くしている事実は、きわめて興味深い。礫石錘は一度根がかりすれば回収不能となる、いわば消耗品であることは周知の事実である。日本列島の周辺部は荒磯が多く、そこにこそ漁撈活動の場があるわけで、漁撈に従事する人々は、当然のことながら、自然礫を打ち欠いた角のある礫石錘では、海底の岩礁に挟まって引き揚げが困難になることが多かったはずである。しかし角をなくした楕円形の円礫に溝を彫って緊縛すれば、岩礁のあいだにはまりこんでも、海上から索の方向を変化させながら引けば、比較的抵抗なく引き揚がってくるはずである。すなわち礫石錘の表面を丸くすることは、根がかりを防ぐ知恵であったと考えられる。また、礫を打ち欠いて緊縛をすればおのずと角を造り出してしまうが、礫石錘の本体に溝を彫ってめぐらし、そこに緊縛すれば本体に角がなくなり、根がかりも少なくなったはずである。おそらくは漁撈に従事した人々の知恵が、円礫や長楕円礫の礫石錘を使用し始めた理由であろう。そしてその思考と施工技術は、さらに漁撈用の小型礫石錘にも応用され、礫石錘の多様性を生み出すとともに、漁撈活動の多様性と漁獲量の増大に大きな影響をもたらしたものと考えられる。

(1) 大野雲外「海底発見の石器に就いて」(『人類学雑誌』第二八巻一〇号、東京人類学会、一九一二年)。
(2) 江藤千萬樹「駿河国沼津を中心とする弥生式異形石器について」(『上代文化』一三、一九三五年)。
(3) 藤森栄一「弥生式末期に於ける大型石錘」(『考古学』七巻九号、東京考古学会、一九三六年)。
(4) 藤森栄一「諏訪神社の柴舟――弥生式大型石錘との関連について――」(『信濃』一三巻一〇号、一九六一年)。
(5) 藤田富士夫『古代の日本海文化・海人文化の伝統と交流』(中公新書、一九九〇年)。
(6) 宝珍伸一郎「超大型礫石錘に関する二、三の考察」(『伊木力遺跡』同志社大学文学部考古学調査報告第七冊、一九九〇年)。
(7) 佐原真「弥生・古墳時代の船の絵」(『考古学研究』第四八巻第一号、考古学研究会、二〇〇一年)。
(8) 『伊木力遺跡Ⅱ』(長崎県文化財調査報告書第一三四集、長崎県教育委員会、一九九〇年、水ノ江和同執筆部分)。
(9) 水ノ江和同『伊木力遺跡第二次発掘調査報告概報』(一九八六年)。
(10) 『浦入遺跡群』(京都府遺跡調査報告書第二九冊・本文編、京都府埋蔵文化財調査研究センター、二〇〇一年、辻本和美執筆部分)。
(11) 前掲註(10)『浦入遺跡群』田代弘執筆部分。
(12) 坂田邦洋『曾畑式土器に関する研究　江湖貝塚』(縄文文化研究会、一九七三年)。
(13) 『千里ヶ浜遺跡』(長崎県文化財調査報告書第一六八集、長崎県教育委員会、二〇〇二年、村川逸郎執筆部分)。
(14) 『民俗実測図の方法Ⅱ(漁具)』(神奈川大学日本常民文化研究所調査報告第一四集、平凡社、一九八九年、立松進

執筆部分)。長崎県西彼杵半島の角力灘でおこなわれている通称「ホタリ漁」といわれるタテ縄漁で使用される「アイカ」と呼ばれる碇は、結晶片岩を加工して錘としており、発掘資料の中にも類例をみることができ、原始古代の石錘と対比する可能性をもつ。

(15)『供養川遺跡』(長崎県文化財調査報告書第一七四集、長崎県教育委員会、二〇〇三年、村川逸郎執筆部分)。

(16)『針原西遺跡発掘調査報告書』(主要地方道小杉婦中線臨時道路交付金事業(B)に伴う埋蔵文化財発掘調査報告書、富山県小杉町教育委員会、二〇〇四年、稲垣尚美執筆部分)。

(17)前掲註(16)『針原西遺跡発掘調査報告書』斉藤隆・境洋子執筆部分。

(18)『神明地区埋蔵文化財調査報告三　伝福寺裏遺跡』(横須賀市文化財調査報告書第一六集、横須賀市教育委員会、一九八八年、大塚真弘執筆部分)。

(19)『殿崎遺跡』(長崎県文化財調査報告書第八三集、長崎県教育委員会、一九八六年、高野晋司執筆部分)。

(20)『森の宮遺跡II』(中央労働総合庁舎新営工事に伴う発掘調査報告書、財団法人大阪市文化財協会、一九九六年、平田洋司・小田木富慈美執筆部分)。

(21)『佐賀貝塚』(峰町文化財調査報告書第九集、長崎県峰町教育委員会、一九八九年、正林護執筆部分)。

(22)『堂崎遺跡』(長崎県文化財調査報告書第五八集、長崎県教育委員会、一九八二年、町田利幸執筆部分)。

(23)池田耕一「隼人の漁労生活」(『隼人文化』第五号、隼人文化研究会、一九七一年)。

(24)杉浦重信「漁撈文化の地域性　錨石とチョウザメ」(『季刊考古学』二五号、雄山閣、一九八九年)。

(25)『幡鉾川流域総合整備計画に係わる幡鉾川河川改修に伴う緊急発掘調査報告書下　二七巻　原の辻遺跡』(原の辻遺跡事務所調査報告書第九集、長崎県教育委員会、一九九八年、宮崎貴夫執筆部分)。

(26)『朝酌川河川改修工事に伴う西川津遺跡発掘調査報告書V』(島根県土木部河川課・島根県教育委員会、一九八八年、江川幸子・内田律雄執筆部分)。

(27)『宮の本遺跡』(佐世保市埋蔵文化財調査報告書、佐世保市教育委員会、一九八〇年、久村貞男執筆部分)。

(28)「宝金剛寺裏山遺跡」(『神奈川県史』資料集二〇考古資料、一九七九年)。

(29)前掲註(22)『堂崎遺跡』。

(30) 下條信行「弥生・古墳時代の九州型石錘について――玄界灘海人の動向――」(『九州文化史研究所紀要』第二九号、九州大学文化史研究施設、一九八四年)。
(31) 寺田兼方「稲荷台d地点遺跡」(『藤沢市文化財調査報告書第七集　稲荷台地遺跡調査概報二』藤沢市教育委員会、一九七一年)。
(32) 「立ヶ窪遺跡」(『熱海市史』上巻、熱海市、一九六七年)。
(33) 前掲註(1)大野雲外「海底発見の石器に就いて」。
(34) 関雅之「生活と社会――狩猟と漁撈――」(『新潟県史』通史篇一・原始古代、新潟県、一九八六年)。
(35) 向坂鋼二「採集活動と畑作――狩猟と漁撈――」(『静岡県史』通史篇・原始古代、静岡県、一九八四年)。
(36) 『今山・今宿遺跡』(福岡市埋蔵文化財調査報告書第七五集、福岡市教育委員会、一九八一年、折尾学執筆部分)。
(37) 『唐原遺跡Ⅱ』集落址篇(福岡市埋蔵文化財調査報告書二〇七集、福岡市教育委員会、一九八九年)。
(38) 小田富士雄「沖縄における九州系弥生前期土器――真栄里貝塚遺物の検討――」(『南島考古』第九号、沖縄考古会、一九八四年)。
(39) 『真栄里貝塚発掘調査報告書』(糸満市文化財調査報告書第一六集、糸満市教育委員会、一九九九年)。
(40) 渡辺誠『縄文時代の漁業』(雄山閣、一九七三年)。
(41) 前掲註(13)『千里ヶ浜遺跡』。
(42) 『日本水産捕採誌』(農商務省水産局、一九八三年、復刻版)。
(43) 橋口達也・八幡一郎「半球形有孔滑石製品」(『考古学雑誌』五七巻三号、一九七二年)。
(44) 大林太良編『日本の古代八　海人の伝統』(中央公論社、一九八七年、森浩一執筆部分)。
(45) 安楽勉「西海・五島列島をめぐる漁撈活動」(『季刊考古学』一一月号、雄山閣、一九八五年)。
(46) 山崎純男「西北九州漁撈文化の特性」(前掲註24『季刊考古学』一五号)。
(47) 渡辺誠「縄文・弥生時代の漁業」(前掲註24『季刊考古学』一五号)。
(48) 平野吾郎「有頭石錘考」(『財団法人静岡県埋蔵文化財調査研究所設立二〇周年記念論文集』静岡県埋蔵文化財調査研究所、二〇〇四年)。

(49)　前掲註(4)藤森栄一「諏訪神社の柴船　弥生時代大型石錘との関連について」。
(50)　宇田川洋・河野本道・藤村久和「北海道出土の特大型石器」(『考古学雑誌』五〇巻二号、一九六四年)。前掲註(24)杉浦重信「漁撈文化の地域性　錨石とチョウザメ」。
(51)　ヒラリー・スチュアート／木村英明・木村アヤ子訳『海と川のインディアン――自然とわざとくらし――』(雄山閣、一九八七年)。
(52)　川崎晃稔『日本丸木舟の研究』(法政大学出版局、一九九一年)。

【参考資料】


『西新町遺跡四』(福岡市埋蔵文化財調査報告書第四八三集、福岡市教育委員会、一九九六年)。

『下山門遺跡』(福岡市教育委員会、一九七三年)。

『西川津遺跡発掘調査報告書Ⅴ』(島根県土木部河川課・島根県教育委員会、一九九一年)。

『西川津遺跡Ⅶ』(島根県教育委員会、二〇〇〇年)。

『原の辻遺跡総集編Ⅰ』(原の辻遺跡調査事務所調査報告第三〇集、長崎県教育委員会、二〇〇五年)。

『原の辻遺跡』下巻(原の辻遺跡調査事務所調査報告第九集、長崎県教育委員会、一九八九年)。

『御床松原遺跡』(志摩町文化財調査報告書第三集、志摩町教育委員会、一九八三年)。

森浩一ほか著『伊木力遺跡――長崎県大村湾沿岸における縄文時代低湿地遺跡の調査――』(同志社大学文学部調査報告書第7冊、同志社大学文学部文化学科考古学研究室、一九九〇年)。

『伊木力遺跡』(第二次発掘調査概報、同志社大学考古学研究室、一九八六年)。

立平進「民具研究二二」(『歴史九州』第九巻二号、一九九八年)。

『京都府舞鶴市浦入遺跡群発掘調査報告書』遺物編第三六集(舞鶴市教育委員会、二〇〇二年)。

『京都府舞鶴市浦入遺跡群発掘調査報告書』遺構編第三三集(舞鶴市教育委員会、二〇〇一年)。

『浦入遺跡群』(京都府遺跡調査報告書第二九冊・図版編、京都府埋蔵文化財調査研究センター、二〇〇一年)。

『京都府遺跡調査概報』(京都府埋蔵文化財調査研究センター、一九九八年)。

『海の中道遺跡』（福岡市埋蔵文化財調査報告書第八七集、福岡市教育委員会、一九八二年）。

『比恵遺跡群一〇』（福岡市埋蔵文化財調査報告書第二五五集、福岡市教育委員会、一九九一年）。

『比恵遺跡群一五』（福岡市教育委員会、一九九五年）。

『比恵遺跡群一七』（福岡市教育委員会、一九九五年）。

『九州横断自動車道建設に伴う埋蔵文化財緊急発掘調査報告書Ⅵ』（長崎県文化財調査報告書第九三集、長崎県教育委員会、一九八九年）。

『長崎県埋蔵文化財調査集報Ⅷ』（長崎県文化財調査報告書第九七集、長崎県教育委員会、一九八五年）。

『長崎県埋蔵文化財調査集報Ⅸ』（長崎県教育委員会、一九八六年、正林護・村川逸郎執筆部分）。

『黒丸遺跡Ⅰ』（長崎県文化財調査報告書第一二七集、長崎県教育委員会、一九九六年）。

『国崎遺跡』（長崎県教育委員会、一九九五年）。

松岡達郎「礫石錘考」（『考古学研究』九三号、一九七七年）。

江藤千萬樹「弥生式末期に於ける原始漁労集落」（『上代文化』第一五輯、一九三七年）。

『宜野座村文化財』（漢那遺跡発掘調査報告書、宜野座村教育委員会、一九八四年）。

『出雲市埋蔵文化財発掘調査報告書』第一〇集（出雲市教育委員会、二〇〇〇年）。

『市原市加茂遺跡A・B地点』第一分冊（市原市文化財センター、二〇〇五年）。

『今甦る丸木舟：日本最古の鳥浜貝塚出土丸木舟公開記念展』（福井県立若狭歴史民俗資料館、一九八五年）。

『山川流域遺跡群・島ノ間遺跡』（香取郡市文化財センター、一九九九年）。

『中里遺跡：仮称・第二特別養護老人ホーム地点』（北区埋蔵文化財調査報告書第九集、東京都北区教育委員会社会教育課、一九九二年）。

『島根大学構内遺跡調査』第一次〜第一三次（島根大学文化財調査研究センター、一九九七〜二〇〇五年）。

出口晶子『日本と周辺アジアの伝統的船舶――その文化地理学的研究――』（文献出版、一九九五年）。

大場利夫・大井晴男編『香深井遺跡』上巻（オホーツク文化の研究二、東京大学出版会、一九七六年）。

大場利夫・大井晴男編『香深井遺跡』下巻（オホーツク文化の研究三、東京大学出版会、一九八一年）。

「石錘・土器片錘の総括」（『浦田遺跡・入料遺跡・堂地西遺跡・平畑遺跡・堂地東遺跡・熊野原遺跡』宮崎学園都市遺跡発掘調査報告書第二集、宮崎県教育委員会、一九八五年）。

「北部九州の漁労活動」（『文明のクロスロード：museum Kyushu』二四号、博物館等建設推進九州会議、一九八七年）。

「漁労活動」（『大分県史』先史篇一、大分県、一九八三年）。

坂田那洋「西九州・対馬・韓半島西南」（『考古学ジャーナル』二九五号、一九八八年）。

『下吉田遺跡』（財団法人北九州市教育委員文化事業団・埋蔵文化財調査室、一九八五年、佐藤浩司・梅崎恵司・柴尾俊介・前田義人執筆部分）。

白木原和美「徳之島の先史学的所見」（『南日本文化』第三号、一九七〇年）。

杉浦重信「北海道の錨石について」（『無頭川遺跡』富良野町教育委員会、一九八八年）。

鈴木重治「石錘」（鏡山猛編『下弓田遺跡』日向遺跡総合調査報告第一輯、宮崎県教育委員会、一九六一年）。

瀬戸口望「夏井ヶ浜採集の遺物について」（『鹿児島考古』七号、一九七三年）。

「石器（浜田遺跡）」（『九州横断自動車道建設に伴う埋蔵文化財緊急発掘調査報告書Ｉ』長崎県文化財調査報告書第五四集、長崎県教育委員会、一九八一年、副島和明執筆部分）。

橘昌信「西北九州における縄文時代の石器（二）――石銛――」（『史学論叢』一〇、一九七九年）。

田中熊雄「石錘考」（『宮崎大学開学記念論文集』宮崎大学、一九五三年）。

『長崎市立深堀小学校校舎増築に伴う埋蔵文化財緊急発掘調査報告書』（長崎市教育委員会、一九八四年、永松実執筆部分）。

速水信也「石器」（『八坂石塚遺跡Ｉ・Ⅱ』小郡市文化財調査報告書第一九集、小郡市教育委員会、一九八三年）。

『出津遺跡』（外海町教育委員会、一九八二年）。

水ノ江和同「曽畑式土器の出現――東アジアにおける先史時代の交流――」（『古代学研究』一一七号、一九八八年）。

水ノ江和同「縄文前期の「西北九州型片刃石斧」について」（森浩一編『考古学と技術』同志社大学考古学シリーズ刊行会、一九八八年）。

村川逸郎「石器」（『中島遺跡』福江市教育委員会、一九八七年）。

森浩一編『技術と民俗　上巻　海と山の生活技術史』（日本民俗文化大系第一三巻、小学館、一九八五年）。

渡辺誠「スダレ状圧痕の研究」（『物質文化』二六、一九七六年）。

渡辺誠「勝山市東部における「もじり編み」用錘具の民俗調査」（『福井県勝山市古宮遺跡発掘調査報告書』勝山市教育委員会、一九七八年）。

渡辺誠「西北九州の縄文時代漁撈文化」（網野善彦ほか編『列島の文化史』二、日本エディタースクール出版部、一九八五年）。

「環状石器」（稲富裕和編『富の原』大村市文化財調査報告書一二、大村市教育委員会、一九八七年）。

「郭支里貝塚」（『済州島遺跡――先史遺跡地表調査報告――』済州大学校博物館遺跡調査報告第二輯、済州大学校博物館、一九八六年）。

浜田信也・酒井仁夫「宮の前E地点」（『福岡市大字拾六町所在の遺跡群』今宿バイパス関係埋蔵文化財調査報告書第一集、福岡県教育委員会、一九七〇年）。

『特別展　漁具の考古学――さかなをとる――』（堺市博物館、一九八七年、立石菜穂執筆部分）。

橋口達也「その他の遺物」（『新町遺跡II』志摩町教育委員会、一九八八年）。

樋口隆康・釣田正哉「平戸の先史文化」（『平戸学術調査報告』京都大学平戸学術調査団、一九五一年）。

福田一志・片山巳貴子「牛込A・B遺跡」（『九州横断自動車道建設に伴う埋蔵文化財緊急発掘調査報告書II』長崎県文化財調査報告書第五六集、長崎県教育委員会、一九八二年）。

『海の生産用具――弥生時代から平安時代まで――』資料集一～三（埋蔵文化財研究会第一九回研究集会、一九八六年）。

上田三平『越前及若狭地方の史蹟』（三秀社、一九三三年）。

鹿野忠雄「江頭嶼ヤミ族の大船建造と船祭」（『東南亜細亜民族学先史学研究』第一巻、矢島書房、一九四六年）。

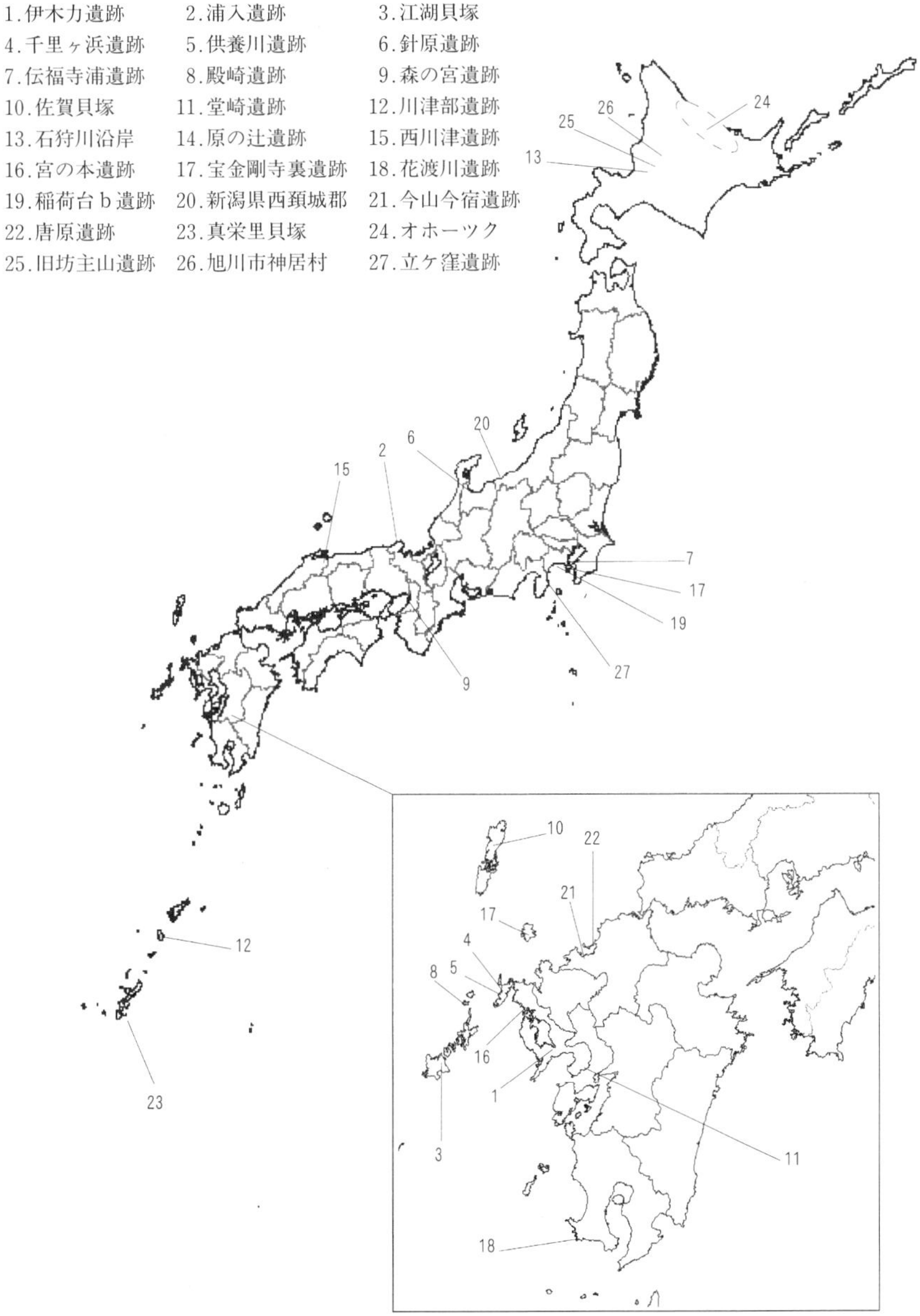
1.伊木力遺跡　2.浦入遺跡　3.江湖貝塚
4.千里ヶ浜遺跡　5.供養川遺跡　6.針原遺跡
7.伝福寺浦遺跡　8.殿崎遺跡　9.森の宮遺跡
10.佐賀貝塚　11.堂崎遺跡　12.川津部遺跡
13.石狩川沿岸　14.原の辻遺跡　15.西川津遺跡
16.宮の本遺跡　17.宝金剛寺裏遺跡　18.花渡川遺跡
19.稲荷台b遺跡　20.新潟県西頚城郡　21.今山今宿遺跡
22.唐原遺跡　23.真栄里貝塚　24.オホーツク
25.旧坊主山遺跡　26.旭川市神居村　27.立ケ窪遺跡
24
26
25
13
20
6
2
15
7
17
19
27
9
12
23
10
22
21
17
4
5
8
16
1
3
11
18

参考資料1　大型礫石錘の分布図

参考資料2　伊木力遺跡の大型礫石錘法量

| 長さ | 幅 | 厚さ | 重量 | 石材 | 形式 | 出土層 | 遺存 | 考察 |
|---|---|---|---|---|---|---|---|---|
| 24.9 | 19.1 | 5.8 | 3.6 | 安山岩 | C | Ⅶ | 完形 | |
| 32.7 | 18.5 | 9.6 | 6.1 | 安山岩 | C | Ⅶ | 完形 | |
| 27.7 | 21.6 | 12.7 | 8.3 | 安山岩 | C | Ⅶ | 完形 | |
| 49.3 | 19.2 | 10.8 | 8.7 | 結晶片岩 | C | Ⅶ | 完形 | |
| 42.0 | 24.1 | 7.8 | 9.5 | 結晶片岩 | C | Ⅶ | 完形 | 貝殻付着 |
| 39.9 | 16.8 | 9.1 | 7.8 | 結晶片岩 | C | Ⅶ | 一部欠損 | |
| 28.8 | 19.0 | 6.1 | 4.8 | 安山岩 | C | Ⅶ | 完形 | |
| 23.9 | 13.4 | 11.0 | 3.6 | 溶結凝灰岩 | C | Ⅶ | 完形 | |
| 41.6 | 23.3 | 7.7 | 10.6 | 安山岩 | C | Ⅶ | 完形 | |
| 26.2 | 17.2 | 5.6 | 3.5 | 溶結凝灰岩 | C | Ⅶ | 完形 | |
| 35.7 | 13.3 | 8.7 | 6.1 | 結晶片岩 | C | Ⅶ | 完形 | |
| 23.8 | 11.7 | 6.9 | 2.1 | 溶結凝灰岩 | C | Ⅶ | 完形 | |
| 52.1 | 24.2 | 10.4 | 8.0 | 安山岩 | C | Ⅶ | 完形 | |
| 13.2 | 11.2 | 6.8 | 1.8 | 安山岩 | C | Ⅶ | 完形 | |
| 37.1 | 20.1 | 8.5 | 6.8 | 結晶片岩 | C | Ⅶ | 一部欠損 | |
| 29.3 | 20.8 | 7.7 | 5.4 | 溶結凝灰岩 | C | Ⅶ | 完形 | |
| 42.4 | 25.3 | 7.7 | 11.6 | 結晶片岩 | C | Ⅶ | 一部欠損 | |
| 30.4 | 22.2 | 13.2 | 10.6 | 溶結凝灰岩 | C | Ⅶ | 完形 | |
| 31.4 | 15.2 | 6.9 | 5.5 | 結晶片岩 | C | Ⅶ | 完形 | |
| 23.7 | 20.6 | 10.3 | 5.1 | 安山岩 | C | Ⅶ | 完形 | |
| 31.3 | 24.7 | 5.0 | 6.1 | 安山岩 | C | Ⅶ | 完形 | |
| 32.3 | 17.4 | 10.1 | 6.8 | 砂岩 | C | Ⅶ | 完形 | |
| 42.7 | 24.5 | 5.6 | 7.4 | 結晶片岩 | C | Ⅶ | 完形 | |
| 23.7 | 21.8 | 9.6 | 4.6 | 溶結凝灰岩 | C | Ⅶ | 一部欠損 | |
| 27.8 | 18.7 | 10.6 | 8.1 | 砂岩 | C | Ⅶ | 完形 | |
| 32.8 | 22.9 | 6.3 | 6.1 | 安山岩 | C | Ⅶ | 完形 | |
| 32.6 | 22.3 | 9.5 | 6.9 | 安山岩 | C | Ⅶ | 完形 | |
| 24.1 | 19.4 | 8.4 | 5.5 | 結晶片岩 | C | Ⅶ | 完形 | |
| 59.1 | 23.9 | 8.5 | 9.6 | 安山岩 | C | Ⅶ | 完形 | 貝殻付着 |
| 36.0 | 18.8 | 4.3 | 5.3 | 安山岩 | C | Ⅶ | 一部欠損 | |
| 24.8 | 19.2 | 9.2 | 5.8 | 安山岩 | C | Ⅶ | 完形 | |
| 33.1 | 21.6 | 3.8 | 4.5 | 結晶片岩 | C | Ⅶ | 完形 | |
| 33.0 | 22.3 | 6.3 | 7.4 | 結晶片岩 | C | Ⅶ | 完形 | |
| 28.4 | 15.6 | 4.1 | 3.1 | 安山岩 | C | Ⅶ | 完形 | |

| | | | | | | | | |
|---|---|---|---|---|---|---|---|---|
| 38.8 | 25.4 | 6.6 | 9.5 | 結晶片岩 | C | Ⅶ | 完形 | |
| 35.1 | 21.7 | 6.8 | 7.1 | 結晶片岩 | C | Ⅶ | 一部欠損 | |
| 32.2 | 20.1 | 15.6 | 4.7 | 結晶片岩 | C | Ⅶ | 一部欠損 | |
| 37.4 | 26.1 | 8.0 | 12.4 | 結晶片岩 | C | Ⅶ | 一部欠損 | |
| 30.0 | 18.1 | 5.3 | 4.1 | 結晶片岩 | C | Ⅵ | 完形 | |
| 34.1 | 24.0 | 13.9 | 11.6 | 溶結凝灰岩 | C | Ⅶ | 完形 | |
| 34.0 | 21.3 | 9.0 | 8.1 | 結晶片岩 | C | Ⅶ | 完形 | |
| 38.1 | 18.6 | 8.1 | 7.4 | 結晶片岩 | C | Ⅶ | 完形 | |
| 20.7 | 14.7 | 13.6 | 7.7 | 砂岩 | C | Ⅶ | 完形 | |
| 34.1 | 24.5 | 7.3 | 9.1 | 安山岩 | C | Ⅶ | 完形 | |
| 39.1 | 21.3 | 7.3 | 8.4 | 結晶片岩 | C | Ⅶ | 完形 | |
| 24.6 | 14.4 | 9.9 | 5.5 | 溶結凝灰岩 | C | Ⅶ？ | 完形 | |
| 28.3 | 18.9 | 8.6 | 4.8 | 溶結凝灰岩 | C | Ⅴa 以下 | 完形 | |
| 32.8 | 24.2 | 9.1 | 8.5 | 安山岩 | C | Ⅶ | 完形 | |
| 35.8 | 15.4 | 4.2 | 3.3 | 結晶片岩 | E | Ⅶ | 一部欠損 | |
| 32.4 | 17.9 | 12.9 | 6.1 | 溶結凝灰岩 | E | Ⅶ | 完形 | |
| 29.8 | 19.7 | 9.7 | 6.2 | 安山岩 | E | Ⅶ | 完形 | |
| 44.5 | 24.4 | 8.3 | 10.3 | 安山岩 | C | Ⅶ | 完形 | |
| 27.0 | 16.4 | 5.5 | 3.6 | 結晶片岩 | C | Ⅶ | 一部欠損 | |
| 26.8 | 18.8 | 7.4 | 5.5 | 砂岩 | C | Ⅶ | 完形 | |
| 27.4 | 15.6 | 12.9 | 5.6 | 溶結凝灰岩 | C | Ⅶ | 完形 | |
| 28.6 | 13.8 | 10.8 | 6.1 | 溶結凝灰岩 | C | Ⅶ | 完形 | |
| 25.6 | 16.1 | 11.7 | 5.6 | 砂岩 | C | Ⅶ | 完形 | |
| 38.2 | 18.1 | 12.9 | 12.1 | 安山岩 | C | Ⅴa | 完形 | |
| 30.4 | 19.4 | 8.0 | 7.2 | 安山岩 | C | Ⅴa | 完形 | |
| 32.2 | 19.2 | 8.1 | 7.2 | 安山岩 | C | Ⅴa | 一部欠損 | |
| 30.9 | 20.8 | 6.5 | 6.8 | 結晶片岩 | C | Ⅴa | 一部欠損 | |
| 27.5 | 15.6 | 4.8 | 3.2 | 結晶片岩 | C | Ⅴa | 一部欠損 | |
| 31.7 | 23.3 | 7.6 | 8.0 | 溶結凝灰岩 | C | Ⅴa | 完形 | |
| 22.1 | 20.8 | 6.4 | 4.7 | 安山岩 | C | Ⅴa | 完形 | |
| 27.6 | 15.5 | 5.7 | 3.2 | 結晶片岩 | C | Ⅴa | 完形 | |
| 37.8 | 20.4 | 7.5 | 6.4 | 結晶片岩 | C | Ⅴa | 一部欠損 | |
| 17.7 | 11.1 | 4.9 | 1.3 | 結晶片岩 | C | Ⅴ′ | 完形 | |
| 25.6 | 19.7 | 2.8 | 2.6 | 結晶片岩 | C | Ⅴ′ | 一部欠損 | |
| 30.4 | 14.7 | 7.3 | 3.4 | 溶結凝灰岩 | C | Ⅴ′ | 完形 | |
| 19.9 | 14.5 | 4.6 | 2.1 | 安山岩 | C | Ⅳか Ⅴa | 完形 | |

| | | | | | | | | |
|---|---|---|---|---|---|---|---|---|
| 34.9 | 21.7 | 7.6 | 6.3 | 安山岩 | C | IIIかIV | 完形 | |
| 39.1 | 22.7 | 8.7 | 8.0 | 安山岩 | C | IV | 完形 | |
| 26.1 | 17.8 | 10.6 | 5.1 | 溶結凝灰岩 | C | III | 完形 | |
| 21.3 | 15.4 | 8.2 | 3.2 | 溶結凝灰岩 | C | III | 完形 | |
| 27.5 | 19.2 | 10.4 | 8.0 | 砂岩 | C | 不明 | 完形 | |
| 48.9 | 17.1 | 10.2 | 9.0 | 安山岩 | C | 不明 | 完形 | |
| 22.4 | 14.3 | 5.1 | 1.9 | 結晶片岩 | C | 不明 | 完形 | |
| 34.9 | 18.3 | 8.4 | 10.1 | 結晶片岩 | C | 不明 | 完形 | |
| 30.9 | 17.4 | 11.8 | 9.7 | 安山岩 | C | 不明 | 完形 | |
| 35.7 | 16.4 | 9.5 | 6.8 | 安山岩 | C | 不明 | 完形 | |
| 22.8 | 11.4 | 3.6 | 2.0 | 結晶片岩 | C | 不明 | 一部欠損 | |
| 36.4 | 24.8 | 21.7 | 3.5 | 結晶片岩 | C | 不明 | 完形 | |
| 35.1 | 18.2 | 4.0 | 4.1 | 結晶片岩 | C | 不明 | 完形 | |
| 31.8 | 21.7 | 4.5 | 4.3 | 安山岩 | C | 不明 | 完形 | |
| 33.5 | 17.8 | 8.8 | 4.9 | 結晶片岩 | C | 不明 | 完形 | |
| 32.2 | 15.4 | 6.3 | 5.0 | 安山岩 | C | 不明 | 完形 | |
| 36.0 | 20.4 | 5.4 | 5.1 | 安山岩 | C | 不明 | 完形 | |
| 25.7 | 17.1 | 15.2 | 5.3 | 溶結凝灰岩 | C | 不明 | 完形 | |
| 33.7 | 18.2 | 7.2 | 6.9 | 結晶片岩 | C | 不明 | 完形 | |
| 36.7 | 23.0 | 5.7 | 7.0 | 結晶片岩 | C | 不明 | 完形 | |
| 43.4 | 13.7 | 8.3 | 7.1 | 結晶片岩 | C | 不明 | 完形 | |
| 31.2 | 20.9 | 6.9 | 7.3 | 安山岩 | C | 不明 | 完形 | |
| 32.6 | 18.8 | 9.0 | 7.4 | 砂岩 | C | 不明 | 完形 | |
| 42.3 | 19.6 | 5.5 | 7.4 | 安山岩 | C | 不明 | 完形 | |
| 27.3 | 22.2 | 10.7 | 7.8 | 溶結凝灰岩 | C | 不明 | 完形 | |
| 31.8 | 20.7 | 9.4 | 8.0 | 安山岩 | C | 不明 | 完形 | |
| 27.8 | 16.8 | 12.5 | 8.1 | 溶結凝灰岩 | C | 不明 | 完形 | |
| 31.4 | 18.3 | 11.7 | 8.7 | 溶結凝灰岩 | C | 不明 | 完形 | |
| 37.1 | 17.0 | 11.6 | 8.9 | 溶結凝灰岩 | C | 不明 | 完形 | |
| 35.2 | 18.9 | 12.1 | 9.4 | 溶結凝灰岩 | C | 不明 | 完形 | |
| 33.2 | 24.1 | 13.1 | 10.9 | 溶結凝灰岩 | C | 不明 | 完形 | |
| 42.0 | 26.4 | 11.1 | 12.5 | 砂岩 | C | 不明 | 完形 | |
| 48.2 | 25.2 | 13.0 | 16.6 | 安山岩 | C | 不明 | 完形 | |
| 38.6 | 25.1 | 9.5 | 14.6 | 結晶片岩 | C | 不明 | 完形 | |
| 22.1 | 17.1 | 10.6 | 4.0 | 溶結凝灰岩 | C | 不明 | 完形 | |
| 25.3 | 21.7 | 10.4 | 8.9 | 結晶片岩 | C | 不明 | 完形 | |

| | | | | | | | | |
|---|---|---|---|---|---|---|---|---|
| 29.8 | 16.2 | 12.6 | 7.1 | 橄欖岩 | C | 不明 | 完形 | |
| 19.7 | 16.9 | 10.1 | 4.0 | 溶結凝灰岩 | C | 不明 | 一部欠損 | |
| 24.3 | 14.8 | 8.7 | 4.1 | 溶結凝灰岩 | C | 不明 | 完形 | |
| 36.9 | 21.1 | 6.8 | 7.5 | 溶結凝灰岩 | C | 不明 | 完形 | |

『伊木刀遺跡』(長崎県大村湾沿岸における縄文時代低湿地遺跡の調査、同志社大学文学部文化学科考古学研究室、1990年)より。

長崎県教育委員会の調査

| 長さ | 幅 | 厚さ | 重量 | 石材 | 形式 | 出土層 | 遺存 | 考察 |
|---|---|---|---|---|---|---|---|---|
| 29.1 | 19.1 | 11.3 | 8.36 | 頁岩 | C | 6 | 完形 | |
| 29.9 | 16.7 | 6.1 | 4.2 | 結晶片岩 | C | 6 | 完形 | |
| 27.7 | 17.2 | 5.9 | 3.96 | 結晶片岩 | C | 6 | 完形 | |

『伊木刀遺跡II』(長崎県文化財調査報告書第134集、長崎県教育委員会、1997年)より分類。

長さ(cm)・幅(cm)・厚さ(cm)・重量(kg)

形式C類：礫の短軸両端を打ち欠くもの。

E類：礫の短軸部に主に敲打によって溝をめぐらすもの。

参考資料3　大型礫石錘出土地一覧

| 番号 | 出土遺跡名 | 出土遺跡の住所 | 法量(最大長×最大幅×厚さ)cm | 重量(kg) | 形式 | 時代 |
|---|---|---|---|---|---|---|
| 1 | 森の宮遺跡 | 大阪市中央区 | 42 | 12.5 | A | 縄文後期～晩期 |
| 2 | | | 27 | 8 | A | 縄文後期～晩期 |
| 3 | 浦入遺跡 | 京都府舞鶴市千歳池 | 不明 | 不明 | A | 縄文中期 |
| 4 | 江湖貝塚 | 長崎県福江市 | 12×11.8×4.4 | 1 | B | 縄文前期 |
| 5 | | | 15.5×10×3.3 | 1 | B | 縄文前期 |
| 6 | | | 15×10×4 | 1 | B | 縄文前期 |
| 7 | | | 13.5×12.5×3 | 1 | B | 縄文前期 |
| 8 | | | 16.6×11×4 | 1 | B | 縄文前期 |
| 9 | | | 16.7×11.8×3.5 | 1 | B | 縄文前期 |
| 10 | | | 18×11.5×4.6 | 1 | B | 縄文前期 |
| 11 | | | 19×14.7×4.2 | 1 | B | 縄文前期 |
| 12 | | | 15.2×10.5×5 | 1 | B | 縄文前期 |
| 13 | | | 15×13.5×3.8 | 1.05 | B | 縄文前期 |
| 14 | | | 18×12×6 | 1.1 | B | 縄文前期 |
| 15 | | | 13×8.5×5 | 1.1 | B | 縄文前期 |
| 16 | | | 17.3×11.7×6.4 | 1.1 | B | 縄文前期 |
| 17 | | | 15.7×12.2×47 | 1.1 | B | 縄文前期 |
| 18 | | | 16.6×10.8×3.5 | 1.1 | B | 縄文前期 |
| 19 | | | 16.4×11.8×5.8 | 1.1 | B | 縄文前期 |
| 20 | | | 15.9×14.7×3.7 | 1.1 | B | 縄文前期 |
| 21 | | | 14.2×12.6×5.4 | 1.1 | B | 縄文前期 |
| 22 | | | 19.5×14.7×4.8 | 1.1 | B | 縄文前期 |
| 23 | | | 16×14.5×3.7 | 1.1 | B | 縄文前期 |
| 24 | | | 18×14.5×3.7 | 1.1 | B | 縄文前期 |
| 25 | | | 17.5×11.5×4.7 | 1.1 | B | 縄文前期 |
| 26 | | | 17×10×4 | 1.2 | B | 縄文前期 |
| 27 | | | 19.5×12×3 | 1.2 | B | 縄文前期 |
| 28 | | | 17.2×13.6×6.6 | 1.2 | B | 縄文前期 |
| 29 | | | 17.2×12.1×4.6 | 1.2 | B | 縄文前期 |
| 30 | | | 20×12×5.5 | 1.3 | B | 縄文前期 |
| 31 | | | 17.4×11.5×4.8 | 1.3 | B | 縄文前期 |
| 32 | | | 19×13.7×3.8 | 1.3 | B | 縄文前期 |
| 33 | | | 16.8×14.7×3.3 | 1.3 | B | 縄文前期 |
| 34 | | | 18×13.7×4.3 | 1.3 | B | 縄文前期 |
| 35 | | | 16.7×14.5×4.1 | 1.3 | B | 縄文前期 |
| 36 | | | 16.7×12.1×5.3 | 1.4 | B | 縄文前期 |
| 37 | | | 17.5×14.2×4.3 | 1.4 | B | 縄文前期 |
| 38 | | | 18.7×12.7×4.3 | 1.4 | B | 縄文前期 |
| 39 | | | 16.3×11.5×6.3 | 1.4 | B | 縄文前期 |
| 40 | | | 14.5×10×6.3 | 1.4 | B | 縄文前期 |

| | | | | | | |
|---|---|---|---|---|---|---|
| 41 | 江湖貝塚 | 長崎県福江市 | 18×14×4 | 1.5 | B | 縄文前期 |
| 42 | | | 17.5×14×3.7 | 1.5 | B | 縄文前期 |
| 43 | | | 22×13×3.1 | 1.5 | B | 縄文前期 |
| 44 | | | 20×13×4 | 1.5 | B | 縄文前期 |
| 45 | | | 19×13.1×4.9 | 1.5 | B | 縄文前期 |
| 46 | | | 19×12×6 | 1.5 | B | 縄文前期 |
| 47 | | | 18.5×15.5×3.6 | 1.6 | B | 縄文前期 |
| 48 | | | 21.5×13.5×5.5 | 1.8 | B | 縄文前期 |
| 49 | | | 18.2×13.9×5.5 | 1.8 | B | 縄文前期 |
| 51 | | | 25×12.5×4.5 | 1.9 | B | 縄文前期 |
| 52 | | | 17.2×15.4×4.4 | 2 | B | 縄文前期 |
| 53 | | | 19.5×16×4.6 | 2.05 | B | 縄文前期 |
| 54 | | | 19×14×8 | 2.2 | B | 縄文前期 |
| 55 | | | 23.5×12×6 | 2.8 | B | 縄文前期 |
| 56 | | | 24×18×6 | 3 | B | 縄文前期 |
| 57 | | | 24×23×5.5 | 3.3 | B | 縄文前期 |
| 58 | | | 24×18×12 | 3.5 | B | 縄文前期 |
| 59 | | | 27×16×7 | 4 | B | 縄文前期 |
| 60 | | | 26×17×7 | 4.5 | B | 縄文前期 |
| 61 | | | 29×15×10 | 5 | B | 縄文前期 |
| 62 | | | 33×16×8 | 6.1 | B | 縄文前期 |
| 63 | | | 34×18×9 | 6.2 | B | 縄文前期 |
| 64 | | | 30×22×7 | 7.2 | B | 縄文前期 |
| 65 | | | 29×21×9 | 8.6 | B | 縄文前期 |
| 66 | | | 33×20×10 | 9.4 | B | 縄文前期 |
| 67 | | | 32×24×15 | 10.2 | B | 縄文前期 |
| 68 | | | 40×23×8 | 12.5 | B | 縄文前期 |
| 69 | | | 36×22×8.5 | 13 | B | 縄文前期 |
| 70 | | | 37×30×10 | 14.5 | B | 縄文前期 |
| 71 | | | 29×24×12 | 15 | B | 縄文前期 |
| 72 | | | 47×28×11 | 15 | B | 縄文前期 |
| 73 | | | 11.5×7.3×5.1 | 1.15 | B | 縄文前期 |
| 74 | | | 16.8×15.2×3.7 | 1.2 | B | 縄文前期 |
| 75 | | | 20×11×4.5 | 1.3 | B | 縄文前期 |
| 76 | | | 15.7×14.4×4.3 | 1.6 | B | 縄文前期 |
| 77 | | | 18×11.8×3 | 1.2 | B | 縄文前期 |
| 78 | 針原西遺跡 | 富山県射水郡小杉町黒河 | 19×12.5×5 | 2.1 | B | 縄文中期 |
| 79 | | | 25×20×10 | 8.2 | B | 縄文中期 |
| 80 | | | 20×14.5×6 | 2.3 | C | 縄文中期 |
| 81 | | | 21×19×7 | 5.2 | C | 縄文中期 |
| 82 | 伊木力遺跡 | 長崎県西彼杵郡伊木力町 | 24.9×19.1×5.8 | 3.6 | C | 縄文前期 |
| 83 | | | 32.7×18.5×9.6 | 6.1 | C | 縄文前期 |
| 84 | | | 27.7×21.6×12.7 | 8.3 | C | 縄文前期 |
| 85 | | | 49.3×19.2×10.8 | 8.7 | C | 縄文前期 |

| | | | | | | |
|---|---|---|---|---|---|---|
| 86 | 伊木力遺跡 | 長崎県西彼杵郡伊木力町 | 42×24.1×7.8 | 9.5 | C | 縄文前期 |
| 87 | | | 39.9×16.8×.9.1 | 7.8 | C | 縄文前期 |
| 88 | | | 28.8×19×6.1 | 4.8 | C | 縄文前期 |
| 89 | | | 23.9×13.4×11 | 3.6 | C | 縄文前期 |
| 90 | | | 41.6×23.3×7.7 | 10.6 | C | 縄文前期 |
| 91 | | | 26.2×17.2×5.6 | 3.5 | C | 縄文前期 |
| 92 | | | 35.7×13.3.×8.7 | 6.1 | C | 縄文前期 |
| 93 | | | 23.8×11.7×6.9 | 2.1 | C | 縄文前期 |
| 94 | | | 52.1×24.2×10.4 | 8 | C | 縄文前期 |
| 95 | | | 13.2×11.2×6.8 | 1.8 | C | 縄文前期 |
| 96 | | | 37.1×20.1×8.5 | 6.8 | C | 縄文前期 |
| 97 | | | 29.3×20.8×7.7 | 5.4 | C | 縄文前期 |
| 98 | | | 42.4×25.3×7.7 | 11.6 | C | 縄文前期 |
| 99 | | | 30.4×22.2×13.2 | 10.6 | C | 縄文前期 |
| 100 | | | 31.4×15.2×6.9 | 5.5 | C | 縄文前期 |
| 101 | | | 23.7×20.6×10.3 | 5.1 | C | 縄文前期 |
| 102 | | | 31.3×24.7×5 | 6.1 | C | 縄文前期 |
| 103 | | | 32.3×17.4×10.1 | 6.8 | C | 縄文前期 |
| 104 | | | 42.7×24.55.6 | 7.4 | C | 縄文前期 |
| 105 | | | 23.7×21.8×9.6 | 4.6 | C | 縄文前期 |
| 106 | | | 27.8×18.7×10.6 | 8.1 | C | 縄文前期 |
| 107 | | | 32.8×22.9×6.3 | 6.1 | C | 縄文前期 |
| 108 | | | 32.6×22.3×9.5 | 6.9 | C | 縄文前期 |
| 109 | | | 24.1×19.4×8.4 | 5.5 | C | 縄文前期 |
| 110 | | | 59.1×23.9×8.5 | 9.6 | C | 縄文前期 |
| 111 | | | 36×18.8×4.3 | 5.3 | C | 縄文前期 |
| 112 | | | 24.8×19.2×9.2 | 5.8 | C | 縄文前期 |
| 113 | | | 33.1×21.6×3.8 | 4.5 | C | 縄文前期 |
| 114 | | | 33×22.3×6.3 | 74 | C | 縄文前期 |
| 115 | | | 28.4×15.6×4.1 | 3.1 | C | 縄文前期 |
| 116 | | | 38.8×25.4×6.6 | 9.5 | C | 縄文前期 |
| 117 | | | 35.1×21.7×6.8 | 7.1 | C | 縄文前期 |
| 118 | | | 32.2×20.1×15.6 | 4.7 | C | 縄文前期 |
| 119 | | | 37.4×26.1×8 | 12.4 | C | 縄文前期 |
| 120 | | | 30×18.1×5.3 | 4.1 | C | 縄文前期 |
| 121 | | | 34.1×24×13.9 | 11.6 | C | 縄文前期 |
| 122 | | | 34×21.3×9 | 8.1 | C | 縄文前期 |
| 123 | | | 38.1×18.6×8.1 | 7.4 | C | 縄文前期 |
| 124 | | | 27×14.7×13.6 | 7.7 | C | 縄文前期 |
| 125 | | | 34.1×24.5×7.3 | 9.1 | C | 縄文前期 |
| 126 | | | 39.1×21.5×7.3 | 8.4 | C | 縄文前期 |
| 127 | | | 24.6×14.4×9.9 | 5.5 | C | 縄文前期 |
| 128 | | | 28.3×18.9×8.6 | 4.8 | C | 縄文前期 |
| 129 | | | 32.8×24.2×9.1 | 8.5 | C | 縄文前期 |

| | | | | | | |
|---|---|---|---|---|---|---|
| 130 | 伊木力遺跡 | 長崎県西彼杵郡伊木力町 | 35.8×15.4×4.2 | 3.3 | C | 縄文前期 |
| 131 | | | 32.4×17.9×12.9 | 6.1 | C | 縄文前期 |
| 132 | | | 29.8×19.7×9 | 6.2 | C | 縄文前期 |
| 133 | | | 44.5×24.4×8.3 | 10.3 | C | 縄文前期 |
| 134 | | | 27×16.4×5.5 | 3.6 | C | 縄文前期 |
| 135 | | | 26.8×18.8×7.4 | 5.5 | C | 縄文前期 |
| 136 | | | 27.4×15.6×12.9 | 5.6 | E | 縄文前期 |
| 137 | | | 28.6×13.8×10.8 | 6.1 | E | 縄文前期 |
| 138 | | | 25.6×16.1×11.7 | 5.6 | E | 縄文前期 |
| 139 | | | 38.2×18.1×12.9 | 12.1 | C | 縄文前期 |
| 140 | | | 30.4×19.4×8 | 7.2 | C | 縄文前期 |
| 141 | | | 32.2×19.2×8.1 | 7.2 | C | 縄文前期 |
| 142 | | | 30.9×20.8×6.5 | 6.8 | C | 縄文前期 |
| 143 | | | 27.5×15.6×4.8 | 3.2 | C | 縄文前期 |
| 144 | | | 31.7×23.3×7.6 | 8 | C | 縄文前期 |
| 145 | | | 22.1×20.8×6.4 | 4.7 | C | 縄文前期 |
| 146 | | | 27.6×15.5×5.7 | 3.2 | C | 縄文前期 |
| 147 | | | 37.8×20.4×7.5 | 6.4 | C | 縄文前期 |
| 148 | | | 17.7×11.1×4.9 | 1.3 | C | 縄文前期 |
| 149 | | | 25.6×19.7×2.8 | .2.6 | C | 縄文前期 |
| 150 | | | 30.4×14.7×7.3 | 3.4 | C | 縄文前期 |
| 151 | | | 19.9×14.5×4.6 | 2.1 | C | 縄文前期 |
| 152 | | | 34.9×2177.6 | 6.3 | C | 縄文前期 |
| 153 | | | 39.1×22.7×8.7 | 8 | C | 縄文前期 |
| 154 | | | 26.1×17.8×10.6 | 5.1 | C | 縄文前期 |
| 155 | | | 213×15.4×8.2 | 3.2 | C | 縄文前期 |
| 156 | | | 27.5×19.2×10.4 | 8 | C | 縄文前期 |
| 157 | | | 48.9×17.1×10.2 | 9 | C | 縄文前期 |
| 158 | | | 22.4×14.3×5.1 | 1.9 | C | 縄文前期 |
| 159 | | | 34.9×18.3×8.4 | 10.1 | C | 縄文前期 |
| 160 | | | 30.9×17.4×11.8 | 9.7 | C | 縄文前期 |
| 161 | | | 35.7×16.4×9.5 | 6.8 | C | 縄文前期 |
| 162 | | | 22.8×11.4×3.6 | 2 | C | 縄文前期 |
| 163 | | | 36.4×24.8×21.7 | 3.5 | C | 縄文前期 |
| 164 | | | 35.1×18.2×4 | 4.1 | C | 縄文前期 |
| 165 | | | 31.8×21.7×4.5 | 4.3 | C | 縄文前期 |
| 166 | | | 33.5×17.8×8.8 | 4.9 | C | 縄文前期 |
| 167 | | | 32.2×15.4×6.3 | 5 | C | 縄文前期 |
| 168 | | | 36×20.4×5.4 | 5.1 | C | 縄文前期 |
| 169 | | | 25.7×17.1×15.2 | 5.3 | C | 縄文前期 |
| 170 | | | 33.7×18.2×7.2 | 6.9 | C | 縄文前期 |
| 171 | | | 36.7×23.5×7 | 7 | C | 縄文前期 |
| 172 | | | 43.4×13.7×8.3 | 7.1 | C | 縄文前期 |
| 173 | | | 31.2×20.9×6.9 | 7.3 | C | 縄文前期 |

| | | | | | | |
|---|---|---|---|---|---|---|
| 174 | 伊木力遺跡 | 長崎県西彼杵郡伊木力町 | 32.6×18.8×9 | 7.4 | C | 縄文前期 |
| 175 | | | 42.3×19.6×5.5 | 7.4 | C | 縄文前期 |
| 176 | | | 27.3×22.2×10.7 | 7.8 | C | 縄文前期 |
| 177 | | | 31.8×20.7×9.4 | 8 | C | 縄文前期 |
| 178 | | | 27.8×16.8×12.5 | 8.1 | C | 縄文前期 |
| 179 | | | 31.4×18.3×11.7 | 8.7 | C | 縄文前期 |
| 180 | | | 37.1×17×11.6 | 8.9 | C | 縄文前期 |
| 181 | | | 35.2×18.9×12.1 | 9.4 | C | 縄文前期 |
| 182 | | | 33.2×24.1×13.1 | 10.9 | C | 縄文前期 |
| 183 | | | 42×26.4×11.1 | 12.5 | C | 縄文前期 |
| 184 | | | 48.2×25.2×13 | 16.6 | C | 縄文前期 |
| 185 | | | 38.6×25.1×9.5 | 14.6 | C | 縄文前期 |
| 186 | | | 22.1×17.1×10.6 | 4 | E | 縄文前期 |
| 187 | | | 25.3×21.7×10.4 | 8.9 | E | 縄文前期 |
| 188 | | | 29.8×16.2×12.6 | 7.1 | E | 縄文前期 |
| 189 | | | 19.7×16.9×10.1 | 4 | E | 縄文前期 |
| 190 | | | 24.3×14.8×8.7 | 4.1 | E | 縄文前期 |
| 191 | | | 36.9×21.1×6.8 | 7.5 | E | 縄文前期 |
| 192 | | | 29.1×19.1×11.3 | 8.36 | C | 縄文前期 |
| 193 | | | 29.9×16.7×6.1 | 4.2 | C | 縄文前期 |
| 194 | | | 27.7×17.2×5.9 | 3.96 | C | 縄文前期 |
| 195 | | | 28×15.5×4.9 | 3.23 | C | 縄文前期 |
| 196 | 深堀遺跡 | 長崎県長崎市深堀 | 28.3×19.1×9.5 | 4.6 | | 縄文前期 |
| 197 | | | 21.7×18.6×4.4 | 2.6 | | 縄文前期 |
| 198 | | | 23.7×14.8×4.2 | 不明 | | 縄文前期 |
| 199 | | | 16.9×13.6×4.1 | 1.66 | | 縄文前期 |
| 200 | | | 13.2×10.5×4.8 | 1.13 | | 縄文前期 |
| 201 | つぐめの鼻遺跡 | 長崎県田平町 | 17.6×11.2×5.6 | 1.52 | C | 縄文早期～前期 |
| 202 | 佐賀貝塚 | 長崎県対馬市峰町 | 30×13×不明 | 10 | C | 縄文後期 |
| 203 | | | 30×14×10 | 5 | C | 縄文後期 |
| 204 | | | 23×15×不明 | 3.55 | C | 縄文後期 |
| 205 | | | 不明 | 1.06 | C | 縄文後期 |
| 206 | 出津遺跡 | 長崎県外海町 | 14.8×12×不明 | 不明 | C | 縄文中期～後期 |
| 207 | 殿崎遺跡 | 長崎県小値賀町 | 20.59×12.8×4.35 | 1.73 | C | 縄文後期 |
| 208 | 中島遺跡 | 長崎県福江市浜町 | 18.8×16×4.3 | 1.4 | C | 縄文後期 |
| 209 | 浜田遺跡 | 長崎県諫早市貝津町 | 37×11×不明 | 2.93 | C | 縄文 |
| 210 | 堂崎遺跡 | 長崎県有江町 | 13.8×10.9×5.9 | 1.02 | C | 縄文晩期 |
| 211 | | | 22.4×13.2×7.6 | 1.78 | C | 縄文晩期 |
| 212 | | | 13.8×10.9×5.9 | 4.5 | C | 縄文晩期 |

| | | | | | | |
|---|---|---|---|---|---|---|
| 213 | 堂崎遺跡 | 長崎県有江町 | 33.4×15.9×8.5 | 5 | C | 縄文晩期 |
| 214<br>215 | 宮の本遺跡 | 長崎県佐世保市 | 33×15×不明<br>37×不明×不明 | 4.4<br>10.7 | E<br>E | 縄文晩期<br>弥生時代 |
| 216 | 里田原遺跡 | 長崎県田平町 | 不明×19.8×8.8 | 1.47 | | 弥生時代 |
| 217 | 脇岬A遺跡 | 長崎県野母崎 | 不明×不明×不明 | 不明 | | 縄文後期 |
| 218 | 志多留貝塚 | 長崎県対馬市峰町 | 不明×不明×不明 | 不明 | | 縄文後期 |
| 219 | 筏遺跡 | 長崎県国見町 | 不明×不明×不明 | 不明 | | 縄文時代 |
| 220 | 大野原遺跡 | 長崎県有家町 | 不明×不明×不明 | 不明 | | 縄文時代後期 |
| 221 | 赤松海底遺跡 | 佐賀県鎮西町 | 不明×不明×不明 | 不明 | | 縄文後期 |
| 222 | 沖の原遺跡 | 熊本県天草郡五和町 | 不明×不明×不明 | 不明 | | 縄文後期 |
| 223<br>224<br>225<br>226 | 椎ノ木崎遺跡 | 熊本県牛深市深海町 | 不明×不明×不明<br>不明×不明×不明<br>不明×不明×不明<br>不明×不明×不明 | 4.6 | | 縄文中期～晩期<br>縄文中期～晩期<br>縄文中期～晩期<br>縄文中期～晩期 |
| 227 | 下弓田遺跡 | 宮崎県串間市南方 | 22.5×15.8×7.4 | 4.35 | | 縄文後期 |
| 228 | 平畑遺跡 | 宮崎市熊野 | 14.12×12.07×4.24 | 1 | | 縄文後期～晩期 |
| 229<br>230<br>231 | 夏井ヶ浜遺跡 | 鹿児島県曾於郡志布志 | 28.5×15×8.5<br>27×14.5×8.3<br>20×16×8 | 8.3<br>7.2<br>5 | | 縄文後期～晩期<br>縄文後期～晩期<br>縄文後期～晩期 |
| 232 | 川津辺遺跡 | 大島郡天城町岡前 | 23.2×不明×11 | 不明 | E | 縄文晩期 |
| 233 | 今山・今宿遺跡 | 福岡市西区今宿 | 44×17.6×7.2 | 8.2 | E | 弥生前期 |
| 234 | 八坂石塚遺跡 | 小郡市八坂 | 22.2×11.1×9.9 | 不明 | | 弥生 |
| 235<br>236<br>237 | 御床松原遺跡 | 糸島郡志摩町 | 15.1×13.1×3.8<br>15.2×12.5×5<br>20.2×12.7×5.4 | 1.16<br>1.24<br>1.93 | L<br>L<br>L | 弥生<br>弥生<br>弥生 |
| 238<br>239<br>240<br>241<br>242<br>243<br>244<br>245<br>246<br>247 | 供養川遺跡 | 長崎県平戸市大久保町 | 37.2×22.5×8.2<br>42　×20.8×10.2<br>34.1×21.2×9.2<br>25.3×16×7.1<br>44.5×16.6×10.1<br>50.1×16.1×7<br>37.6×17.7×9.2<br>29×16.8×7.1<br>30.2×12.1×5.3<br>33.7×15.4×11.8 | 11<br>15<br>11<br>4<br>14<br>10<br>11<br>7<br>4<br>9 | C<br>C<br>C<br>C<br>C<br>C<br>C<br>C<br>C<br>C | 縄文前期<br>縄文前期<br>縄文前期<br>縄文前期<br>縄文前期<br>縄文前期<br>縄文前期<br>縄文前期<br>縄文前期<br>縄文前期 |

| | | | | | | |
|---|---|---|---|---|---|---|
| 248 | 供養川遺跡 | 長崎県平戸市大久保町 | 37.1×19.2×7.3 | 10 | C | 縄文前期 |
| 249 | | | 53.2×27.4×8.5 | 17 | C | 縄文前期 |
| 250 | | | 39.1×21.6×7.7 | 12 | C | 縄文前期 |
| 251 | | | 42.6×23.8×14.5 | 24 | C | 縄文前期 |
| 252 | 千里ヶ浜遺跡 | 長崎県平戸市 | 31.9×23.6×7.5 | 不明 | C | 縄文前期 |
| 253 | | | 34.6×21.2×8.1 | 8 | C | 縄文前期 |
| 254 | | | 31.4×18.4×7.6 | 5.5 | C | 縄文前期 |
| 255 | | | 32.2×24.6×8.2 | 不明 | C | 縄文前期 |
| 256 | | | 27.4×25.2×6.7 | 不明 | C | 縄文前期 |
| 257 | | | 34.8×20.4×10.3 | 10.1 | C | 縄文前期 |
| 258 | | | 34.1×22.8×7.9 | 不明 | C | 縄文前期 |
| 259 | | | 41.7×24.5×9.5 | 不明 | C | 縄文前期 |
| 260 | | | 32.1×17.6×9.3 | 4.5 | C | 縄文前期 |
| 261 | | | 43×24.1×15.1 | 不明 | C | 縄文前期 |
| 262 | | | 43.3×23.8×16.6 | 26 | C | 縄文前期 |
| 263 | | | 43.9×19.3×15.5 | 15.5 | C | 縄文前期 |
| 264 | | | 37×23.8×8.9 | 不明 | C | 縄文前期 |
| 265 | | | 33.4×14.6×5.8 | 4.2 | C | 縄文前期 |
| 266 | | | 26×15×10 | 7.2 | C | 縄文前期 |
| 267 | | | 27.2×17.4×9.2 | 不明 | C | 縄文前期 |
| 268 | | | 40×17×11.6 | 10.1 | C | 縄文前期 |
| 269 | | | 40.4×23.3×7.6 | 不明 | C | 縄文前期 |
| 270 | | | 33.3×24.1×12 | 不明 | C | 縄文前期 |
| 271 | 花渡川遺跡 | 鹿児島枕崎市 | 21.2×5.2×不明 | 不明 | G | 縄文前期 |
| 272 | 西頸城郡能生村 | 新潟県西頸城郡能生村沖 | 18.78×7.57 | 不明 | H | 弥生時代 |
| 273 | | | 19.32×8.48 | 不明 | I | 弥生時代 |
| 274 | | | 24.24×6.66 | 不明 | I | 弥生時代 |
| 275 | 原の辻遺跡1号 | 長崎県壱岐市 | 不明×不明×不明 | 14 | C | 弥生時代 |
| 276 | | | 不明×不明×不明 | 14.5 | C | 弥生時代 |
| 277 | | | 不明×不明×不明 | 8.1 | C | 弥生時代 |
| 278 | | | 不明×不明×不明 | 18.6 | C | 弥生時代 |
| 279 | | | 不明×不明×不明 | 11.7 | C | 弥生時代 |
| 280 | 原の辻遺跡1号 | 長崎県壱岐市 | 不明×不明×不明 | 9.3 | C | 弥生時代 |
| 281 | | | 不明×不明×不明 | 12.3 | C | 弥生時代 |
| 282 | | | 不明×不明×不明 | 8.6 | C | 弥生時代 |
| 283 | | | 不明×不明×不明 | 8.1 | C | 弥生時代 |
| 284 | | | 不明×不明×不明 | 8.2 | C | 弥生時代 |
| 285 | | | 不明×不明×不明 | 8.6 | C | 弥生時代 |
| 286 | 原の辻遺跡2号 | 長崎県壱岐市 | 不明×不明×不明 | 18.2 | C | 弥生時代 |
| 287 | | | 不明×不明×不明 | 15 | C | 弥生時代 |
| 288 | 原の辻遺跡3号 | 長崎県壱岐市 | 不明×不明×不明 | 1.18 | C | 弥生時代 |

| | | | | | | |
|---|---|---|---|---|---|---|
| 289<br>290 | 西川津遺跡 | 島根県松江市 | 20×14.9<br>半折欠損 | 6.4<br>9 | F<br>F | 弥生時代前期<br>弥生時代前期 |
| 291<br>292 | 無頭川遺跡 | 富良野市桂木町 | 33×20.5×8<br>12×13.3×7.2 | 6.6<br>1 | B<br>B | 縄文前期～続縄文<br>縄文前期～続縄文 |
| 293 | 東9線1遺跡 | 富良野市西鳥沼 | 25×18.5×9.2 | 4.5 | J | 縄文中期～晩期 |
| 294 | 旭野遺跡 | 空知郡上富良野町旭野 | 31×19×13 | 8 | I | 縄文早期～中期 |
| 295<br>296<br>297<br>298 | 東中2遺跡 | 空知郡上富良野東中 | 33.2×24×9.8<br>25.7×17.1×9<br>16.6×13.2×12.4<br>31.2×21.6×15 | 8.5<br>5<br>5.2<br>10.2 | J<br>J<br>J<br>J | 縄文晩期<br>縄文晩期<br>縄文晩期<br>縄文晩期 |
| 299 | 鹿討1遺跡 | 空知郡中富良野町鹿討 | 34.5×19×8 | 6.6 | $J_2$ | 縄文後期～晩期 |
| 300<br>301 | 新田中2遺跡 | 空知郡中富良野町田中 | 26.5×17.6×9<br>32.5×18.8×9.5 | 5.4<br>8.2 | $J_2$<br>$J_2$ | 縄文後期～晩期<br>縄文後期～晩期 |
| 302 | s153遺跡 | 札幌市白石区厚別町 | 39×18.4×10.8 | 10.5 | J | 縄文早期～擦文 |
| 303 | T310遺跡 | 札幌市豊平区厚平岸 | 34.6×20.5×8.5 | 9.8 | J | 縄文早期～擦文 |
| 304 | 吉井の沢1遺跡 | 江別市元野幌 | 33×20.×12.5 | 11.6 | J | 縄文早期～擦文 |
| 305<br>306 | 旧坊主山遺跡 | 江別市対雁 | 26.5×21×10<br>27×22×8 | 6.75<br>7.05 | K<br>K | 縄文時代～続縄文<br>縄文時代～続縄文 |
| 307 | 神居古潭遺跡 | 旭川市 | 33.3×18.2×9.1 | 不明 | $J_2$ | 不明 |
| 308 | 旭川市西神楽町 | | 17.3×13.3×6 | 不明 | $J_2$ | 不明 |
| 309 | 西神楽南2遺跡 | 旭川市西神楽町南14 | 25×18.3×8.6 | 5.8 | K | 縄文晩期 |
| 310 | 旭川市神居町 | | 13×16.1×7 | 不明 | $J_2$ | 不明 |
| 311 | 沢田の沢遺跡 | 上川郡東神楽町南13 | 32×22.8×12.6 | 11 | J | 縄文早期～晩期 |
| 312 | 釧路市春採湖 | | 38×28×15 | 24.6 | K | 擦文～アイヌ文化期 |
| 313 | ママチ遺跡 | 千歳市真々地4丁目 | 15.8×10.6×6.4 | 1.5 | $J_2$ | 縄文中期～晩期 |

| | | | | | | |
|---|---|---|---|---|---|---|
| 314 | 嵐山２遺跡 | 上川郡鷹栖町嵐山 | 17×13.8×5 | 2.3 | I | 旧石器～縄文晩期 |
| 315 | ユオイチャシ跡 | 沙流郡平取町二風谷 | 不明 | 不明 | | アイヌ文化期 |
| 316 | 小樽市塩谷町 | | 36×18×13 | 不明 | J | 不明 |

形式Ａ類：自然礫に索を巻いただけのもっとも簡易的なもの。
Ｂ類：礫の長軸両端を打ち欠くもの。
Ｃ類：礫の短軸両端を打ち欠くもの。
Ｄ類：礫の長軸両端と短軸の一端の三か所を打ち欠くもの。
Ｅ類：礫の短軸部に主に敲打によって溝をめぐらすもの。
Ｆ類：不正形円礫の長軸、短軸部から、敲打によって溝をめぐらし、中央で直交するもの。
Ｇ類：大型の上窄下寛形で、先端が尖り、低部幅が狭く、長さが長い筍形で、有溝は頭部付近のみのもの。
Ｈ類：長楕円形の上部短軸に、敲打によって溝をめぐらすもの。
Ｉ類：頭部直下に溝をめぐらし、下部に沿って膨らみをもたせる茄子型のもの。
Ｊ類：頭部にＴ字型の有溝をもつ長楕円のもの。
$J_2$類：頭部に複数のコブ状突起を有するもの。
Ｋ類：礫の長軸、短軸の端部を敲打によって抉り、一部には溝を施したもの。
Ｌ類：中央部に穿孔した円盤型あるいは卵型のもの。

# 第二章　古墳時代と古代のイカリ(碇)

## はじめに

四囲環海のわが国にとって、海外から文化文物を移入するさいには、どうしても海を越えて交流しなければならなかった。その足跡は先史時代にあっても見受けられ、丸木舟を駆って、ほかの地域との活発な交流が図られていた。

さて、時代が下がり、古墳時代から古代においては、さらに海外との交流が頻発したものと思われる。その証は国内の古墳に副葬されたさまざまな舶載品をみれば明らかである。漢代の青銅製の鏡や、鉄製の刀剣類、甲冑といった利器に加えて、金・銀・金銅製の冠や帯金具といった装身具も大量に副葬された。これらは大陸や朝鮮半島からはるばる海を越えてもたらされた物である。しかしそれらを運んだ当時の船が、どのような形状で、どれくらいの大きさをもち、どのような推進方法で、どのような航路をたどり、どのような人々が、いつ頃それをやり遂げたのかについては、いまだに謎の部分が多い。

今、私たちに残されているのは、中国大陸や朝鮮半島で作られた文物が、この日本列島各地から発見されるという事実と、それを運んだ輸送手段が船以外には考えられないという漠然とした推測以外にはない。では、この時代に使われた船の資料はないのだろうか。それさえあれば、我々は海を媒介としたさまざまな交流の姿を、より具体的に描けるはずである。しかし残念ながら現在にいたるまで、古墳時代や古代の完全な姿をとどめた船は発見例がない。つまり海外交流の手段として用いられたであろう船の資料は現存していないのが現状である。

その原因の一つには、船体が有機質の木製であるために、長い年月のうちに朽ち果ててしまい、現代まで遺存しえないということがあろう。そしてたとえ船体の部材が残っていても、後世において貴重な資源として再利用され、原型をとどめていない可能性が高いということもあろう。

それではどのような方法で、当時の交流史を復元すればいいのだろうか。そこで注目したいのが、船には必ず積み込まれているはずのイカリである。なお、この時代にあっても碇爪をもつ碇の存在は未確認であるため、本章においてもその総称には前章にならってイカリという倭語の音を表わす表現を用いる。したがって本章でもイカリは、碇爪をもつ碇ではないことを断っておきたい。

船は漕走や帆走によって推進力を得るが、動力を失った状態では、一時たりとも水面上に静止することができない乗り物である。それは風や波、潮流といった自然現象の影響を受け、それら外的要因のまかせるままに漂流してしまうものである。

この無動力化した船を定点に停止させるためには、必ずほかの固定点から繋船索（舫綱）を船に結ぶ必要がある。その繋船索は陸地の固定点からでもいいし、陸地から隔絶した水上であれば、水底に沈めた錘、すなわちイカリからでもいいのである。

古墳時代や古代の船を考える時、このイカリであれば、現在までその姿をとどめている可能性が高いと考えた。なぜなら当時のイカリも石製品であろうことから、有機質の木材で造られた船とは違い、残存する可能性がきわめて高いこと、さらにはたとえ再利用されたとしても、ほぼ原型を保ったまま使われる可能性が高いと予測できるからである。つまり古墳時代や古代における、船を媒介とした交流を復元するには、イカリの研究が欠かせないのではないかと考えた。

しかし古墳時代と古代におけるイカリの資料も少ないのが現実で、とくに考古資料には限りがあり、先行研究もまた皆無といっても過言ではない。したがって、当時のイカリを解明していくには、数少ない資料を丁寧に検証しながら、一つ一つ積み上げていくしかないのである。では、その資料とはどのようなものがあるだろうか。

まず、古墳時代のイカリについて最初に着目したいのが、古墳や横穴墓内部の石室壁面に描かれた船の線刻画にともなうイカリの描写である。ただ、この資料についても該当する資料がきわめて少ないことと、被葬者の埋葬時に描かれた線刻画と、後世、新たに何者かによって追刻された線刻画が、同一画面上に並存するおそれがあることも事実である。したがって、これらの資料をあつかうには、慎重な分析が必要であろう。

また形象埴輪の中にも船をかたどったものがみられるが、残念ながらそこにイカリの表現はいまだ確認されていない。これは船形木製品や船形の石製模造品についても同様のことがいえる。ただ線刻画と違って船を立体的に表現し、その構造を知ることができる点においては、これらは有効な資料であるといえるし、抽象的で、描写としては稚拙ともいえる線刻画の船を知るには、同時代に作成された、これら埴輪の資料が充分にそれを補完できるものと考えた。

次に古代のイカリであるが、これもわずかな考古資料があるのみで、古代のイカリの様相に関しては、多分に文献資料に頼らざるを得ないのが現状である。

この文献資料についても『万葉集』や『風土記』の一部にイカリそのものについての記載がみえる程度で、なかなかその実態に迫るには資料不足の感が否めない。それでも当時の人々が、イカリというものを特定して記録にとどめた以上、そこには特段の意味があり、資料としての価値が充分にあるものとみなしたい。

## 第一節　古墳の線刻画にみるイカリの表現

### （一）　兵瀬古墳

長崎県壱岐市は玄界灘に浮かぶ諸島（有人島五、無人島二三）で、中でも最大の壱岐島は、東西一五㎞、南北一七㎞の地勢なだらかな島である。その面積は一三八・一三㎢で、先史時代から中国の『魏志倭人伝』には「一大国」（一支国の誤記）とその名をみせ、奈良時代の律令期には「壱岐国」とよばれた。

行政区分では長崎県に属し、もとは郷ノ浦町、芦辺町、勝本町、石田町に分かれていたが、二〇〇四年三月の町村合併により、新たに壱岐市となった。市の中心をなす壱岐島には、大小二五六の古墳が存在し、長崎県に分布する約五〇〇基の古墳の半分が壱岐島に存在することになる。ちなみに旧町名ごとに古墳を数えると、芦辺町に七二基、石田町に二五基、勝本町に一一二基、郷ノ浦町に四七基となる。

本章でとりあげる兵瀬《ひょうぜ》古墳は、島内の中央部に広がる標高一〇〇ｍの平陵部に位置する国分地区から亀石地区にいたる、約九一か所の古墳地帯に所在している。この地域は前方後円墳として知られる対馬古墳、百合畑《ゆりばたけ》一号墳、百合畑三号墳、百合畑一四号墳、百合畑二〇号墳、双六《そうろく》古墳など六基のほか、百合畑古墳群、布気《ふけ》古墳群、山ノ神古墳群、釜蓋古墳群、百田頭《ひゃくたかしら》古墳群、京塚山古墳群などが点在している。

これらの中でも兵瀬古墳は大型の円墳で、笹塚古墳、掛木古墳、鬼の窟古墳などと並び、巨石を利用した玄室・中室・前室の三室構造をもつ横穴式石室の古墳として知られている。

二〇〇四年一二月二〇日から翌年三月一七日まで、壱岐市教育委員会によって市内遺跡範囲確認調査がおこなわれ、正確な墳丘と石室の実測がおこなわれた。そのさいに前室の壁面に線刻による大小二隻の船と、大型船からのびた線が楕円形のものに結ばれている描写がみつかった。

この兵瀬古墳は、古くからその存在が知られており、江戸時代の幕末期に編纂された『壱岐名勝図誌』には「大鬼屋、兵瀬鬼屋という。巳午向。大路より丑寅に去こと凡一百間計にして……南向にして間数ある窟ハ壱尺七間余、居しものと見ゆ」と記載され、「大鬼屋」や「兵瀬鬼屋」と呼ばれていたことが分かる。そして同書には鬼の窟古墳と並んで兵瀬古墳も絵図に記載され、法量もくわしく載せられていることから、当時から大型の古墳としてとくに注目されていたことが分かる（図1）。

ちなみに兵瀬古墳の法量は、二〇〇六年の調査時に再計測され、墳丘の直径が五三・五m、高さ一三mの円墳であることが確かめられた。また墳丘の斜面には墳丘下部から五mの場所に、幅八mのテラス状の段築がめぐり、二段築成の円墳であることが判明した。したがって鬼の窟古墳（直径四五m、高さ一三m）より大型の最大級の円墳であることが確かめられたわけである。

では、この古墳はいつ頃造営されたものであろうか。まずは被葬者を埋納した主体部からみてみよう。主体部は南西に開口し、開口部から羨道がつき、前室・中室・玄室の三室からなる構造で、石室は全長一二・三mである。玄室は長さ三m、幅二・五m、天井高二・八mで方形状の平面形となっている。出土遺物は中室の上層部で須恵器の杯身と杯蓋のセット（図2）がみられ、七世紀前半のものとみられることから、追葬された最後の被葬者への献供物と思われる。

船とそれにともなう楕円形の物体を描いた線刻画は前室にあり、平面形の内部構造は菱形状の長方形で、床面の中心部を軸に長さ二・七m、横幅一・七七m、高さ一・三三〜一・三七mの大きさである。線刻画はこの壁面の若干傾いた右壁の腰石（横幅二・五m、高さ一・三五m）の右側上面に二隻の船を描き出している（図3）。

一隻は大型の帆船らしく、舳先と船尾が反り上がったゴンドラ型であり、中央部には構造物と帆柱、帆布と思われる表現があり、その帆柱から船首と船尾に帆かけ用の索とみられるものが描かれている。またその大型船に寄り添うように、小型船と思われる描写が手前にみえる。小型船からのびる短い線は、櫓か船竿を表現したものであろう。そして大型船のおそらく船尾（左側）と思われる部分から、細長い線が玄室側にのびて、最後は楕円

図1　兵瀬古墳を描いた絵図

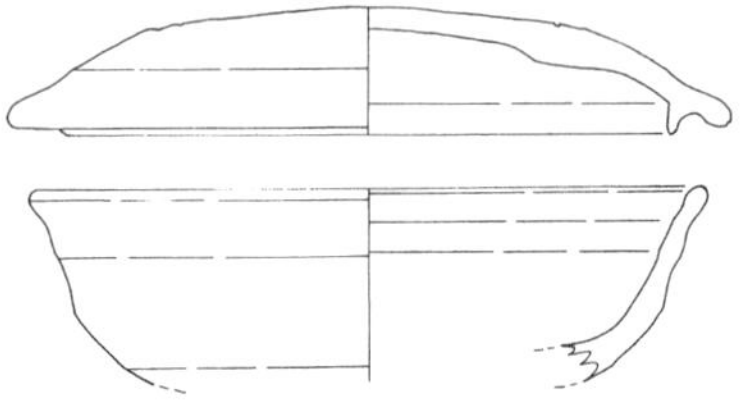

図2　兵瀬古墳から出土した盃の蓋と身

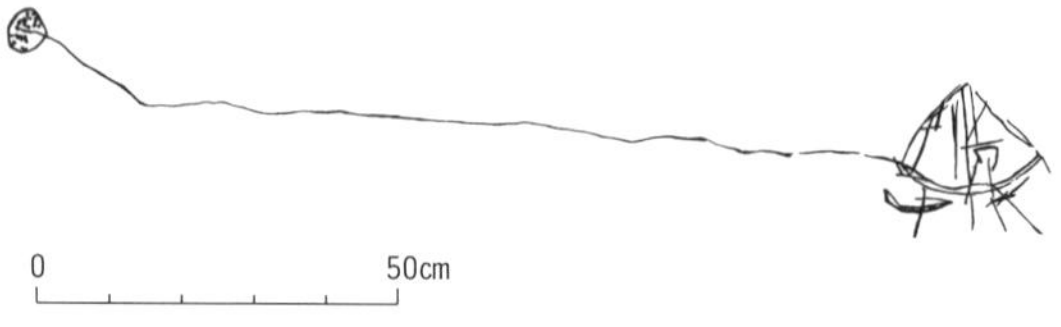


図3　兵瀬古墳の壁面に描かれた線刻画
大型船に寄り添う小型船と線の先に碇らしきものがみえる

形の物体で止まっている。報告文では、この物体に対して明確な考察はなされていない。

では、これは何を表現したものであろうか。大型船と小型船の大きさの対比からいえば、楕円形の物体は、かなり遠方に離れたものを示しているようである。大きさにしても小型船とほぼ同じくらいであり、玄室側に真っ直ぐのびた線も、なぜか急に立ち上がって、左斜め上方の楕円形の物体に連結している。さらにいえば、この楕円形の物体は、表面に微細な斑点が無作為に数多く打たれている。これは物体のザラザラとした質感を表すための細かな描写の可能性が高い。

また、大型船からのびた線は楕円形の物体に巻きつくようにその表面上に達しているようにみえる。つまり大型船からのびた線は、楕円形の物体で終わっているのではなく、その上を這うように、物体上を廻っているのである。

ではこの物体は何を表現したものであろうか。船に関するモチーフで、この描写に適合するものといえば、イカリの描写以外には考えられない。つまり船尾からのびた繋船索が楕円形のイカリ本体につながっているのである。

では、これがイカリの表現だとして、大小二隻の船を含めたこの描写が、被葬者埋葬時の線刻画だという証が、どこにあるかが問題であろう。そこで次にこの線刻画を部分的に観察しながら、その点を検証していきたい。

まずはこの線刻画の中心をなす大型船を観察していこう。本船は船首（右）と船尾（左）が立ち上がったゴンドラ型の大型帆船を描いており、舳先から船尾までが約一八cm、帆端先から船底まで約一五cm、帆柱の長さが一三・二cmである。船画の形態は、同じく壱岐島に存在する百田頭五号墳の開口部左側の屋根型石に描かれた船や、大米古墳の前室左袖石に描かれている船に類似点がみられ、百田頭五号墳の船と兵瀬古墳の船は、ほぼ同じ大きさて、大米古墳の船のみ正確な計測がなく、やや小型ではあるが、三者は同一人物による書き込みが十分に考えられると報告文は伝えている。(1)

では、これらゴンドラ型の船画が、古墳時代に描かれたものであるという証について、もう一つの線刻画をみてみよう。

（2） 高井田横穴墓群

高井田横穴墓群は大阪府の柏原市にあり、付近を流れる大和川は、大和盆地から河内平野に流れ高井田の近くを経て大阪湾に注いでいる。川幅も広く水量も多いため、古くから水運に用いられ、大型の船も行き来できる十分な水深をもち、かなりの水量を有している。

この大和川の凝灰質砂岩の崖面に約一〇〇基の横穴墓群が存在することが、一九一七年に発見された。横穴墓群は、五世紀頃のものといわれ、石室からは神人龍虎鏡、火熨斗、甲冑、金環などの副葬品が出土している。高井田横穴墓群は四つの支群からなっており、とくに船の線刻画を残すのは、第二支群の一二号窟・第三支群の六号窟で、前者には二人の人間が乗り込んだ船が描かれている（図4）。人物と船の大きさの関係から小型船と考えられ、櫓か船竿を水中に入れて推進力としているようにみえる。また船の中央部には直線が上にのびており、あるいは帆柱かもしれない。右側が船尾だろうか。船の下の波模様は、水面を表しているようである。船の中央にある表現は積載品を示しているようだが実態は不明である。

次に第三支群にある六号窟は、「人物の窟」といわれ、玄室が奥行二・八m、高さ一・六mで、長さ・幅・高さが各一mの羨道がついている。この羨道の入り口付近には、多数の人物や船の線刻画がみられるが、とくに右

図４　高井田横穴墓群第２支群12号窟に描かれた船

図５　人物の窟に描かれた船と碇

壁面の船と人物の線刻画が有名である（図5）。

　船は、やはりゴンドラ型をした準構造船らしく、とくに船首と船尾が高く描かれている。推進力は櫂と思われる。左側が船尾で右側が船首だろうか。船尾の従者は、長く描かれた櫂か棹をさしている。中央の高貴な人物は大きく描かれ、右手を腰に、左手に紐か吹流しのような布を巻きつけた槍状のものをもって立っている。そして船首の従者が縄状（直線で表現されているが）のものに結んだイカリ（楕円形の石）らしきものを、船上から水中に下ろしているようにみえる。

　中央の人物の頭には三角形の天冠か兜が表現されており、船首の従者も三角形のものを被っている。船尾の従者との身分差を表したものであろうか。では、この線刻画が古墳時代のものといえるかどうかについて検討してみたい。

　まず、船形は特徴的なゴンドラ型である。中心人物の服装は、頭に天冠らしきものをかぶり、衣には腰帯をつけ、袴はズボンのような形式で、両膝のところで脚帯として足が結ばれた、いわゆる古墳時代の貴人の姿を表現しており、まぎれもなく当時の風俗を表現している。

　人物は、貴人とその前後に一人ずつ描かれ、大型船とは思えない。おそらく近くを流れる大和川あたりの内水で使用される小型船であろう。右前方の人物が水中に下ろしているようにみえるのがイカリと思われるもので、左後方の人物は櫂か楫を水中に入れている。実は、この線刻画は壁面にほかの人物も描きこんでおり、そこにはこの船上の貴人を出迎える人々が描かれている。すなわち貴人は、何かを成し遂げて凱旋し、それを皆が歓喜して迎えているという物語が描かれているようである。では、古墳時代に実際に使われた船とはどのようなものだったのだろうか。次にそれをいくつかの例からみてみようと思う。

## 第二節　船形埴輪にみる古墳時代の船

### (一)　西都原《さいとばる》古墳群第一六九号墳

西都原古墳群は、宮崎県西都市西方にある標高六〇mの台地上に、南北四km、東西一・五kmの範囲で、三二九基の古墳が分布する宮崎県最大の古墳密集地である。

古墳群の中心をなすのは全長二一九m、後円部径一二八mの男狭穂塚《おさほづか》と、全長一七四m、後円部径九七m、前方部幅一〇六mの前方後円墳女狭穂塚《めさほづか》で、そのほか大多数は全長三〇～九〇m程度、柄鏡形の墳丘をもつ前方後円墳が多い。古墳群全体としては五世紀から六世紀にかけて築造されたものと考えられている。

さて、一九一二年から一九一七年まで六年の歳月をかけて西都原古墳群が調査されたさい、第一六九号墳から粉々になった船形植輪が出土した。それが復元されると、古墳時代の船の埴輪であることが分かり、当時の船の全容を解明する大きな手がかりとなったのである。(2)

その船は、舷側板をつなぎあわせた準構造船を表したもので、船床と思われる部分は、船底に船板を張り、船腹には喫水線（水面のライン）を示す鍔形のあおりがめぐり、櫂の支柱となる突起（櫓べそ）も舷側に沿って表現されていた（図6）。また船首と船尾は、波除けのためか、ともに著しく立ち上げられ、外洋への航行を想定し

図6　西都原古墳群の船形埴輪

たものであることが推測できた。これがいわゆるイタリアのヴェネツィアでみられるゴンドラ船に似ていることから、ゴンドラ型とよばれるようになったゆえんである。

推進力は、櫂の支柱となる突起（櫓べそ）の存在から考えて、主に櫂漕ぎによるものであったと思われるが、船体中央部付近の船底に、帆柱を立てるためと思われる穴が空けられており、あるいは順風を得ると帆走を併用していた可能性も否定できない。

すなわち、当時、ゴンドラ型の船が九州南部の太平洋岸を航行していた事実を、我々はこの船形埴輪によって知ることができるのである。

（2）宝塚一号墳

次に、もう一つ船形埴輪の具体例をみてみよう。三重県のほぼ中央に位置する松阪市は、東に伊勢湾、南に熊野灘を控え、中央部には阪内川、北に三渡川、南に櫛田川が流れ、阪内川右岸から櫛田川にかけてのびる山室山丘陵に古墳群が存在する。その中でも伊勢湾西岸最大の古墳が、五世紀後半の築造と思われる宝塚一号墳である。

宝塚一号墳は、一九七〇年と七一年に、三重大学による古墳の地形測量がおこなわれたが、その後、松阪市教育委員会によって、五か年計画による国指定史跡の保存整備事業が着手され、一九九八〜二〇〇一年までの四次にわたる発掘調査で、全長一一一m、後円部径七五m、高さ一〇m、前方部幅六六m、高さ七m、くびれ部北には裾部で東西一八m、南北一六m、高さ約二mの平面台形の造りだしが付属していることが確認された。隣接地にはいわゆる帆立貝型の前方後円墳で、全長九〇m、後円部径八三m、高さ一〇・五m、前方部幅三九m、長さ一九m、高さ二・九mの宝塚二号墳があり、これらを中心として八八基におよぶ宝塚古墳群が形成されている。したがって宝塚一・二号墳は、この中でも盟主的な古墳といえる。

宝塚一号墳の、造り出しとくびれ部をつなぐ土橋の周辺から、大量の埴輪片が発見された。それは家形埴輪、盾形埴輪、船形埴輪、囲形埴輪などであり、この中でとくに注目したいのが一号船形埴輪（図7）なのである。円筒台に乗せられたこの船形埴輪は、全長一四〇cm、円筒台から船首と船尾までの高さ九〇cm、両舷側板の最大幅二五cmで、重量は円筒台も含めて七二kgあり、ほぼ同形と思われる二号船形埴輪の破片が、墳丘から転落したかたちで土橋の東側からみつかっている。

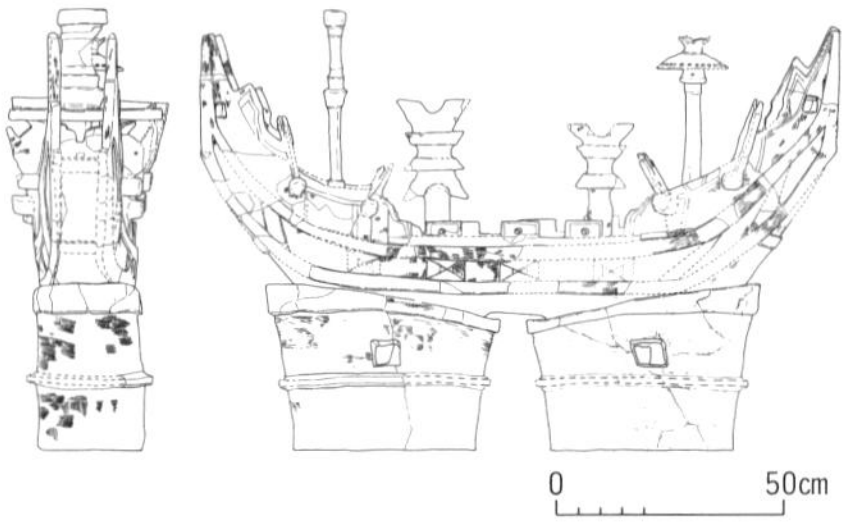

図7　宝塚1号墳から出土した船形埴輪

一号船形埴輪は、船首と船尾が立ち上がるもので、舷側板も内外壁面に二段の凸帯が表現されていることから、船の容積を増やすために、本来の船体に竪板を二段重ねて舷側板としたもののようである。両舷側板には穿孔のある三つの突起があり、櫂を突き出す櫓べそと思われる。また船首と船尾付近には舷側板をつなぐ板状の障壁が二枚一対でみられ、障壁間には上甲板がつけられていたと思われる。とくに船尾側は二重構造であったろうと指摘されている。[3] いわゆるゴンドラ型の船の特徴をよく表している。さて、この船形埴輪が先の西都原古墳群一六九号墳出土の船形埴輪と異なる点は、船体内にさまざまな装飾を施していた点である。蓋（直径一五・五cm、高さ一〇・五cm）、大小の威杖（大：最大幅一六・五cm、長さ四八・八cm、小：最大幅一五cm、長さ四五・五cm）、太刀（長さ五六cm）といった飾りは、船体と比して大きく表現されており、被葬者の特出した権威を表現したものと思われる。

　このように宝塚一号墳の船形埴輪も、やはり外洋船をイメージしたものと思われ、被葬者は伊勢湾や太平洋を控えた熊野灘沿岸を勢力圏とした盟主であり、その船を模したものと考えられる。そしてその船形は、やはり船首と船尾が立ち上がるゴンドラ型であり、これがまさしく古墳時代の外洋船の特徴といえるのではないだろうか。したがって、西都原古墳群の一六九号墳から出土した船形埴輪や宝塚一号墳から出土した船形埴輪などからみても、壱岐島の兵瀬古墳に描かれたゴンドラ型の船形は、まさしく古墳時代の船として描かれたものであることが分かる。

### （3）　船形埴輪にみる内水用の船

古墳時代の外洋船については、先の二つの例によって、当時の船がゴンドラ型をした準構造船であることが分かった。それでは内水用の船はどうであったろうか、次にこれをみていこう。

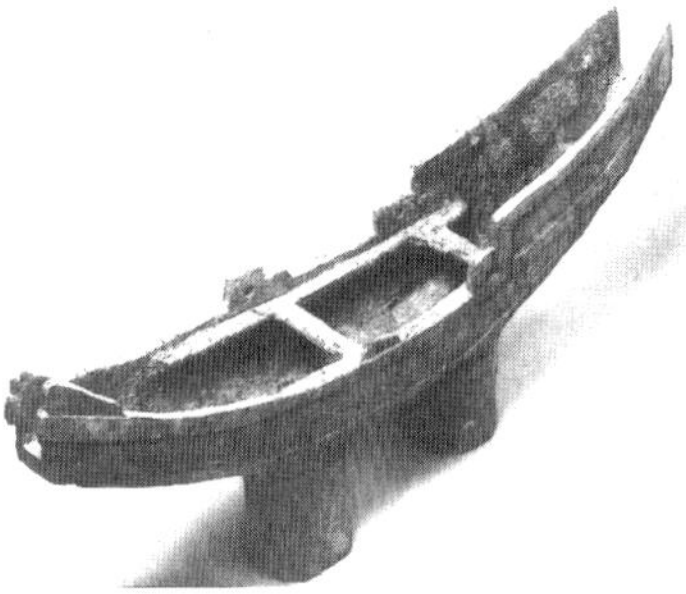

図８　寺口和田１号墳の船形埴輪

図９　久宝寺遺跡から出土した船首材

　奈良県北葛城郡新庄町に所在する寺口和田一号墳からも船形埴輪が出土している（図８）。こちらも大形丸木舟に舷側板と船首に波除板材を補強した準構造船を表したもので、同様の埴輪船を大阪府和泉市菩提池西遺跡出土の船形埴輪にもみることができる。先にみた西都原一六九号墳や宝塚一号墳から出土した外洋型の大型船と違って、やや小型であり船首の舳先に波除板がつく特徴的なものである。これらの実物としては、大阪府八尾市久宝寺遺跡から準構造船の船首部分が出土している（図９）。やはり船首部分に波除けの板材がつけられる準構造船で、船首部分のみの出土であったが、古墳時代の船材はきわめて珍しく貴重なものである。残念ながら船体半分が矢板（板状の杭）で切断されていたが、埴輪船にみられる波除板などの表現が、実物として出土したことから、埴輪船がきわめて写実的に表現されたものであることが分かった。

この準構造船においても、やはり船首が立ち上がりをみせ、ゴンドラ型を形成していたことが分かる。つまり古墳時代の船は少なくとも外洋船も内水用の小型船も、基本的には丸木舟の舷側に、さらに舷側板をつけて補強し、船首には波除板をつけ、船尾も補強材をつけて、ゴンドラ型をしたものが使用されていたようだ。線刻画のゴンドラ船の描写もこれらの船形を念頭において描かれたものであろう。残念ながらこれら埴輪船にはイカリの表現を欠いているので、埴輪船からイカリの実態は読みとれないが、高井田横穴墓群に描かれた船は、まさしく古墳時代の船の姿であり、その船にともなう繋船具としてのイカリとは、自然石に繋船索を巻いただけのものであった可能性がきわめて高い。

図10　高廻り２号墳の船形埴輪

内水用の船を模した船形埴輪の例をもう一つみてみよう。大阪市平野区の高廻り二号墳からも船形埴輪が出土している（図10）。こちらも大形丸木舟に舷側板と船首に波除板材を補強した準構造船を表したもので、やはり船首と船尾が立ち上がりをみせ、ゴンドラ型を形成していたことが分かる。つまり古墳時代の船は、外洋船も内水用の小型船も、基本的には丸木舟の舷側に、舷側板をつけて補強し、船首には波除板をつけ、船尾も補強材をつけて、ゴンドラ型にしたものであったことが分かる。

では、外洋船と内水用船との違いであるが、外洋船は船底の突出をなくした一体成形船であり、舷側板を付加し、「貫」とよばれる横木で舷側板を連結している。一方の内水用船は丸木舟の船底の上に竪板と舷側板で上部構造をつくり、舳艫《じくろ》で二股に分かれる二体成形船の構造を示している。この差はやはり外洋と内水の波高の差に起因し、外洋船はより大型に、内水用船はよりコンパクトに造られているものと思われる。

## 第三節　後世に描かれた船とイカリの線刻画

これまで古墳時代の船やイカリらしきものを描いた線刻画を二例と、古墳時代の船を模した埴輪船を外洋船二例、内水用の小型船三例、そして実際の船首材の遺物をみてきた。そこで古墳時代にあっては、外洋船も内水用の船もゴンドラ型をしていることが分かった。しかし船形埴輪には、いずれもイカリをともなっていなかった。では、先の兵瀬古墳の線刻画や高井田横穴墓群の線刻画に描かれたイカリらしきものが、本当にそれを表現したものかどうかを調べる必要がある。また、この線刻画が当時のものであることを立証し、それが本当にイカリを表したものであることを検証しなければならない。そこで次に同じく古墳内に描かれた線刻画を例にとって比較検討をおこなってみたい。

### (一)　阿古山古墳群

鳥取県気高郡青谷町（現在は鳥取市）の阿古山古墳群は、同町大字青谷字横木に所在し、日本海沿岸の長尾鼻の西側を走る国道九号線を山側に一キロほど入った場所にある。この古墳群の中の二二号墳は、盛り土を完全に流失しており、石室は露出した状態にある。主体部は横穴式石室で、奥行約六・一m、幅約二・五m、高さ三mの縦長の立方形で、比較的大型の石室といえよう。石室の左壁面に三隻、右壁面に一隻の帆船が線刻で描かれ、開口部の外壁面にも三隻の帆船がいずれも線刻画として描かれている。

青谷地区の西方九㎞には、現在、東郷池という池が存在するが、この池は、その昔は海が湾入する入り江であったらしく、その後、長い年月を経ることによって土砂が堆積し、湾口が閉塞されて現在の姿になったものといわれている。したがって、石室に大型の帆船を描いた人物は、湾内に浮かぶ船の光景を実見して描いたものと思われ、船との関係が深い人物であったことが推測される。

とくに注目したいのが、石室の左壁面に描かれた船である（図11）。これは遠近法を使い、しかも写実的で立体的な大型帆船を見事に描いている。船の形はゴンドラ型ではなく、廻船のような大和型船(4)の特徴を備えた和船にみえる。したがって古墳築造時よりも後世に描かれたものと推測できる。さて、この船の船尾からのびる線に鉤状のものが描かれ、黒丸を挟んで、その下にも碇爪らしきものが描かれている。これは明らかに碇の表現と思われる。しかも鉄錨を連想させる表現である。

近世の大和型船であれば当然、鉄錨を装備しているので、それを表現したものであろう。船の形といい碇の形といい、古墳時代のゴンドラ型の船とはまったく違うものである。

この青谷地区は、近世廻船の航路にあたっており、下関、萩、浜田、温泉津といった日本海ルートを北上する、まさにその航路途中に存在する。大和型船の姿形をみかけることの多かった人々が、この古墳の石室内に、みたままの船の姿を線刻画として残しても何の不思議もない。また、船につきものの碇を描いたのも当然であろう。

① 阿古山古墳の左壁の船図 1
繫船索の先に黒丸の鉄錨が表現されている

② 左壁の船図 2
船尾から繫船索が伸び鉄錨が描かれている

③ 右壁の船図
右側の船尾に黒丸の鉄錨がみえる

④ 壁画を明瞭にした船図 1

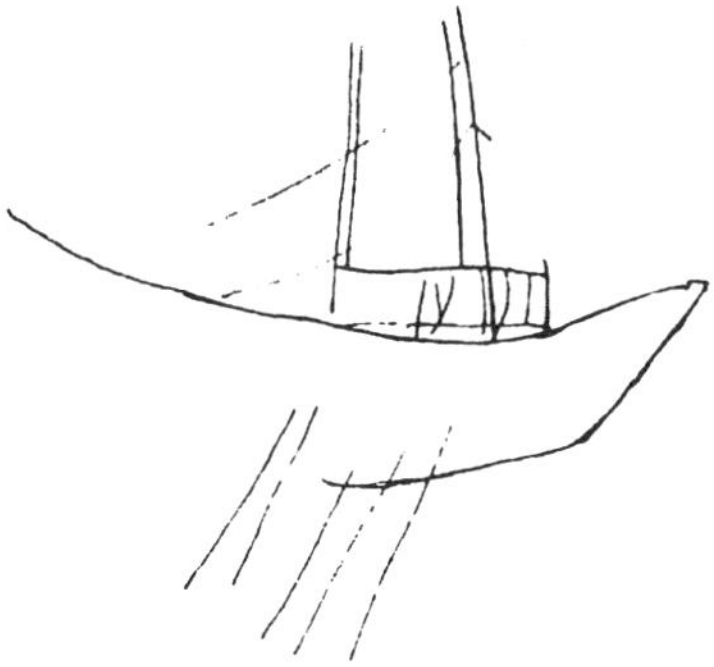

⑤ 壁画を明瞭にした船図 2

図11　阿古山古墳の壁面に描かれた船の線刻画

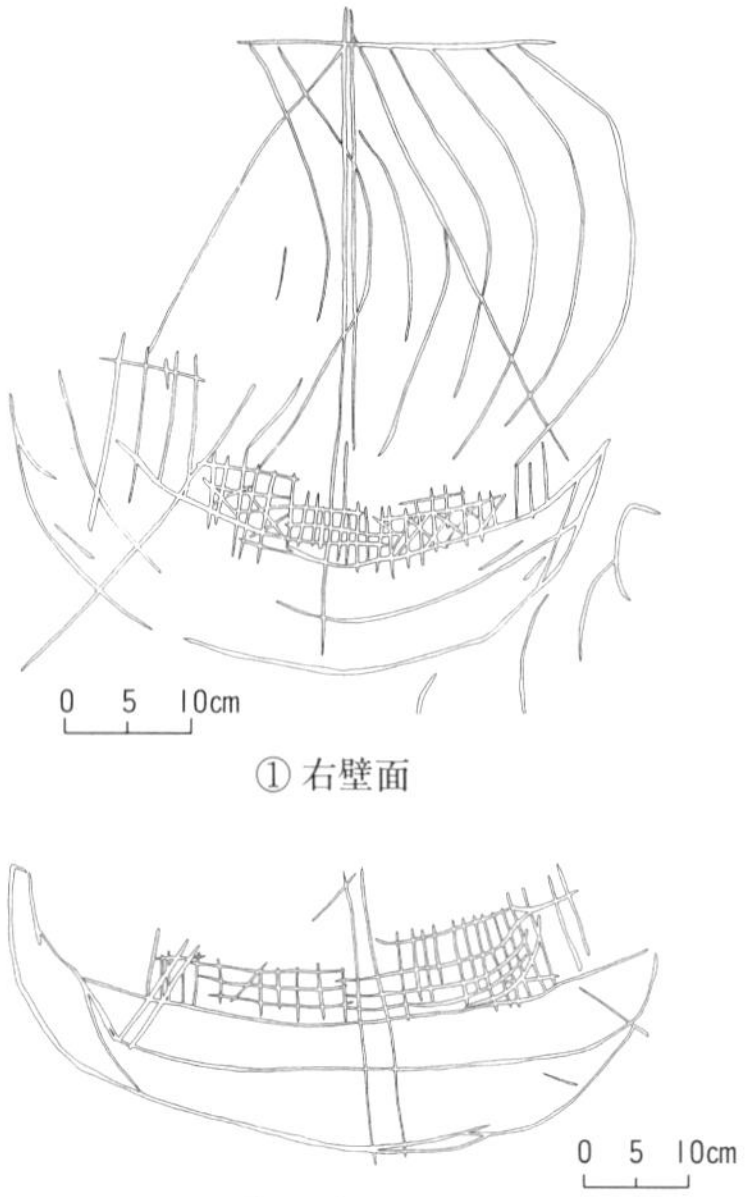

① 右壁面
② 石室天井
図12　岩坂大満横穴墓群に描かれた船の線刻画

しかしここで注目したいのは、後世の人々がイメージする船や碇とは、まさに阿古山二二号墳に描かれたような大和型船であり、碇爪をもった碇なのである。

### (2)　岩坂大満横穴墓群

千葉県富津市字岩坂に所在する岩坂大満横穴墓群の一号墓の羨道左奥壁の船や（図12の①）、同二号墓の天井壁に描かれた船も（図12の②）、近世の檜垣船といった大和型船を描いたものであり、古墳時代のゴンドラ型の船形とは、まったく異なる船形であることが分かる。

すなわち鳥取県の阿古山二二号墳や千葉県の岩坂大満横穴墓群の一号墓や二号墓に描かれた船の線刻画は、明らかに近世廻船の大和型船を描き、その碇の描写は鉄錨そのものを表している。つまり兵瀬古墳や高井田横穴墓群に描かれた、ゴンドラ型の船や礫に索を巻いたようなイカリなどではなかったのである。このことから、先にみてきた古墳内部に描かれたゴンドラ型船の線刻画は、描かれた当時の船形を忠実に再現したものであり、それは後世のものとはまったく異なるものであることが分かった。

## 第四節　古墳時代のイカリ

さて、これまで古墳時代のイカリについて考察する過程において、兵瀬古墳・高井田横穴墓群の壁画に描かれたイカリらしき線刻画を手がかりに、古墳時代のイカリが自然礫に索を巻いた程度の、ごく簡易的なものだったのではないかと推測し、これを検証するために、まず二つの線刻画に描かれたゴンドラ型の船が、はたして本当に古墳時代のものであるかどうかを考えた。そこで西都原古墳群の一六九号墳から出土した船形埴輪や、三重県松阪市の宝塚一号墳の船形埴輪を検討し、古墳時代の外洋船の特徴的がゴンドラ型の船形であることを見出した。

しかし、大和川近隣に位置する高井田横穴墓群に描かれた船の線刻画は、内水用の船を描いたものと思われることから、内水用の船形埴輪を探して対比する必要があった。そこで奈良県の寺口和田一号墳や大阪市の高廻り二号墳から出土した船形埴輪から、内水用の船も、やはりゴンドラ型であることを確認した。次に古墳内の線刻画が後世の追刻である可能性もあることから、後世の追刻とはどういうものかを鳥取県の阿古山二二号墳や千葉県の岩坂大満横穴墓群の一号墓、同二号墓に描かれた、明らかに後世の追刻と思われる船の描写について検討した。そこには近世廻船である大和型船を描き、碇の表現では爪をもった鉄錨の表現がなされていた。すなわち後世の追刻では、その当時の船を描き、その当時の碇を描いていることが分かった。

これらのことから兵瀬古墳や高井田横穴墓群に描かれた船の描写は、その当時使用されていたゴンドラ型の船を描き、イカリの表現においてもその当時のイカリを忠実に描いている可能性が高いことが分かった。そしてそのイカリの姿形とは、まさに自然の礫に索を巻いた程度の簡易的なものであった可能性が高いのである。

最後に、船形埴輪にイカリの表現を欠くのはなぜかについて考えてみたい。まず船形埴輪については、船体の

図13　広州漢墓から出土した陶器船の木石碇
広州漢墓から出土した陶器船の船首に木石碇の表現がみられる

みの出土であり、船の装具としての櫓や櫂、帆柱や帆布などはともなっていない。これらはもともとなかったのか、あるいは埋納当時はともなっていたものが、時の経過とともに喪失してしまったのかはわからないが、少なくともイカリを表したものはみつかっていない。しかし、もしその姿形が自然礫に索を巻いた程度のものであれば、ことさらそれを表現することは考えられない。

ここで中国の例をみてみよう。漢代の明器として墓室に副葬された陶器の船形品には、忠実に木石碇が表現されている（図13）。すなわち古墳時代のイカリも成形されたものなら、それは表現の対象になったはずである。それがないということは、古墳時代のイカリが繋船具として表現するにはおよばないほど、自然の礫に近い存在だったからにほかならないのである。しかし実際にイカリとしての機能は、船にとって必要不可欠なものであり、重要な装具であることに変わりはない。そこで線刻画の場面においては、構図の中でそれを表現し、ありのままの姿形を描いたものと思われる。それが兵瀬古墳や高井田横穴墓群にみるような、楕円形の物体に索を巻いた表現となって描かれたのではないだろうか。

## 第五節　文献にみる古代の沈石・重石

### （一）『万葉集』におけるイカリの表現

ここからは文献資料の中から、イカリの記述を抽出し、そこから古代のイカリの実態に迫ってみたいと思う。

まずとりあげるのは『万葉集』である。『万葉集』は仁徳天皇の頃から淳仁天皇の天平宝子三年（七五九）にいたる時代の短歌・長歌あわせて四五一六首を集めた、わが国最古の歌集である。その中に船（舟）の語を詠み込んだ歌は二八三首あり、その中でもさらに船の繋船具であるイカリを詠み込んだものは、わずかに三首のみで、それらは『万葉集』巻一一にみる次の三首である。

【二四三六】大船の香取の海にいかり下ろし、いかなる人か物思はざらむ
【二四四〇】近江の海沖漕ぐ船にいかり下ろし、しのびて君が言待つ我ぞ
【二七三八】大船のたゆたふ海にいかり下ろし、いかにせばかも　我が恋やまむ

それでは一首ずつみていこう。

【二四三六】
大船《おおぶねの》　香取海《かとりのうみに》　慍下《いかりおろし》　何有人《いかなるひとか》　物不念有《ものおもはざらむ》

【大意】香取の海に碇を下ろす、そのいかなる人も、物を思わないであろうか。

まず、「大船の」は、梶取《かとり》（かじとり）の意味があり、同音地名の「香取」に掛かる枕詞である。「香取の海」とは、茨城県霞ヶ浦の「香取」という説と、滋賀県高島郡の琵琶湖岸にある高島周辺の「香取」との両説があるが、場所を特定するには確たるものがなく、所在未詳といわねばならない。カヂトリをカトリともいったことは、「神代紀」下に、下総国の地名「香取」を「舵取《かじとり》」と記した例があり、「香取の海」とは、あるいは高島の「香取の浦」ではなく、茨城県の霞ヶ浦の「香取」の可能性も否定できないが、[5]「香取の海」という表現が巻七の一一七二にある「高島香取浦」に通じることから、滋賀県高島郡に比定する人が多いことも確かである。[6]

「いかり下ろし」まではイカの音を繰り返して「いかなる」を導く序詞である。また、「いかり下ろし」の「慍」の字は、当然、船の碇とは異なり、感情が鬱積する、恨みに思う、不平不満に思う、怒る、憤る、怒りに

思うなどの表現である。船の碇とは意味が違うが、同じ音である「慍」の字をあてて、船の碇を水中に沈めるように、怒りを鎮めるという意味が含まれている。これは、船の碇を「イカリ」の音で表現しているからこそ、「慍」の字に置き換えて意味をとらせることに成功しているのであって、この時代に碇の名称として「イカリ」が用いられ、発音されていたことが、このことからも分かるのである。

心の怒りを表す字で、沈石の借訓とし、イカの音を導いた序詞。「いかなる人か物思はざらむ」は、どんな人でも恋には悩むだろう、との意が含まれている。(7)

三句までは序詞であり、イカリオロシ、イカナルヒトカの音調を主とした歌であって、こうした素朴な音調は、民謡にしばしばみられ、おおらかな感銘を与えるものである。(8) 琵琶湖かあるいは霞ヶ浦か、この歌の場所は特定し難いが、いずれにしても湖という内水の船とその碇（慍）を詠みこんだものであり、繋船具をその当時からイカリと呼んでいたことは間違いない。

【二四四〇】
近江海《あふみのうみ》　奥滂船《おきこぐふね》　重石下《いかりおろし》　蔵公之《しのびてきみが》　事待吾序《ことまつわれぞ》

【大意】近江の海の沖を漕ぐ船が碇を下ろして港に隠れるように、人目を忍んであなたのお言葉をお待ちしている私です。

「いかり下ろし」は、船が沖合いで停泊する意で、人目につかないように遠く離れてじっとしている自分のたとえとしている。「しのびて」は、原文の「蔵」が、「隠」や「匿」などと同じ意味の字であり、『万象名義』に「深匿也」とある。人に知らせず心の内深く秘めるの意で、心の中で男の返事を待っている女性の歌と考えられる。(9)

「いかり下ろし」は、ここまでが「しのびて」の序詞になっており、「しのびて」の序からの続きは、船が港に隠れる意とも、碇が水中に隠れる意とも受け取れる。(10)したがって、序からの続きは、船が港に隠れるの意とも、碇が水中に隠れる意ともみられるのである。

「碇」の原文は「重」。『古葉略類聚鈔』には「重石」とあり、「重石」で碇を表すことは、二七三八番にもある。(11)注目すべきは、明らかに「重石」で「碇」を表現していることであり、二四三六番の「慍」とは、音が同じながら、明確に碇のイメージが確定されているので、この歌自体は、港に入港してから停泊する様子を歌ったものであろう。また、「漕ぐ」との表現があることから、この船は帆走ではなく漕走の船だったと思われる。「近江の海」とあることから、場所は明らかに琵琶湖であり、琵琶湖という内水で使用された船であることが分かる。

【二七三八】

大船乃《おおぶねの》　絶多経海尓《たゆたふうみに》　重石下《いかりおろし》　如何為鴨《いかんにせばかも》　吾恋将止《あがこいやまむ》

【大意】大船さえも、揺れる海に　いかりを下ろし　いかにすれば　わたしの恋は静まるだろうか。

「いかり下ろし」は、「いかに」を導く序詞である。「いかり下ろし」は、二四三六番と同様でもあるし、イカの同音繰り返しの序詞だが、意味のうえでも、心の動揺を静めようと努力することを表現したものである。「たゆたふ」は動揺する意。雲や波、または心理的状態についてもいうことがあり、「大船のたゆたふ見れば」（二九六番）などと使われる。第三句まで「碇」のイカから同音で「いかに」を導く序詞である。(12)「いかり下ろし」は心の沈静化の比喩でもあるのである。(13)

したがって、この歌は、大海の波に揺れる船の動揺にかけて、自分の心の動揺を表しており、加えて「いかり下ろし」で船の安定を表現しながら、自分の心を落ち着かせたいとの願望を表している。(14)

この歌もどこの場所を詠んだのかは未詳といわねばならないが、とくに「たゆたう海に（絶多経海尓）」とあることから、波高による揺れで安定しない様子を表現したものと思われ、内水というよりは大海原を表現したもののようである。

伊勢従駕の歌に「大海に島もあらなくに　海原の　たゆたふ海に　立てる白雲」（一〇八九）とあって、やはり海の波高を「たゆたふ」と表現しているので、この歌もまた海にイカリを下ろす様子を歌ったものと思われる。

ここで注目すべきは、琵琶湖のような水域で使用するイカリも、大海で使用するイカリも、同じように「重石」の文字で表現されていることであって、当時は「碇」をこの字で表現していたことをうかがわせる。

また、漢語の「碇」は音読みで「テイ」であるが、「イカリ（伊加利）」と音で表し、漢字では「重石」と表しているから、言葉としての「イカリ」が先にあって、その形態に合わせて漢字で表現したものと思われる。その形態とは、いわゆる碇爪となる爪（枝を備えた木）と、錘となる石を組み合わせた木碇などではなく、大きな自然石にそのまま藤蔓の索などを巻いたものか、あるいは自然石に孔を穿ち、そこに藤蔓などで作った索を通した程度の簡易加工を施したものであったろうと思われる。この点についてはのちに明らかにしてみたい。

### （2）『風土記』にみる沈石と重石

和銅六年（七一三）から、諸国に命じて郷土の産物や山川、原野の名前の由来、古老などによる伝承を綴ったものが、いわゆる『風土記』である。現存するものは『常陸国風土記』『出雲国風土記』『播磨国風土記』『肥前国風土記』『豊後国風土記』の五か国のみで、ほぼ完全に近いものは、わずかに『出雲国風土記』だけである。

この『風土記』において、イカリにふれた記述があるのは、『播磨国風土記』と『肥前国風土記』のみである。

①『播磨国風土記』

昔、大汝命の子火明命、心行甚強し。是を以て、父神患ひたまひて、遁れ棄てむと欲して、乃ち因達神山に到りたまひて、其の子を遣りて水を汲ましめ、未だ還らぬ以前に、即ち発船して遁れ去りたまひき。是に火明命、水を汲みて還り来て、船発去したまひしを見て、即ち大く瞋り怨み、仍りて風波を起して、其の船を追ひ迫む。是に、父神の船、能進行ずして、遂に打破られき。所以に、其處を號けて波丘といふ。琴の落ちし處をば、即ち琴神丘と號く。箱の落ちし處をば、即ち箱丘と號く。梳匣の落ちし處をば、即ち匣丘と號く。箕の落ちし處をば、仍りて箕形丘と號く。甕の落ちし處をば、仍りて甕丘と曰ふ。稲の落ちし處をば、即ち稲牟禮丘と號く。冑の落ちし處をば、即ち冑丘と號く。沈石の落ちし處をば、即ち沈石丘と號く。綱の落ちし處をば、即ち藤丘と號く（以下略）

これは『播磨国風土記』の餝磨郡の伊和里を述べた部分で、沈石を「いかり」と読ませている点に着目したい。

②『肥前国風土記』

同じき、天皇巡狩したまひし時、諸氏人等、挙りて落葉の船に帆を挙げて、三根川の津に参ゐ集ひて、天皇に供へ奉りき。因りて船帆郷と曰ふ。叉御船の沈石四顆、其の津の辺に存れり。此の中の一顆は〔高さ六尺（一八一・八㎝）、径五尺（一五二㎝）〕一顆は〔高さ四尺（一二一・二㎝）、径五尺（一五二㎝）。〕子無き婦女、此の二つの石に就きて、恭しく禮祈めば、必ず妊産むを得。一顆は〔高さ四尺（一二一・二㎝）、径五尺（一五二㎝）〕一顆は〔高さ三尺（九〇・九㎝）、径四尺（一二一㎝）〕亢旱《ひでり》の時に、此の二つの石に就きて、雩《あまごい》し、幵祈めば、必ず雨落れり。

これは肥前国船帆郷を述べた部分で、御船のイカリ四つが津に残され、それぞれの寸法が記入され、驚くことにはそのうちの二つは、安産祈願のご神体であり、朶石伝説の一つであるという。また残りの二つは雨乞い祈願のご神体となっている。それぞれの寸法は明記されているが、法量をあてはめてみると、どれもほぼ楕円形あるいは歪な円形の石で、三つともほぼ同じくらいの寸法であり、一つのみ高さがほかの石の半分、径は四尺とやや小型である。当時のイカリがどのような形状のものであったかという証であるといえよう。ここでも兵瀬古墳の石室に描かれた楕円形のイカリや、高井田横穴墓群に描かれたイカリなどを彷彿とさせる形状であることが分かる。

さて、朶石伝説の記述は、『筑前国風土記』にも同様のものがある。

> 怡土郡兒饗野。〔郡の西に在り。〕此の野の西に白石二顆有り。〔一顆は長さ一尺二寸（三六・三六cm）、太さ一尺（三〇・三cm）、重さ四十一斤（二四・六kg）、一顆は長さ一尺一寸（三三・三三cm）、太さ一尺（三〇・三cm）、重さ四十九斤（二九・四kg）あり。〕曩者、気長足姫尊《神功》新羅を征伐けたまはむと欲して、此の村に到りたまひしに、御身妊ませるが、忽に誕生れまさむとせしかば、登時此の二顆の石を取らして、御腰に挿み、祈ひたまひけらく、朕、西の堺を定めむと欲ひて、此の野に来著きぬ。妊める皇子、若し神にしまさば、凱旋りなむ後に誕生れませとのりたまひて、遂に西の堺を定めて、還り来まして、卽ち産みたまひき、誉田天皇《応神天皇》と所謂すは是れにませり。時人、其の石を號けて、皇子産石と曰ひしを、今訛りて、兒饗石と謂う。

大きさや重さまで記録されたこの石も、神功皇后の新羅征伐（渡海遠征）との関係にふれていることから、船戦の状況をうかがわせるものであり、あるいは石は、もともとはイカリであったかも知れない。なお、『風土記』では船がよく登場することから、欠損した部分に沈石（碇）の記述があった可能性は否定できない。

いずれにしてもこの頃のイカリに関する記述は沈石の表現であり、構造的にはかなり簡易なものであった可能性が高く、あるいは兵瀬古墳や高井田横穴墓群に描かれたような、自然石に索を巻いた程度のものであったのではないかと思われる。

## 第六節　船戸遺跡から出土した古代の碇

さて、これまで文献資料により古代のイカリについて論述してきたが、実際に古代のイカリとはどのようなものであったかを知る必要がある。そこで高知県で発見された、古代のイカリをとりあげてみたい。

高知県高知市から国道五六号線で、四万十川にかかる渡川大橋を渡り、県道具同下ノ加江線を宿毛市方面に向かい、支流の中筋川にかかる森沢橋を渡ると、高知県四万十市森沢に船戸遺跡がある。

高知県の南西部に位置する中村市（現在は四万十市）は、人口約三万六〇〇〇の幡多郡の中心都市で、近くを流れる四万十川によって形成された町である。四万十川は、日本最後の清流として知られているが、その支流は多く、とくに河口部にあたる中村市で合流する中筋川は、洪水時に四万十川の流水を逆流させ、大水害を引き起こすことで知られ、中筋平野を形成するなど中村市西部に大きな影響を与える河川である。

一方、幡多郡は高知県下においては、遺跡の密度の高い地域であり、旧石器時代までその源流をたどることができる。ちなみに旧石器時代の遺跡は九か所、縄文時代の遺跡も七〇か所を数えるなど、原始・先史時代から人々の生活が営まれていた地域であることが分かる。

中村市のこうした遺跡の分布は、四万十川流域、後川流域、中筋川流域の三地域に大別できる。船戸遺跡は中筋川流域の遺跡群に含まれ、中筋川右岸の森沢に所在しており、古墳時代の祭祀、中世の集落遺跡として知られる具同中山遺跡群から近く、弥生時代以降、中世まで続く風指遺跡や、中世の集落跡のアゾノ遺跡もほど近い。

この船戸遺跡の古代から中世にかけての遺構は、掘立柱建物跡、流路跡、ピット群である。その掘立柱建物跡から、砂岩質のイカリと報告された遺物が出土している。報告文によると長径三二cm、短径一八cm、重量二〇kgで、ほぼ柱状の扁平楕円形で、中央部に幅二cm、深さ一・五cmほどの溝が施されている（図14）。底部はほぼ扁平で、実測図ではこの溝が全体にめぐっているかどうかは分からない。両端もほぼ垂直になるように整形されているので、イカリとして使用されたのであれば、ほぼ原型どおりであろう。したがって索をこの溝に沿って巻きつけてイカリとしたものと考えられる。

柱穴の下から出土していることから、イカリとしての使用を終えたのち、柱穴の根石として再利用されたものと思われる。また、この住居跡からは瀬戸の灰釉陶器の口縁部が出土している。

船戸遺跡は、八世紀前半から九世紀中葉にかけての須恵器が、出土品全体の約半数を占めており、この時期を中心とする遺構と考えることができる。またさらに「船戸」の小字名や、中筋川を西から包み込むような、入江状の地形から判断しても、四万十川やその支流の中筋川を往来する、川舟などの中継地、あるいは停泊地としての役割を担ったものと思われる。出土遺物も古代、中世前期、戦国期まで存在するが、イカリと思われるものは、柱穴の根石に再利用されたものであることや、周辺から出土した須恵器が、八世紀後半のものを中心としていることなどからして、古代のものと判断されている。[15] したがってイカリであれば、四万十川やその支流である中筋川を往来した川舟のものとみることができる。

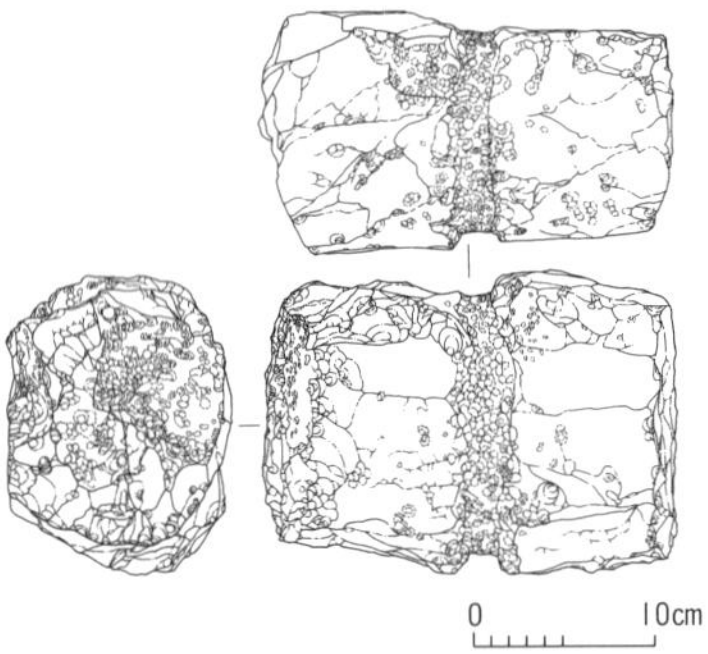

図14　船戸遺跡出土の碇

これが単体で使用されたものか、あるいは碇爪をなす木製部材と結合したものであったかはわからないが、もし単体で使用されたのなら、片面が扁平に整形されたのはなぜだろうか。また本体中央部に溝がめぐらせてあるが、あるいは碇爪を、碇石とともに緊縛することを想定したとみることもできる。いずれにしても古代の川舟のイカリであるとすれば、貴重な資料である。

## 第七節　イカリという名称

松永美吉氏の民俗例によれば、「イカリ」「イカル」は、福岡県では堰の水門のことを言い、静岡県志太郡では水の溢れることを言い、鳥取県東伯郡では湖や川の水の増すことを言い、東伯郡や青森県南津軽郡浪岡町七和では、増水や洪水も「イカリ」「イカリミズ」ということである。また、津軽以外では秋田、静岡でも洪水をイカリ、イカリミズと言い、使用例としては「大雨で水がイカル」などということだ。

さて、繋船具としてのイカリ（伊加利）については、「イカ」は古語の「イカ」（厳、重、茂）で、勢いが盛んな様、植物の繁茂する様、立派で厳しい、鋭く強い、激しい、大きいなどの表現として用いられる。語源説としては、「イ」は石で、「カリ」は「カル」（投入するという意味）からとするものや、「イカル」は「埋まる」からきている、とするもの、あるいは古代朝鮮語を起源とするものなど諸説がある。いずれにしても「イカリ」という音には、水との関係が深くイメージされているように思われる。このほかにも日本の古典文学の中には、さまざまな「イカリ」が出てくるが、次にその語源をたどってみたい（表1）。

新村出氏は、海中の暗礁をさす「イクリ」という語と、「イカリ」は同源とする説を立てている。すなわち海中の暗礁をさす「イクリ」という語であるが、海石《いくり》は『分類漁村語彙』(16)によれば、日本海岸の広い区域で用いられた名称であったという。この部分については、『分類漁村語彙』一七、地形に「クリ」として掲載されている。

表1　日本古典文学の中の「碇」

| 作品名 | 作品番号 | 巻号 | 検索文字 | 頁 | 行 | 内容 |
|---|---|---|---|---|---|---|
| 軽口福蔵主 | 46 | 7 | いかり | 117 | 213 | やれ碇よ、/熊手ハ |
| 太平記 | 45 | 35 | 碇 | 258 | 9 | 其夜ハ大物ノ浦ニ/碇ヲ下シテ |
| | | 35 | 碇 | 387 | 17 | 十餘人シテクリ立ケル碇ヲ安々ト引擧ゲ |
| | | 34 | 碇 | 382 | 15 | 向ヒ波荒カリケル間、碇ヲ下シテ澳ニ舟ヲ |
| 軽口星鉄炮 | 45 | 7 | 金碇 | 79 | 201 | (せき)ハ金碇仁太夫なり |
| | | 7 | いかり | 79 | 202 | 錠をのぞミければハ、金いかり出 |
| | | 7 | 金碇 | 79 | 205 | きよう、金碇仁太 |
| | | 7 | いかり | 79 | 206 | ふ花を出しける。かないかりこれを見て |
| 軽口あられ酒 | 43 | 7 | (金)かないかり | 17 | 5 | うのせき金いかり |
| | | 7 | (金)かないかり | 18 | 3 | (せき)金いかり |
| 狂哥咄 | 15 | 3 | いかり | 159 | 204 | (はらたち)(十二ウ)いかり、助言 |
| | | 3 | いかり | 163 | 16 | ふねにいかりをあげおろしする |
| | | 3 | いかり | 165 | 1 | 牙をあらハしいかりけるほどに |
| 肥前国風土記 | 7 | 2 | 沈石《いかり》 | 389 | 15 | (みふね)の沈石四顆 |
| 播磨国風土記 | 5 | 2 | 沈石丘《いかりをか》 | 271 | 2 | 沈石丘ヵ藤丘 |
| | | 2 | 沈石《いかり》 | 273 | 1 | け、沈石落ちし處 |
| | | 2 | 沈石丘《いかりをか》 | 273 | 1 | (すなは)ち沈石丘と號 |

国文学研究資料館による大系本文(日本古典文学・噺本)データベースによる。
出典：『日本古典文学大系』(岩波書店、1957年〜)、武藤禎夫編『噺本大系』(東京堂出版、1979年)

これをみていくと「クリ」とは次のようなものである。

日本海岸の広い区域にわたって、海中の隠れ岩をクリという。越後の出雲崎付近にイスズクリ・シワナグリ・マクリ、能登高屋の嫁グリ、一名磁石石、丹後興謝郡平田の沖の七つグリ、同竹野郡のササグリなどが、いずれもよく知られている。またキクリという地名も若狭にある。必ずしも海中の石だけに限らなかったと見えて、但馬の玄武洞を笈埃随筆には、竹グリ石またはタキグリ石とも記している。倭名抄に「湼」とは水中の黒土なり、久利とあるのは、実際とは合わぬようだが、長門の地名のクリには「碇」の字があててある。東京の詞にもクリ石またはワリグリなどがあるから、単に石の別名として用いた例もあるのである。

さて新村出氏の述べた、このような海底の隠れ岩の名称である「クリ」が「イカリ」の語源か否か、にわかには断じ難い。なお『分類漁村語彙』では、『和名類聚抄』の「涅」を引用しているが、『有坂本和名集』によれば、第二三染色部に「涅」が登場する。これによれば『類聚名義抄』「涅」に「クリ」「クリニスレトモ」「和ネチ」、『色葉字類抄』に「クリ　昨早反俗作具　涅同」（具は皂のあやまり）とあり、『鉅宋廣韻上聲皓韻』に「碇　碇隷又槽属亦黒　俗作碇早切」、『永禄八年寫二巻本色葉字類抄』に「碇　皂　涅同」とある。また、温故・易林本に「涅《くりにす》」、弘治二年本（「涅《くりにす》」水中黒土也）倭玉篇に「涅《ね》ソムル　クリ　ネツハカル」とある。『和名類聚抄』の第六海河部には、「鎔」を「イカリ」と読ませている。(17)

これらの資料からみていくと、「イカリ」の語源が海石「イクリ」からきているという説は、船を繫留するという、碇本来の大切な役目を表現しているとは言い難い。はたして海底の石と同義として、繫船具の名称を名づけるものだろうか、はなはだ疑問である。水中にある「イカリ（碇）」としての「重石」が、水底の岩と似ているからというのでは、あまりにも説得力に欠けるものではないだろうか。しかし、現状ではこれが碇の語源とし

てもっとも有力な説ということになっていることは間違いない。(18)

## 第八節　絵画資料にみる遣唐使船と碇の資料

独立した律令国家として歩み始めた大和朝廷は、東アジアに覇を唱える大国隋に対して、その存在を誇示し、あわせて仏教をはじめとする先進文化を取り入れるために、何としても海を越えて大陸に行かねばならなかった。そのためには船が必要であり、派遣すべき人材を確保しなければならない。『隋書』によれば隋の開皇二〇年（六〇〇）推古天皇八年に、日本から使者が来たことを伝えているが、日本側の記録では推古天皇一五年（六〇七）隋の煬帝のもとに小野妹子を遣隋使として送ったことになっている。

その後、隋からは答礼使である裴世清が来訪し、再び小野妹子が推古天皇一六年（六〇八）隋へ赴き、同二二年（六一四）には犬上御田鍬が隋へ遣わされている。したがって『隋書』の記載を数えれば四回の渡航ということになる。その後、隋の崩壊と唐の建国という大陸での政変を横目に、朝廷は一七回におよぶ使節団派遣を計画し、合計一五回大陸へ遣唐使を送ることになるのである。

さて、遣唐使船自体に関する資料は、当然のことながら稀少であり、それもすべて後世になって絵巻などに描かれたものである。長い時間を経過したのちに描かれた絵画資料が、どこまで当時の遣唐使船を忠実に描いているかは分からないが、それらを参考にしながら、その遣唐使船に描かれた碇もみていきたいと思う。まずとりあげるのは、唐招提寺所蔵の重要文化財である「東征伝絵巻」（全六巻）である。唐招提寺の開祖である鑑真和上が律宗を伝教するために苦難を乗り越えて来訪したその生涯を描いたもので、永仁六年（一二九八）に鎌倉極楽寺の開山大炊助入道忍性が、六郎兵衛入道蓮行に描かせたものといわれ、当時の宋元画の影響を強く受けた作品である。詞書筆者は、第一巻は美作前司宣方、第三巻は大炊助入道忍性、第四巻は足利伊予守後室、第五巻は嶋田民部大夫行兼である。この中で第四巻に描かれているのが唐に到着した第一〇回遣唐使船の姿である。中央に描かれたものが遣唐大使藤原清河を乗せた第一船であろうと思われる（図15）。そしてすぐ横の船に黒の束帯姿の副使吉備真備が描かれている。上方にも二隻の船、前方には船尾しかみえないが僚船と思われる遣唐使船が描かれている。注目したいのは中央の遣唐使船の左に描かれた碇巻き揚げ用の盤車と碇で、いわゆる両爪をもつ木石碇を描いている。一方、船尾側には朱色に描かれた片爪をもった碇らしきものがみえる。

図15　「東征伝絵巻」に描かれた遣唐使船とその碇

船尾だけをみせる僚船にもこの碇が描かれており、碇を巻き揚げるための盤車は描かれていないことから、人力で引き揚げ可能な碇ということであろう。それに比べて船首側の碇は盤車をもって引き揚げなければならないほど大型の碇ということになる。当時の唐船や新羅船でも船首には盤車を装備して、両爪をもった碇が表現されていることから、日本の遣唐使船もまた同様の碇を装備していたものと思われる。

通常、船首には両舷に一対の碇が装備されているので、遣唐使船もまたこれに習ったものと思われる。

船尾の碇らしきものは、片爪のもので、補助的な二番碇、三番碇に該当するものであろう。人力での揚収が可能であった点からして、船首に装備された一番碇より小型の碇と思われる。

次にあげるのは「華厳宗祖師絵巻」である。京都高山寺所蔵で、全六巻からなる。京都栂尾の高山寺は、明恵上人高弁が建永元年（一二〇六）に華厳宗の寺院として復興したもので、この絵巻は華厳宗を中国から新羅にもたらした、祖師の義湘と元暁の物語を描いたものである。現在は三巻ずつに分けられているが、本来は「義湘大師絵」四巻、「元暁大師絵」二巻からなる。寺内の画家の作品とみられ、宋画の影響を受けたもので、一三世紀前半の作といわれている。

図16 「華厳宗祖師絵巻」に描かれた碇

「義湘大師絵」の中心をなすのは、美女善妙の義湘への崇高な献身と愛であり、義湘の法を求める固い決意を知る善妙が、華厳の教学を得て帰国する義湘を慕い、みずから海に投身し龍に変じて義湘の船を守り新羅へと無事送り届けるところが描かれている（図16）。こちらも船首と思われる左前方の舷側に碇巻き揚げ用の盤車がみえ、両爪をもった「木石碇」がある。両爪をもつ碇爪のあいだには碇石と思われる直方体のものが描かれている。また右後方には船底から舵がのぞいている。船尾に碇は描かれていない。

船形は船首と船尾が立ち上がったゴンドラ型をしている。義湘と元暁はともに七世紀代を生きた僧侶であるから、遣唐使船と同じ時代に活躍した新羅船か唐船を描いたものと思われる。帆柱は二本で「東征伝絵巻」の遣唐使船と同様である。帆布は網代のようである。

さて、「東征伝絵巻」と「華厳宗祖師絵巻」をみてきたが、いずれも一三世紀代に描かれたものであり、遣唐使船や新羅船が活躍した時代を、どれくらい忠実に描いているかについては問題があるが、少なくとも繋船具の碇に関しては、さほど形態的変化はないと考えられることから、一三世紀代に普遍的に使用されていた碇の姿が、これらの絵巻には描きこまれていると考えられる。

とくに注目すべきは船首前方に描かれた碇巻き揚げ用の盤車の存在である。それまで人力で引き揚げていた碇は、当然、船の大型化にともない把駐力の増大が図られたであろうことから、もはや人力で碇を揚収することは困難となり、船首に装備された大型碇は、盤車による巻き揚げが必要になったものと思われる。これはおそらく中国や朝鮮半島の先進的な造船技術による知見であったのではないだろうか。その具体的な記録としては、『日本書紀』巻二五の孝徳天皇白雉元年（六五〇）の記録による「倭漢直懸白髪部連鐙難波吉士胡床及於安芸国使造百済舶二隻」の記載から、「百済船」という、当時朝鮮半島で造られていた大型外洋船の建造を、安芸の国に所在する造船技術集団（おそらく朝鮮半島からの帰化人たち）に命じて造らせたという記録がある。また、その後の遣唐使船建造についても、文武天皇四年（七〇〇）には周防の国に命じて船を造らせ、天平一八年（七四六）には、安芸の国に命じて船二隻を造らせ、天平宝字五年（七六一）にも、やはり安芸の国に遣唐使船四隻の建造を命じている。さらに宝亀二年（七七一）にも安芸の国に命じて入唐のための船四隻を建造させ、宝亀九年（七七八）には、唐の客を送る目的で、やはり安芸の国に命じて船二隻を造らせている。このように外洋を目指す船舶は、周防や安芸の国に造船が命じられ、大型船が建造されていったものと考えられる。そしてそれは船体だけでなく、船具である碇もまた、東アジア世界で主流となっていた木石碇が装備されたものと思われる。

この時点で、先史時代以来の自然石を簡易加工して索の緊縛のみで使用されていたイカリは、碇爪をもった碇へとしだいに変化していったものと思われる。

## 第九節　考察

これまで古墳時代と古代のイカリについて概観してきた。まず古墳時代のイカリについては、実物のイカリの資料がないことから、古墳に描かれた線刻画の中から船とイカリを描いたと思われる二つの例を示した。一つは長崎県壱岐市の兵瀬古墳の石室に描かれた大小二隻の船のうち、ゴンドラ型の大型船と、その船の船尾からのびる線に楕円形の物体が描かれていたものである。これを大型船とその船のイカリではないかとの仮説を立て、その可能性について論述した。まず兵瀬古墳に描かれた船の線刻画が、被葬者を埋葬した時代に描かれたものか、あるいは後世の人間が描いたものかを検討した。線刻画については後世の追刻という描き加えが懸念されるからである。そこで古墳時代の船とはどのようなものであるかをまず論証した。

古墳時代の船の参考資料として西都原古墳群の第一六九号墳から出土した船形埴輪をとりあげ、そこに丸木舟本体に波除けの舷側板をつけた準構造船の姿をとらえ、船首と船尾が立ち上がった外洋船の特徴を見出した。また類似資料として、三重県の宝塚一号墳から出土した船形埴輪についても検討し、やはり船首と船尾が立ち上がった、ゴンドラ型の船形であることを確認した。また両古墳に埋葬された被葬者は、太平洋沿岸部において、盟主的な役割を担った人物である可能性を指摘した。とくに壱岐島の古墳は玄界灘という外洋において活躍した、船を司る盟主的な被葬者が埋葬されたことは疑う余地がない。そして両者は船形がゴンドラ型という共通部分があることを指摘した。

しかしそれだけでは線刻画が後世の追刻である可能性は、拭いきれないので、反証として鳥取県青木町の阿古山古墳の石室に描かれた船の線刻画や、千葉県富津市字岩坂に所在する岩坂大満横穴墓群の第一号墓の羨道左奥壁の船、同二号墓の天井壁に描かれた船が、近世の北前船や檜垣船を描いたものであり、古墳時代の船とは異なる船形であることを示した。そしてこれらの古墳の線刻画が、明らかに後世の大和型船の船形を描き、その船からのびる線の先には爪をもつ碇が表現されていたことを指摘した。これらの地域は近世海運の沿岸航路帯にあたっており、右に挙げた線刻画はほぼ確実に後世の線刻である。そして後世に線刻された船形は大和型船のような帆船を描いていること、また碇のイメージは、鉄錨のような爪をもつものであることが分かった。すなわち、後世の人間が船を描く場合は、その時代に応じた船を表現し、碇も当時の鉄錨を表現したものであることを示したのである。したがって兵瀬古墳のゴンドラ型の船とそこから伸びる楕円形のものは、古墳時代の船とそのイカリを表現したものであることは、まず疑いないと考えた。

次に、外洋ではない内水用の船とそのイカリについても論及した。とりあげたのは大阪府柏原市に所在する高井田横穴墓群の「人物の窟」に線刻で描かれた船と、イカリと思われるものの表現である。まず船については兵瀬古墳と同じように船首と船尾が立ち上がるゴンドラ型であり、そこに描かれた中心人物の服装は、頭に冠をかぶり、腰帯をつけ、袴はズボンのような形で、両膝のところで脚帯として足が結ばれた、いわゆる古墳時代の貴人の姿を表現しており、まさしく古墳時代に描かれたものと確認した。また、奈良県北葛城郡新庄町に所在する寺口和田一号墳の船形埴輪と、大阪府八尾市久宝寺遺跡から出土した、内水用と思われる準構造船の船首部分を参考にしながら、古墳時代の内水用の船を考察し、船首に波除板がつく、ゴンドラ型の船であることを確認した。したがって、高井田横穴墓群の「人物の窟」に描かれた船とイカリのような表現もまた、古墳時代の被葬者への献供として描かれたものの一つであることが分かった。そして両者に描かれたイカリのような表現については、古墳時代のイカリを表現したものであること、それは碇爪のない、あくまでも自然礫に近い楕円形の礫に索を巻いた程度のものであり、外洋船も内水用の船もほぼ同様であることを論述した。

次に、古代のイカリについては、文献資料から考察を試みた。まずとりあげたのは『万葉集』である。その中からとくにイカリの表現が記述されたもの三首をとりあげて考察した。一つは香取の海の表現から、場所が茨城県の霞ヶ浦か琵琶湖の可能性を指摘した。また、もう一首はその舞台が琵琶湖であることを特定できた。さらに残る一首は「たゆたう」という波の表現から、外海の可能性を指摘した。そしていずれの表現も沈石をもって、「いかり」とよませていた。つまりこの時点で繋船具である碇は、伊加利と発音されており、字は形をそのまま表現した沈石や重石をあてていたのである。したがって、この時点でもやはりイカリとは、自然礫に近いものであった可能性が高いと指摘した。

次に、『風土記』の記述として『播磨国風土記』と『肥前国風土記』をとりあげて論述し、とくに『肥前国風土記』では、碇の形態や寸法が表現されていることから、その姿を想定し、兵瀬古墳や高井田横穴墓群の線刻画にみられるような、楕円形の礫と同様のものとした。すなわち当時のイカリにも爪などはなく、楕円形の礫であった可能性が高いことを論証した。

また、「伊加利」という倭語は、何を起源とするのかを検証した。少なくとも『万葉集』が編纂された頃には、船の繋船具をイカリと呼び、それは沈石や重石という字をあててきた。見た目そのままの表現である。では、イカリという発音は、何をもってそう呼んだのか。そして古代の倭語の中でイカリとは水に関係が深いことが分かった。またイは石のことでカルは投入する、埋めるという意味だとする説を紹介した。ほかにも古代朝鮮語に起源を求める説や、新村出氏による、海底の隠れ岩の名称であるクリがイカリの語源ではないかとする説を紹介した。「海石《いくり》」は『分類漁村語彙』によれば、日本海岸の広い区域で用いられた、海の暗礁の名称であるという。このイカリの語源が海石からきているという説に対しては、船を繫留するという碇本来の大切な役目を表現した言葉とは言い難いと思われるが、これ以上、反証の材料をもち得ないので、現状を紹介するにとどめた。

次に、七世紀初頭から派遣が開始された遣隋使、遣唐使について論及し、そこに使われた船とその碇を検証した。そこでは絵巻などに描かれた遣唐使船やその碇の姿から、当時の碇について論及した。資料としてとりあげたのは、鑑真和上が律宗を伝教するために苦難を乗り越えて来訪し、その生涯を描いた「東征伝絵巻」と、華厳宗を中国から新羅にもたらした、祖師の義湘と元暁の物語を描いた「華厳宗祖師絵巻」である。「東征伝絵巻」には第一〇回遣唐使の姿が描かれており、そこには遣唐使船が描かれている。「華厳宗祖師絵巻」は、経典を新羅に持ち帰る義湘の姿を描くもので、新羅船か唐船を描いたものと考えられる。そこに描かれた碇は、船首の盤車に巻かれた両爪のいわゆる木石碇であった。また「東征伝絵巻」には、遣唐使船の船尾に片爪の碇らしきものが描かれており、そこには碇を巻き揚げるための盤車は描かれていなかった。すなわち、この時点で、碇は明らかに片爪か両爪の碇爪をもったものへと発展していることが分かった。とくに両爪の碇爪をもつものは木石碇とよばれるものである。こうした碇の変化については、船の大型化にともなう碇の大型化と、それによる重量の増大、そして碇爪をつけることによって把駐力を高める狙いがあった。また重量の増した碇を巻き揚げるために、盤車を利用するという、東アジア世界の造船技術と船具の技術導入があったと考えた。

その一つとして、『日本書紀』巻二五の孝徳天皇白雉元年（六五〇）の記録による「倭漢直懸白髪部連鐙難波吉士胡床及於安芸国使造百済舶二隻」の記載から、「百済船」という当時、朝鮮半島で造られていた大型外洋船を、安芸国に所在する造船技術に長けた職能集団に命じて造らせたという事実をあげた。その時点で、碇もまた碇爪をもった木石碇という当時東アジア世界で普遍的に使用されていた碇が装備されたものと思われる。

次に、古代の碇として唯一、出土遺物として確認されている船戸遺跡の川舟のイカリを検討した。これは掘立柱建物跡から出土した砂岩質のもので、イカリとして報告されたものである。ほぼ柱状の扁平楕円形で、中央部に溝が施され、イカリとして使用されたのであれば、ほぼ原型を保ったままであろうと思われた。使用法としては繋船索を溝に添って巻きつけて使用したか、あるいは碇爪をなす木製部材と結合して使用したものと思われる。また、この遺跡は、八世紀前半から九世紀中葉にかけての須恵器を出土としていることから、古代の川舟などの中継地、あるいは停泊地としての役割を担った遺跡と考えられ、その当時のイカリが本来の役目を終えたのち、柱穴の根石として再利用されたものと推測された。

このように古墳時代においては、ほぼ自然礫に近い楕円形の礫に繋船索を巻いた程度であった碇は、古代の七世紀頃には「伊加利」という名称が与えられる。形態としては古墳時代に使用された自然礫に近かったものが、九世紀頃には、遣唐使船といった外洋を帆走する船舶において、船の大型化にともない、碇も木質の爪をもつ木石碇の段階へと進化したと思われる。すなわち遣唐使船にいたっては、東アジアの先進的な造船技術や航海技術、そして船具などが取り入れられたことにより、木石碇と呼ばれる両爪をもつ碇へと発展し、碇巻き揚げ装置である盤車まで装備するにいたった。これについては先に述べたとおり、絵巻などに描かれた遣唐使船の姿から推測することが可能であった。

# おわりに

これまで古墳時代と古代のイカリについて論述してきた。古墳時代のイカリについては、その実物がないことから、線刻画に描かれた船とイカリによって、当時のイカリの形態を復元した。そこでは外洋船も内水用の船も、同じように楕円形の自然礫に近いものに、索を巻いた程度のイカリを使っていたとの結論を得た。それは、古代において倭語でイカリと呼称され、漢字では沈石や重石の字をあてて表現されており、見た目の姿形を的確に表現したものといえた。イカリという呼称の起源についてはは、さまざまな見解があり、いまだ結論を得ないものの、沈石や重石といった漢字表記から、自然礫そのものの描写であることがわかった。しかし、外洋を遥かに越えて渡海する船が便用される九世紀頃には、碇の形態は飛躍的に発展せざるを得なかった。すなわち碇爪をもった木製部材との融合による、木石碇の登場である。遣唐使船を描いた絵巻には、船首に両爪の木石碇が、船尾には片爪の碇らしきものが描かれ、船首の碇には碇巻き揚げ機の盤車もついていた。これらは、当時の東アジア世界における先進的な造船技術を背景としたものであり、わが国には朝鮮半島を経由してもたらされた技術と考えられる。わが国では、その職能集団が安芸国に所在した渡来系の集団であり、大陸の造船技術をもって遣唐使船の建造にあたったものと思われる。

遥かに波頭を越え、外洋に乗り出して大陸へ渡海することのできる船舶は、こうした大陸の造船技術なしにはなしがたい課題であり、その船の装備品としての碇もまた、両爪をもった木石碇となり、揚収するために盤車と呼ばれる巻き揚げ機が備えられた。それはとりも直さず沈石や重石といった簡易的なイカリからの脱却を意味していた。

（1）『兵瀬古墳』（壱岐市文化財調査報告書第四集・市内遺跡発掘調査事業に伴う発掘調査、長崎県壱岐市教育委員会、二〇〇五年、山口信幸執筆部分）。
（2）大塚初重・小林三郎編『古墳辞典』（東京堂出版、一九八二年）。
（3）福田哲也「史跡宝塚古墳　本文編・図版編」（『三重県松阪市宝塚町・光町所在保存整備事業に伴う宝塚1号墳・宝塚2号墳調査報告書』松阪市教育委員会、二〇〇五年）。
（4）「大和型船」近世の国内廻船で活躍した和船。ベンザイ船、檜垣廻船、北前船などとして海上輸送を担った。
（5）小島憲之・木下正俊・東野治之校注／訳『萬葉集(三)』（新編日本古典文学全集八、小学館、一九九五年、巻第一〇～一四）。
（6）高木市之助・五味智英・大野晋校注『萬葉集　三』（日本古典文学大系六、岩波書店、一九六〇年）。
（7）小島憲之・木下正俊・佐竹昭広校注／訳『萬葉集(三)』（日本古典文学全集四、小学館、一九七三年）。
（8）土屋文明『萬葉集私注　六』（新訂版巻第一一～一二、筑摩書房、一九七七年）。
（9）前掲註（7）『萬葉集(三)』。
（10）佐竹昭広・山田英雄・工藤力男・大谷雅夫・山崎福之校注『萬葉集　三』（新日本古典文学大系三、岩波書店、二〇一四年）。
（11）同右。
（12）前掲註（6）『萬葉集　三』。
（13）前掲註（5）『萬葉集(三)』。
（14）前掲註（10）『萬葉集　三』。
（15）白川静『字訓』（平凡社、一九八七年）。
（16）柳田國男・倉田一郎『分類漁村語彙』（一九三八年一二月一日復刻原本、国書刊行会、一九七七年）。
（17）清水康行「碇の語源」（山口佳紀編『暮らしのことば語源辞典』講談社、一九九八年）。鈴木眞喜男・大熊久子編『有坂本和名集』（汲古書院、一九九三年）。
（18）前掲註（16）『分類漁村語彙』。
（19）「把駐力」繋船に要する碇の保持力を表す係数。

参考資料1　船を描いた古墳

| 番号 | 古墳名 | 場　所 | 墳　形 | 築造時期 | 壁画・線刻画の種類 | 描写壁面 | 描写法 | 備　考 |
|---|---|---|---|---|---|---|---|---|
| 1 | 日の岡古墳 | 福岡県浮羽郡吉井町 | 前方後円墳 | 6世紀前半 | ゴンドラ型の船と3～4本の櫂 | 奥壁 | 彩色画 | |
| 2 | 珍敷塚古墳 | 福岡県浮羽郡吉井町大字富永字西屋形 | 円墳 | 6世紀後半 | ゴンドラ型の船、人物、舳先の鳥、船の舳先近くの構造物 | 奥壁 | 彩色画 | |
| 3 | 原古墳 | 福岡県浮羽郡吉井町大字富永字原 | 円墳 | 6世紀後半 | ゴンドラ型の船、2人の人物、1人は弓をもつ、馬、舳先には円形の印、艫にも桿のような表現 | 奥壁 | 彩色画 | |
| 4 | 鳥船塚古墳 | 福岡県浮羽郡吉井町字富永 | 円墳 | 6世紀 | ゴンドラ型の船、舳先の鳥、船尾に櫓をもつ人、船首と船尾に帆柱様の構造物 | 保存壁面のみ | 彩色画 | |
| 5 | 五郎山古墳 | 福岡県筑紫野市大字原田 | 円墳 | 6世紀 | ゴンドラ型の船、人物、馬 | 奥壁 | 彩色画 | |
| 6 | 狐塚古墳 | 朝倉郡朝倉町大字入地字狐塚 | 円墳 | 6世紀末 | ゴンドラ型の船、櫂 | 後室の右壁 | 線刻画 | |
| 7 | 観音塚古墳 | 朝倉郡夜須町大字砥上字浦谷 | 円墳 | 6世紀後半 | ゴンドラ型の船ヵ、9隻以上ヵ | 奥壁 | 彩色画 | |
| 8 | 下馬場古墳 | 福岡県久留米市草野町大字吉木 | 円墳 | 6世紀後半 | 船ヵ、同心円、靭 | 後室の右壁 | 彩色画 | |
| 9 | 萩ノ尾古墳 | 福岡県大牟田市東萩尾町 | 円墳 | 6世紀後半 | ゴンドラ型の船、同心円、靭 | 後室の腰石 | 彩色画 | |
| 10 | 瀬戸口横穴14号墳 | 福岡県中間市垣生字瀬戸 | 横穴 | 6世紀後半 | ゴンドラ型の船、騎射人物、人物、左奥壁には日輪、鳥獣、 | 玄室の右奥壁 | 彩色画 | |
| 11 | 黒部古墳群6号墳 | 福岡県豊前市大字松江字御腰掛 | 円墳 | 7世紀 | 重ね描きされた船、後世の落書きの可能性もある。マストと船上の構造物を描く、櫂 | | 線刻画 | |
| 12 | 剣塚古墳 | 福岡県福岡市博多区竹下3丁目那珂町 | 前方後円墳 | 6世紀中頃 | 船 | 側壁 | 線刻画 | |
| 13 | 羅漢山横穴 | 福岡県中間市垣生字羅漢 | 横穴 | 7世紀 | 船、鳥 | 内壁 | 線刻画 | |
| 14 | 土居内横穴 | 福岡県中間市垣生字土居ノ内 | 横穴 | | 船、弓矢 | 奥壁 | 線刻画 | |

| | | | | | | | | |
|---|---|---|---|---|---|---|---|---|
| 15 | 竹原古墳 | 福岡県鞍手郡若宮町竹原諏訪神社境内 | 円墳 | 6世紀後半 | 船、馬、人物、 | 奥壁、前室奥 | 赤黒彩色 | |
| 16 | 倉永古墳 | 福岡県大牟田市大字倉永字甘木山 | 円墳 | 6世紀後半 | 船、人物、同心円 | 玄室奥壁 | 線刻画 | |
| 17 | 田代大田古墳 | 佐賀県鳥栖市田代本町 | 円墳 | 6世紀後半 | ゴンドラ型の船、人物、馬、盾、坏 | 玄室の奥壁 | 彩色画 | |
| 18 | 穴観音古墳 | 大分県日田市内河町字倉園 | 円墳 | 6世紀 | 左壁に2隻の船、右壁に1隻の船、人物、同心円 | 前室の左右壁 | 彩色画 | |
| 19 | ガランドヤ1号墳 | 大分県日田市石井町大字西園 | 円墳 | 6世紀後半 | ゴンドラ型の船、円文、四神 | 玄室の奥壁 | 彩色画 | |
| 20 | 伊美鬼塚古墳 | 大分県東国東郡国見町大字伊見 | 円墳 | 7世紀初頭 | 人物、船、左壁に鳥 | 奥壁 | 線刻画 | |
| 21 | 千金甲古墳1号墳 | 熊本県小島下町勝負谷 | 円墳 | 5～6世紀 | ゴンドラ型の船 | 奥の屍床縁部分 | 線刻画 | |
| 22 | 千金甲古墳3号墳 | 熊本県小島下町勝負谷 | 円墳 | 6世紀 | 靭、弓、ゴンドラ型の船、同心円 | 奥壁 | 線刻画 | |
| 23 | 石貫ナギノ横穴12号 | 熊本県玉名市大字石貫ナギノ | 横穴 | 6～7世紀末 | 船 | 奥壁 | | |
| 24 | 石貫ナギノ横穴17号 | 熊本県玉名市大字石貫ナギノ | 横穴 | 6～7世紀末 | 船、連続三角文 | 奥壁 | | |
| 25 | 石貫ナギノ横穴30号 | 熊本県玉名市大字石貫ナギノ | 横穴 | 6～7世紀末 | 船、連続三角文 | 庇部 | | |
| 26 | 石貫穴観音横穴3号 | 熊本県玉名市石貫安世寺 | 横穴 | 6世紀 | ゴンドラ型の船 | 屍床の仕切り部分 | 彩色画 | |
| 27 | 石貫古城横穴II群13号 | 熊本県玉名市大字石貫字城原 | 横穴 | 6～7世紀 | 梯子形、方形、帆船 | | 線刻画 | |
| 28 | 原横穴群10号墳 | 熊本県玉名市宮尾原 | 横穴 | 6世紀後半 | 船 | | 浮彫 | |
| 29 | 永安寺東古墳 | 熊本県玉名市玉名永安寺 | 円墳 | 6世紀後半 | 船、連続三角文、馬 | 前室左右前壁 | 線刻画 | |

| | | | | | | | | |
|---|---|---|---|---|---|---|---|---|
| 30 | 城迫間横穴群2号墳 | 熊本県玉名市溝ノ上迫間 | 横穴 | | 船 | | 線刻画 | |
| 31 | 大原9号墳 | 熊本県玉名郡岱明町野口 | | | 星、船、家 | 内壁 | 線刻画 | |
| 32 | 小原大塚横穴13号 | 熊本県山鹿市大字小原字大塚 | 横穴 | 6～7世紀 | 船 | 奥屍床仕切り | 浮彫 | |
| 33 | 小原大塚横穴39号 | 熊本県山鹿市大字小原字大塚 | 横穴 | 6～7世紀 | 靭、人物、船 | 羨道左右壁、右外壁 | 浮彫 | |
| 34 | 小原大塚横穴41号 | 熊本県山鹿市大字小原字大塚 | 横穴 | 6～7世紀 | 船、人物 | 右外壁 | 浮彫 | |
| 35 | 小原大塚横穴75号 | 熊本県山鹿市大字小原字大塚 | 横穴 | 6～7世紀 | 船 | 奥屍床仕切り | 浮彫 | |
| 36 | 長岩横穴群46号墳 | 熊本県山鹿市大字志々岐字長岩 | 横穴 | 6～7世紀 | 船 | 左外壁 | 浮彫 | 赤彩色 |
| 37 | 長岩横穴群108号墳 | 熊本県山鹿市大字志々岐字長岩 | 横穴 | 7世紀 | 船、人物、靭、弓 | 外壁 | 浮彫 | 赤彩色 |
| 38 | 弁慶ヶ穴古墳 | 熊本県山鹿市熊入1109 | 円墳 | 6世紀 | 人物、馬、舟 | 前室左右壁 | 浮彫 | 赤白青彩色 |
| 39 | 湯の口横穴群Ⅳ-3号墳 | 熊本県鹿木郡央町大字岩原字塚原 | 横穴 | | 舟 | 奥屍床仕切り | 線刻 | 赤彩色 |
| 40 | 桜ノ上横穴群Ⅰ-6号墳 | 熊本県鹿央町大字岩原字大野原 | 横穴 | 6世紀末 | 舟、人物 | 床仕切り | 線刻 | 赤白彩色 |
| 41 | 岩原横穴群Ⅰ-14号墳 | 熊本県鹿央町大字岩原 | 横穴 | | 船 | 床仕切り | 浮彫 | 赤彩色 |
| 42 | 岩原横穴群Ⅳ-3号墳 | 熊本県鹿央町大字岩原 | 横穴 | | 船 | 床仕切り | 浮彫 | 赤彩色 |
| 43 | 大鼠蔵東籠1号墳 | 熊本県八代市鼠蔵町大鼠蔵 | 不明 | 4～6世紀 | 船、靭、太刀 | | 線刻画 | 石棺 |

| | | | | | | | | |
|---|---|---|---|---|---|---|---|---|
| 44 | 宇土古墳 | 熊本県宇土市神馬町字宇土城三の丸跡 | 円墳 | | 鳥、木の葉、船 | | 線刻画 | 石棺 |
| 45 | 梅崎古墳 | 熊本県宇土市笹原町梅崎 | 円墳 | 6～7世紀 | 船 | 右壁 | 線刻画 | |
| 46 | 城崎古墳 | 熊本県宇土市城塚町 | 円墳 | 7世紀 | 船 | 左壁 | 線刻画 | |
| 47 | 仮叉古墳 | 熊本県宇土市恵塚町仮叉 | 円墳 | 7世紀中頃 | 船、木の葉文 | 左右壁 | 線刻画 | |
| 48 | 不知火塚原古墳1号墳 | 熊本県不知火町高良栗崎坊平 | 円墳 | 7世紀 | 船、木の葉文 | 天井石、内壁 | 線刻画 | |
| 49 | 桂原古墳2号墳 | 熊本県不知火町長崎白玉 | 円墳 | 7世紀初頭 | 帆船、波 | 羨道右壁 | 線刻画 | |
| 50 | 大田古墳 | 佐賀県鳥栖市田代本町字太田 | 円墳 | 6世紀後半 | 三角文、蕨手文、船 | 壁面 | 線刻画 | 赤緑黄彩色 |
| 51 | 天山横穴墳 | 佐賀県多久市東多久町納所 | 横穴 | 6世紀末 | 円文、船 | 壁面 | 線刻画 | |
| 52 | 勇猛寺古墳 | 佐賀県杵島郡北方町大字芦原 | 円墳 | 6世紀 | 格子文、人、船、家 | 壁面 | 線刻画 | |
| 53 | 長戸鬼塚古墳 | 長崎県北高木郡小長井町小川原浦名 | 円墳 | 6～7世紀 | 船 | 壁面 | 線刻画 | |
| 54 | 鬼屋久保古墳 | 長崎県壱岐郡郷ノ浦町浦安触尾越 | 横穴 | 7世紀末 | 船、クジラ | 壁面 | 線刻画 | |
| 55 | 大米古墳 | 長崎県壱岐郡郷ノ浦町初山東触字大米 | 円墳 | 6～7世紀 | 船 | 壁面 | 線刻画 | |
| 56 | 百田頭五号墳 | 長崎県壱岐郡芦辺町国分字百田頭 | 円墳 | 6～7世紀 | 船 | 壁面 | 線刻画 | |
| 57 | 双六古墳 | 長崎県壱岐郡勝本町立石字東触 | 前方後円墳 | 6世紀中頃 | 船 | 壁面 | 線刻画 | |
| 58 | 兵瀬古墳 | 長崎県壱岐市 | 円墳 | 7世紀初頭 | 船、碇 | 前室の腰石 | 線刻画 | |
| 59 | 高岩横穴群18号墳 | 宮城県志田郡鹿島台町56番屋敷 | 横穴 | | 動物、船 | 玄室 | 線刻画 | 赤白彩色 |
| 60 | 船玉古墳 | 茨城県真壁郡関城町大字船玉 | 方墳 | 7世紀中頃 | 家、船 | 奥壁 | | 赤白彩色 |
| 61 | 花園3号墳 | 茨城郡西茨城郡岩瀬町友部 | 方墳 | 6世紀末 | 靭、太刀、船 | 玄室奥壁 | | 赤白黒彩色 |

| | | | | | | | | |
|---|---|---|---|---|---|---|---|---|
| 62 | 虎塚古墳 | 茨城県勝田市東中根 | 前方後円墳 | 7世紀前半 | 舟、靫、円文 | 西壁 | | 赤彩色 |
| 63 | 幡バッケ横穴群6号墳 | 茨城県常陸太田幡町 | 横穴 | | 船、鳥、家 | 玄室 | 線刻画 | |
| 64 | 権現山下横穴群2号墳 | 茨城県水戸市下国井町 | 横穴 | | 船 | 玄室 | 線刻画 | |
| 65 | 地蔵塚古墳 | 埼玉県行田市若小玉 | 方墳 | 7世紀中頃 | 人物、馬、船、家 | 玄室奥壁 | 線刻画。 | |
| 66 | 鹿島横穴群8号墳 | 千葉県君津市大佐和町大字西和田小字鹿島 | 横穴 | | 馬、船 | 内壁 | 線刻画 | |
| 67 | 岩坂横穴群I-1号墳 | 千葉県富津市岩坂 | 横穴 | 7世紀 | 帆船 | 内壁 | 線刻画 | |
| 68 | 岩坂横穴群I-2号墳 | 千葉県富津市岩坂 | 横穴 | 7世紀 | 帆船 | 玄室 | 線刻画 | |
| 69 | 亀田大作谷横穴群1号墳 | 千葉県富津市亀田 | 横穴 | | 人物、馬、船 | 玄室 | 線刻画 | |
| 70 | 千代丸・力丸横穴群31号墳 | 千葉県長生郡長柄町力丸靭谷 | 横穴 | 7世紀後半 | 家、船、鹿 | 玄室 | 線刻画 | |
| 71 | 洗馬谷横穴群2号墳 | 神奈川県鎌倉市打越洗馬谷大六谷 | 横穴 | 8世紀 | 船に乗る人物 | 内壁 | 線刻画 | |
| 72 | 七石山横穴群12号墳 | 神奈川県横浜市戸塚区小菅ヶ谷町 | 横穴 | 6～8世紀 | 船、 | 玄室 | 線刻画 | |
| 73 | 久地西前田横穴群2号墳 | 神奈川県川崎市高津区久地 | 横穴 | | 船、人物 | 玄室 | 線刻画 | |
| 74 | 堂後下横穴群9号墳 | 神奈川県中郡大磯町国府本郷小字堂後下 | 横穴 | | 船、人物、楯 | 内壁 | 線刻画 | |
| 75 | 高井田横穴群II-12号墳 | 大阪府柏原市高井田 | 横穴 | 6～7世紀 | 人物、帆船、船 | 玄室内壁 | 線刻画 | |

| | | | | | | | | |
|---|---|---|---|---|---|---|---|---|
| 76 | 高井田横穴群II-27号墳 | 大阪府柏原市高井田 | 横穴 | 6～7世紀 | 人物、家、船、鳥 | 玄門 | 線刻画 | |
| 77 | 高井田横穴群III-6号墳 | 大阪府柏原市高井田 | 横穴 | 6～7世紀 | 人物、船、碇 | 羨道 | 線刻画 | |
| 78 | 美歎古墳41号墳 | 鳥取県岩美郡国府町美歎 | 円墳 | | 船、平行線 | 玄室右壁 | 線刻画 | |
| 79 | 美歎古墳43号墳 | 鳥取県岩美郡国府町美歎 | 前方後円墳 | | 船、格子、三角文 | 玄室奥、右壁 | 線刻画 | |
| 80 | 宮下古墳22号墳 | 鳥取県岩美郡国府町宮下 | 円墳 | | 船 | 玄室奥、右壁 | 線刻画 | |
| 81 | 鷹山古墳 | 鳥取県岩美郡国府町町屋 | 円墳 | | 船、魚、鳥、幾何学文、1.2mの巨大魚(目、口、鰓、鰭を詳細に描写) | 玄室奥、右壁 | 線刻画 | |
| 82 | 栃本古墳4号墳 | 鳥取県岩美郡国府町栃本 | 不明 | | 船 | 玄室左壁 | 線刻画 | |
| 83 | 空山古墳2号墳 | 鳥取県鳥取市久末 | 円墳 | 6～7世紀 | 鳥、魚、船、三角文、人物 | 玄室内面 | 線刻画 | |
| 84 | 空山古墳10号墳 | 鳥取県鳥取市久末 | 円墳 | 6～7世紀 | 鳥、魚、船、三角文、人物 | 玄室内面 | 線刻画 | |
| 85 | 空山古墳15号墳 | 鳥取県鳥取市久末 | 円墳 | 6～7世紀 | 船、魚、綾杉文 | 玄室奥、左右壁 | 線刻画 | |
| 86 | 空山古墳16号墳 | 鳥取県鳥取市久末 | 円墳 | 6～7世紀 | 船、鳥、平行線 | 玄室左壁 | 線刻画 | |
| 87 | 阿古山古墳22号墳 | 鳥取県気高郡青谷町青谷 | 不明 | | 船、碇 | 玄室左右壁、天井 | 線刻画 | |
| 88 | 吉川古墳43号墳 | 鳥取県気高郡青谷町吉川 | 円墳 | | 船 | 玄室右壁 | 線刻画 | 奥壁朱塗 |

| | | | | | | | | |
|---|---|---|---|---|---|---|---|---|
| 89 | 西穂波古墳９号墳 | 鳥取県東伯郡大栄町六尾 | 不明 | ５世紀 | 船、弓矢 | 玄室奥壁 | 線刻画 | |
| 90 | 西穂波古墳27号墳 | 鳥取県東伯郡大栄町六尾 | 円墳 | ５世紀 | 船 | 玄室奥、左右壁 | 線刻画 | |
| 91 | 十王免横穴群１号墳 | 島根県松江市山代町十王免 | 横穴 | ６～７世紀 | 船、弓矢 | 玄室 | 線刻画 | |
| 92 | 徳之島岸壁画 | 鹿児島県大島郡天城町瀬滝舟田 | 岸壁 | 10世紀頃 | 船 | 岸壁 | 線刻画 | |

# 第三章　「入唐求法巡礼行記」にみる碇(矴)

## はじめに

円仁こと慈覚大師は、大同三年（八〇八）に比叡山に登り、最澄のもとで天台教学を学んだのち、遣唐僧として唐に渡り、帰国後は、密教、法華経、阿弥陀信仰を国内に広めた。その業績は高く評価され、わが国初の大師号である「慈覚大師」が贈られている。

この円仁が遣唐使の一員として唐へ渡り、一〇年間の求法巡礼の旅を経て帰国するまでの記録が「入唐求法巡礼行記」である。全四巻にわたるこの記録は、東寺観智院所伝のものとされている。

嵯峨天皇の子息である仁明天皇により改元された承和元年（八三四）に企画された遣唐使は、前回の遣唐使節団の帰国から、実に三三年ぶりの派遣であった。実質的に最後の遣唐使となった承和の遣唐使節団は、承和元年二月二日、造舶使の長官に丹墀真人貞成、次官に朝原宿禰島主を命じて、遣唐使船を四隻建造したが、実際に渡唐したのは、そのうちの三隻で、帰国を果たしたのは、ただ一隻のみであり、残りの二隻は往路の段階で破損し、中国で廃棄された。その結果、多くの使節たちは、帰路のために調達した新羅船九隻で帰国することになった。

この円仁の残した「入唐求法巡礼行記」では、那の津（福岡県福岡市）を出て、東シナ海を渡り、中国沿岸に到着したのちの航海記録が克明に述べられており、帰路は山東半島を経由しながら、日本に向けて渡航しようとした中国沿岸航海の模様が記されている。とくに、沿岸部では寄せ波によって船が破損するなどの被害を受けながらの航海であり、そのさいの記録には、碇の使い方などもより克明に記述されており、古代船の用錨法の貴重な記録といわねばならない。そこで本章ではこの点に着目して論考を進めていきたい。

## 第一節　承和遣唐使節団の派遣にいたる経緯

ここで承和遣唐使節団について振り返ってみよう。まず、承和元年（八三四）正月一九日、遣唐使節団一行が任命された。使節団は持節大使に従四位上の藤原朝臣常嗣《つねつぐ》、副使には従五位下の小野朝臣篁《たかむら》、以下、判官の正六位上、藤原朝臣富並《とよなみ》・丹墀《たじひ》真人文雄・菅原朝臣善主《よしぬし》、準判官の正六位下、良岑《よしみねのあそんながまつ》朝臣長松、録事の正六位上、山代宿禰氏盛・大神《おおみわ》朝臣宗雄・高岡宿禰百興《ももおき》らであった。

持節大使藤原朝臣常嗣と、副使小野朝臣篁ら遣唐使節団は、二年後の承和三年（八三六）五月一四日に、難波の津を四隻の船団で出帆、瀬戸内海を航行して筑紫に到着し、同七月二日には四隻が揃って筑紫を出帆して唐土を目指した。

ところが対馬近海において遭風し、大使藤原朝臣常嗣が乗った第一船と、判官菅原朝臣善主の乗った第四船が肥前国に漂着した。また副使小野朝臣篁が乗った第二船も、遅れて肥前国松浦郡の別島《わけしま》に漂着している。残る第三船は、八月一日に、水手《かこ》一六人が対馬の南浦（現在の対馬市上県町《かみあがたまち》伊奈）に漂着。八月四日には、筏《いかだ》に乗って漂流していた九人も救助された。

第三船遭難の模様は、同船に乗り組んでいた真言請益僧の真済《しんぜい》が大宰府へ奏言した記録によって明らかであるが、これによれば、第三船も遭風によって舵が折れて航行不能となり、船頭の判官丹墀真人文雄ら乗組員一四〇人は、船とともに漂流、このままでは生死さえおぼつかないと判断した船頭の提案によって、船を壊して筏を作り、各々がそれに分乗して脱出することを選んだというのである。そして八月末に、船板を剝ぎ取られた本船が、対馬の南浦に漂着し、三名の生存が確認されている。したがって一四〇人の乗組員のうち、わずか二八人だけが生還するという痛ましい結果となった。

このような状況から、第三船は使用に耐えないとの理由によって破棄されるのである。そして残る三隻の遣唐使船は、その後、那の津へ回航され修理されることになった。

承和四年三月一九日、都に戻っていた大使ら一行が出発し、七月下旬までに再出発の準備を整え、三隻の船団が筑紫を出帆し、松浦郡旻楽埼《みみらくさき》(五島列島福江島の三井楽《みいらく》)を目指したが、またもや遭風によって第一船と第四船は壱岐島に、第二船は値嘉島《ちかのしま》に漂着したことが、七月二二日までに大宰府から朝廷に報告された。したがって二回目の渡航も失敗したのである。

三回目の渡航を目指していた翌年の承和五年(八三八)には、副使の小野朝臣篁が病気を理由に、その役目を放棄した。嵯峨太上天皇はこれを大いに怒り、本来ならば絞刑となるべきところであったが、その才能を惜しんで罪を減じ、隠岐島配流に処せられた。この出来事は、もともと小野朝臣篁と藤原朝臣常嗣の確執に起因したものともいわれている。

承和元年の詔から実に五年後の承和五年(八三八)、三隻に減じた遣唐使節の船団は、副使不在のまま、その座乗すべき第二船では、判官藤原朝臣豊並が指揮をとることになって、いよいよ筑紫を出帆したのである。この時、「入唐求法巡礼行記」を残すことになる円仁は、第一船に天台請益僧として乗り組んでいた。

## 第二節 承和遣唐使節団の航海

承和五年六月一三日、那の津で乗船した一行であったが、第一船と第四船は、順風を待って三日間同地にとどまっている。三度目の出直しとなる今回の出航には、ことのほか慎重にならざるを得なかったのであろう。

承和五年六月十三日。午時。第一第四両舶諸使駕舶。縁無順風、停宿三箇目。

(承和五年六月一三日。午時。第一・第四の両舶の諸使は舶に駕せり。順風なきによりて、停宿すること三箇目。)

一七日夜半に、ようやく陸風を受けて、いよいよ出帆したが、博多湾を横切ってまもなく、博多湾口に位置する志賀島(現福岡市東区)に着くと、そこで再び五日間停泊している。

十七日。夜半、得嵐風、上帆、揺艫行。巳時、至志賀嶋東海。為无信風、五箇日停宿矣。

(一七日。夜半、嵐風を得、帆を上げて、艫を揺がして行く。巳時、志賀島の東海に到る。信風なきが為に五箇日停宿せり。)

志賀島を出帆すれば、もうそこは外洋の玄界灘である。沿岸航路を進むにしても慎重にならざるをえなかったようだが、ようやく北東の順風を得て、早朝出航することとなった。

廿二日。卯時。得艮風、進發。更不覓澳。投夜暗行。

(二二日。卯時。艮《うしとら》(北東)の風を得て進発し、さらに澳を覓めず。夜暗に投じて行く。)

二二日に北東風を受けて志賀島を出帆した一行は、糸島半島から北松浦半島の沖合を進み、途中で寄港することなく、五島列島を目指したものと思われる。

二三日には五島列島の北端にある有救島（五島列島の宇久島）に到着した。そして見送りの人と別れを惜しみ、午後六時頃には東北風を得たため再び出帆した。これが最後の寄港地であり、この後は東シナ海を一気に駆け抜けるしかない。二隻の船はともに掲げる火を合図として連絡をとっていたようだ。

廿三日。巳時。至有救嶋。東北風吹。征留執別。比至酉時。上帆渡海。東北風吹。入夜暗行。両船火信相通。

（二三日。巳時。有救嶋に到る。東北風吹きて。征《ゆくもの》・留《とどまるもの》は別を執る。酉時に至る比、帆を上げて海を渡る。東北風吹き、夜に入り暗行して、両船は火信を相通ず。）

二四日には先行する第四船の船影を、水平線上にとらえている。その船影は三〇里（約一三㎞）遠方を、西方に向けて帆走していったと記録されている。そして午後一〇時頃、双方は火信で交信しようとしたらしいが、その光は星の瞬きのようだったと言い、暁の頃には、もうその船影すらみえなくなったと記されている。

廿四日。望見第四舶在前去。與第一舶相去卅里許、遙西方去。

（二四日。第四舶が前に在りて去くのを望見せり。第一舶を相去ること、三〇里許にして、遙かに西方に去りけり。）

そして二七日、ようやく海の色が白く濁りだしたことから、陸地が比較的近いことを知るのである。

## 第三節　長江河口における碇(矴)の使用例

承和五年（八三八）六月二八日、円仁の乗った遣唐使節団の第一船は、海水が黄色に変色したことによって、長江河口に到着したらしいことを知ったのである。そして陸地が近いことを知った第一船は、ここで海の測深をおこなっている。

廿八日。早朝。鷺鳥指西北雙飛。風猶不変。側帆指坤。巳時。至白水。其色加黄泥。人衆咸云、若是揚州大江流水。

(二八日。早朝。鷺鳥は西北を指して双《なら》び飛べり。風は猶変ぜざれば帆を傾けて、坤《ひつじさる》(西北)を指す。巳時(一〇時)、白水に至るに、其の色黄泥の如し、人衆は咸《みな》云う「是の若くなるは揚州大江の流水ならん」と。)

海水面の変色と測深によって長江河口に近づきつつあることを確認したわけであるが、ここで興味深いことは、測深には縄を巻いた鉄を錘として使っている点である。

以縄結鉄沈之。僅至五丈。経少時下鉄。試海浅深、唯五尋。

(縄を以って鉄を結び、之を沈むるに、僅かに五丈(約一五m)に至る。少時を経て鉄を下して海の浅深を試むるに、唯五尋(約四〇尺一二・四四m)なり。)

遣唐使船が石を主体とした碇を使用していた時代、すなわち鉄は貴重品であった九世紀前半の様子からすると、少し奇異な感じを受ける。なぜ石の錘ではいけないのだろうか。しかしそこには測深という作業の特殊性がうかがえるのである。

錘は小型である方があつかいやすく、なおかつ、なるべく垂直に降下しなければ、直下の水深を正確に測定することはできない。つまりゆっくり錘が降下していくと、水の流れなどによって計測索が斜傾し、正確な深度が測れない状況が生まれてくる。したがって測深用の錘は、小型で重くなければならない。その点では、石より鉄の方が比重が重く、測深に向いているとの理由から、鉄錘による測深がおこなわれたことが推測される。

そして、次の大使藤原朝臣常嗣の発言として記録されている言葉は、さらに注目に値する。

大使等懼。或云、将下石停。明日方征。

（大使等は懼《おそ》る。或いは云う、「将に石を下して停《とま》り、明日方《まさ》に往くべし」と。）

すなわち上級指揮者である大使藤原朝臣常嗣は、このまま進んで座礁することの危険性を指摘し、それを避け、碇を下ろそうというのである。さらに遣唐使船に積まれていた艇（二〇〇石以下の細長い舟）を出して、測深したのちに進むべきだといっている。ここでいう「石」とは、当然、碇のことである。あえて碇といわないのはなぜかという疑問は残るが、これはのちに論証する。

或云。須半下帆。馳艇、知前途浅深、方漸進行。

（或いは云う「須《すべから》く半ば帆を下すべし。艇を馳せ、前途の浅深を知りて方に漸進して行くべきなり」と。）

つまりここで明らかなことは、遣唐使船には少なくとも一隻以上の艇が積まれていたこと、そして深度が不確かな海域においては、その艇を先行させて測深を試み、本船座礁の危険性を防止していた事である。

この後、七月二日の早朝、上げ潮に押されてさらに陸岸近くに寄せられた遣唐使第一船は、船底が泥底に着底するまでになり、ついに長江河口の楊州海陵県白潮鎮桑田郷東梁豊村に到着した。

それは大唐暦の開成三年七月二日であった。しかしこの間、本船は操船不能の状態に陥っている。船が漂流し始めたのを知って、波風の激しさから沈没を恐れ「矴を捨て物を擲ちて」、観音・妙見を称えたといっている。すなわち動揺する船の安定を図るために、重量物を捨てており、碇もその例外ではなかったことが記されているのである。

怕船将沈、捨矴擲物。口　観音・妙見、意求活路。

（船の将に沈まんとするを怕《おそ》れて、矴を捨て物を擲つ。口には観音・妙見を称えたて、意《こころ》に活路を求む。）

逆巻く波浪と風に逆らって碇をうっても用をなさない（走錨の状態に陥ることを懸念した）という判断であろう。

船の安定性を確保するためには碇をも放棄したのである。

この碇を水中に下ろす動作では「下す」「擲つ」「沈める」「抛」という表現が出てくるが、「捨てる」はこの箇所だけである。前者の表現はいずれも回収するという前提の言葉であるが、後者は放棄するという意味合いが含まれている。したがって沈没回避のために重量物の一つとして碇をも投棄したと解釈すべきである。

そしてここでは「石」という表現ではなく、「矴」という表現が使われている。「矴」は円仁の言葉として書かれている点にも注目しなければならない。

## 第四節　新羅船による沿岸航路上における碇(矴)の使用例

承和五年（八三八）一二月三日、ようやく長安に到着した遣唐使節たちは、翌年の一月三日に参朝を果たし、閏一月四日には長安を離れて、二月一二日には蘇州に到着する。

しかし円仁の希望は受け入れられず、円載だけが天台山に入ることを許され、残り全員は帰国を言い渡されたのである。ここで遣唐使節たちは破損して使用不能となった遣唐使船を諦めて、九隻の新羅船を購入し、これに分乗して淮河《わいが》を東に進み、海州を目指した。

淮河は、多数の湖水と結ばれており、船は湖に入ったり、河に出たりと複雑な地形を航行し、淮河の河口である大江から海口を出て東海山にいたった。

その後、円仁は、大使の了解をとりつけて、求法のために不法を承知で残留を決意し、山東半島の東の端に位置する密州の大珠山で、船を離れて民家に隠れ、天台山と長安への密入を企画するのである。このくだりは「入唐求法巡礼行記」にくわしいが、本章では海路での碇の使用方法に限定して論考するので、割愛することとする。

さて、その新羅船による航海途中で、新羅船に搭載された碇を使う様子がくわしく記録されている。日本の遣唐使船ではないが、同じ時代に使用された船舶であるということ、さらには碇の使用方法を、逐一述べているので、きわめて興味深く、当時の用錨法を知る手がかりとなるため、くわしくみていきたい。

開成四年（八三九）二月二六日、新羅船を連ねて淮河の本流から離れて橋篭鎮の港に停泊した一行であったが、第二船は港に入らず、さらに淮河に沿って直行し、円仁の船から五、六里離れた橋篭鎮西南の淮河の中に停泊した。

廿六日、早朝、風変西南。打鼓発行。潮逆風横。暫行即停。午後又停。未時。第一船・第三船已下八箇船、自淮入港、至橋篭鎮前停住。第二船不入港。従淮直行、当鎮西南、於淮中停住。去余諸船。五六来里。

（二六日、早朝、風は西南に変ず。鼓を打ちて発行す。潮は逆い風横なれば、暫く行きて即ち停る。午後又発す。未時。第一船、第三船已下八箇の船は、淮より港に入り、橋篭鎮の前に到って停住す。第二船は港に入らず。淮より直行して、鎮の西南に当たる淮中に於いて停住す。余の諸船を去ること五、六里なり。）

そして子の刻、第一船の鼓を合図に、第二船も「矴を奉(挙)げ前に在って去く」とあり、各船が第一船の鼓による出港の合図を聞きつけて、淮河の中に停泊していた第二船も揚錨し、動き出したと記しているのである。

風吹東南。入夜稍正東。従海口、一船来。便問何処来。船人答云、従海州来。日本国第二舶以今月廿四日、出海州到東海縣。昨見未発云々。子時。聞第一船打鼓発。即第二船挙、在前去。

（風は東南に吹き、夜に入って稍《やや》正東となる。海口より一船来る。便《すなわ》ち問う、「何処より来たる」と。船人答えて云う「海州より来たる。日本国第二舶は今月二四日を以って海州を出て東海県に到る。昨日見るに未だ発せず云々」と。子時、第一船の鼓を打ちて発するを聞く。即ち第二船は矴を挙げ前に在って去く。）

橋篭鎮の港に停泊していたほかの船は、着岸して繋船索で繋留されていたので、揚錨の描写がないのだろう。なぜか淮河の中に停泊していた第二船の描写だけが、鮮明に記録されている。

翌二七日、まだ海口部には二〇里近くを残して到着せず、東北の風に変わったところで「矴を擲ちて停住す」とあって、ここで投錨して停泊している。時刻は牛の刻で、東北の風というから、逆風となる海風が吹き、停泊を余儀なくされた模様である。

廿七日。卯時。去淮口七十餘里。逆潮、暫停。餘船随後追来。風吹西南。衆人共言、縁淮曲廻、見風有変、近日風途、只応是西風云々。巳時。発行。午時。東北風吹。未到海口廿許里、擲矴停住暮際、艮風雷雨。

（二七日。卯時。淮口を去る七十余里、逆潮に逆って暫く停る。余船は後に随って追うて来たる。風は西南に吹く。衆人共に言う「淮の曲廻に縁りて風の変あるを見るも、近日の風途は只応に是西南風なるべし云々」と。巳時に行く。午時、東北の風吹き、未だ海口に到らざる二〇里許《ばかり》、矴を擲ちて停住す。暮際、艮風、雷雨とあり。）

帰国の途に着く九隻の船は、二九日には淮河の河口から海口に出て、海州管内の東海県東海山付近まで進出し、連雲港付近の澳《いりうみ》で停泊する。東方に胡洪島（西連群島の一部か）がみえると記録しているから、東シナ海を北上しつつあったようだ。

廿九日。平明。九箇船懸帆発行。卯後、従淮口出、至海口、指北直行。

（二九日。平明《あけがた》、九箇の船は帆を懸けて発して行く。卯後、淮口より出て海口に至り、北を指して直行す。）

到海州管内東海懸東海山東辺、入澳停住。従澳近東、有胡洪島。

（海州管内東海県東海山東辺に到り、澳に入って停住す。澳より東近くに、胡洪島あり。）

四月二日、帰国への航路について各船の船頭が召集され、協議がおこなわれた。第二船の指揮官である長岑宿禰は以下の意見を述べている。

四月二日。風変西南。節下喚集諸船官人。重議進発、令申意謀。第二船頭長岑宿禰申云、某大珠山計当新羅正西。若到彼進発、禍難量。加以彼新羅與張宝高興乱相戦。得西風及乾坤風、定着賊境。案舊例、自明州進発之船、為吹着新羅境。又従揚子江進発之所船、又着新羅。今此度九箇船、北行既遠。知近-賊境、更向大珠山。専入賊地。所以自此渡海。不用向大珠山去。

(四月二日。風は西南に変ず。節下は喚《よ》んで諸官人を集め、重ねて進発を議し、意謀を申べしむ。第二船の頭、長岑宿禰申べて云うに、「其の大珠山は、計るに新羅の正西に当たる。若し彼に到って進発せば、災禍は量り難し。加《しかのみならず》次彼の新羅は、張宝高と乱を興して相戦う。西南及び乾（西北）、坤（西南）の風を得れば、定めて賊境（新羅）に着す。今此度《このたび》九箇の船は北行せること既に遠し。賊境に近きを知る。更に大珠山に向かうは専ら賊地に入るなり。所以に此より渡海して大珠山に向かって去くことを用いず」と。)

ここで当時の日本人が地理の面で、ある程度正確に朝鮮半島の位置を理解していることがわかる。山東半島の端に位置する大珠山が、新羅の西にあたることから、そこから進発すれば、日本列島には到着せず、関係が悪い新羅に流れ着いてしまうと警戒しているのである。

また張宝高の乱を話題にしているが、まさにこの時、張宝高は新羅王子の神武王を助けて王位につかせようと戦乱のさなかであり、この後、すなわち開成四年の四月二〇日に、神武王が王位についているので、新羅国内の混乱という緊迫した状況も、遣唐使節たちは的確に掌握していたことになる。おそらく唐の官吏や、あるいは新羅船の乗組員からも、こうした刻々と変化する国際情勢に関する伝聞を入手していたものと思われる。

四月五日、不法在留をしてまでも求法を目指す円仁らを残して、九隻の船は東北方向に向けて出帆していった。

## 第五節　座礁時における碇(矴)の使用例

新羅僧と偽って雲台山の支山宿城山の西南麓の宿城村に隠れた円仁らは、結局は村老の王良と子巡軍中（辺境警備の分遣隊将校）によって正体が見破られ、海州四県都遊将の警備詰所に連行され、海州衙門に送致されてしまう。

また帰国の途についた九隻の新羅船も、第二船は準判官良岑朝臣長松の病によって、東海山の麓の海竜王廟下に帰還し、第三船は大珠山に漂着、ほかの船もそれぞれ離ればなれになっていた。そして円仁らは、この第二船に便乗することになる。

四月一一日、午後一〇時頃西南の風を受け、帆をあげて出港。東海県の西の海上を目指したものの、風にあおられて浅浜へと打ち寄せられると、たまりかねて帆を下ろし、櫓を漕いで波風にあらがったが、ついには浅瀬へと吹き寄せられ、船は海底の砂泥に船底をさらして身動きがとれない状況となってしまった。

四月十一日。卯時。粟（田）録事等駕舶。便発。上帆直行。西南風吹。擬到東海縣西、為風所扇、直着浅濱。下帆揺櫓。逾至浅処。下棹衝路跬。終日辛苦。僅到縣。潮落、舶居泥上。不得揺動。夜頭。停住。

（四月一一日。卯時。粟（田）録事等舶に駕す。便ち発し、帆を上げて直行す。西南風吹き。東海県の西に到らんと擬するも、風の為に扇られて、直ちに浅浜に着す。帆を下し櫓を揺がすに、逾々《いよいよ》浅処に至る。棹を下し路を衝って跬まる。終日辛苦して、僅かに県に到る。潮落ち、舶は泥上に居って揺動するを得ず。夜頭停住す。）

亥時。曳纜。擬出。亦不得浮去。

（亥時。纜《ともづな》を曳い。出でんと擬す。亦浮かび去るを得ず。）

「亥刻（二二時）。纜を曳いて出でんと擬す。亦浮かび去るを得ず」とあるのは、おそらく離礁するために満潮時を待って、艇から沖合にめがけて碇をうち、その纜を曳いたものと思われるが、結果は失敗に終わっている。そして一三日午後、西風に押され潮加減も味方したものか、ようやく船体が浮いて離礁し、船は東に流れ始める。この時、病に臥せっていた水夫が死亡し、蓆《むしろ》に包んだ遺体を、海中に沈め、いわゆる水葬を執りおこなったと記録している。

一四日になっても、沿岸の山影などはみえないものの、海がまだ白く濁っており、中国沿岸を離れていないことを確認している。

ところが一二時頃には、海の色が浅緑色に変色したことから、ようやく外洋に出たことを知ったのである。そして一五日、海の色は紺色となり、東南の風を受けながら、帆を北向きにして北を目指している。またこの時も水夫が死亡し水葬をおこなっている。

しかし一七日、雲霧が立ち込め、船は方向を見失い、唯一の頼りである海水の色は浅緑であって、白濁していないと記されている。「西北に向かって行く」「正北に向かって行く」「前路に島をみる」など、船中でも情報と意見が錯綜し、針路不確定の状況に陥ってしまったようだ。

当時の地文航法からいえば、当然「山だて」という陸上の指標を目印として船の位置を決定する方法がとられたはずであるが、沿岸から離れた海域ではそれができず、さらに濃霧によって遠望がきかない状況の中で、頼るのは海水面の変色だけだったというのである。

十七日。早朝。雨止。雲霧重々。不知向何方行。海色浅緑。不見白日。行迷方隅。

(一七日。早朝雨止み、雲霧は重々として、何方に向かうかを知らず、海色は浅緑にして白日を見ず。行くに方隅に迷う。)

なおかつ、波の状況が浅海のものに似てきたので、「縄を下して之を量るに、但八尋(一九・九m)あり」とあって、錘により水深を測定してみると二〇m弱であることから、「矴を下して停らんと欲すれども、陸を去ることの遠近をしらず」と記し、針路不確かな状況では危険だと判断し、碇を下して停船したいが、沿岸からの距離がわからないので不安だとしている。すなわち沿岸部に近いと座礁するのではないか、との不安を募らせていることがわかる。

海波似浅。下縄量之、但有八尋。欲矴停、不知去陸遠近。有人云、今見海浅、不如沈石、暫住。且待霧霽、方定進止。衆咸随之。不矴繋留。僅見霧下、有白波撃激。

(海波は浅きに似たり。縄を下して之を量に、但八尋あり。矴を下して停らんと欲すれども、陸を去ることの遠近を知らず。人ありて云う「今見るに海は浅し。石を沈めて暫く住まり、且霧の霽《はる》るを待って方に進止を定むるに如かず」と。衆咸之に随い、矴を下して繋留す。僅に霧下に白波の撃激するあるを見る。)

視界不良の濃霧下では、航行に危険があるとして、海の浅深を気にかけ、さらに海の色を頼りに、白濁すれば沿岸に近いと判断し、紺色であれば外洋との判断があったようだ。いずれにしても進退窮まった状況下に置かれたということであろう。

そして「人ありて云う「今見るに海は浅し。石を沈めて暫く住まり、且霧の霽るを待って方に進止を定むるに如かず」と」。「人」とはおそらく船の責任者なのだろう。その決断を受けて「衆咸之に随い、矴を下して繋留す」とあるからである。この記述からすると第三者は碇の俗称として「石」という表現を使い、円仁自身は、これを「矴」と正確に言い直していると理解すべきであろう。

さて、かれらはどこの沿岸かを心配していて、霧が晴れてようやく島影を確認すると、艇を出して射手（警備兵）二人と、水夫五人を派遣して状況を確認させている。初めは新羅の南辺と思ったようだが、島民によってそこが登州牟平県唐陽（郷）陶村の南辺と分かる。すなわち山東半島に達していたのである。

開成四年（八三九）四月一九日、明け方に北風が吹き始めたのを知り、「矴を揚げて南に出ず」と碇を揚げて南に出発している。しかし、未時というから午後二時頃には風が止み、「櫓を揺かし西南を指して行く」とあって、ここで新羅船が帆走できない場合は、櫓を漕いで推進力としていたことが分かる。櫂ではなく、あえて「櫓」と記してあるのは注目すべき点であろう。櫓も櫂も手動による船の推進具であるが、櫓は船尾側に縦方向に付き、櫂は船の側面についている。絵画資料などを参照しても船の側面から櫂がのびたものはないので、やはりこの時代の東アジア世界では櫓が主流であったと思われ、それが記録上で確認できる稀有な例である。

当時の外洋船舶は、ほとんどこのような帆走と櫓漕ぎによって推力を得る船で、絵巻などに描かれた遣唐使船や唐船、新羅船もすべて同じである。風が凪ぐ場合は帆走をやめて、人力による櫓漕ぎで推進していたものと思われる。

そして「申時、邵村浦に到り矴を下して繋住す」とあって、申時（午後四時）に邵村浦（現在の海陽の東方海岸）まで到達し、入江に入ろうとしたが波が逆流して進めなかったので、しかたなく碇を下ろして停泊している。

開成四年四月十九日。平明。天晴、北風吹。挙矴南出。未時。風止。揺櫓、指西南行。申時。到邵村浦、下矴繋住。

(開成四年四月一九日。平明。天晴れて北風吹き、矴を挙げて南に出ず。未時、風止み櫓を揺かし西南を指して行く。申時、邵村浦に到り矴を下して繋住す。)

櫓漕ぎでは推進力が足らず、入江からの引き波に逆らって、入ることさえできなかったというのである。

二〇日には新羅人が小船でやってきて、一行は張宝高による新羅王擁立の出来事を知ることになる。そして南風が吹き、潮が逆流し始めると、船が動揺してとどまることが難しくなったと記している。あるいは碇がきかなくなり、走錨状態に陥ったものかもしれない。そして「東西に往復揺振すること殊に甚し」とあって、横波を受けて船がローリングしている状況を表している。

二二日に挟抄(舵取)の一人が死に、その遺体を艇に乗せて嶋浦に置いたというから、埋葬したのであろう。陸岸から遠い場合は水葬しているので、水葬はあくまで非常時であり、陸が近ければ適地を選んで埋葬したことが分かる記録である。それは当時の航海途上における偶発的な死に対する、遺体の処置としての埋葬観念や、死者への哀悼の念の深さを知る指標ともいえよう。

二四日には霧雨が降り出し、「此の泊船の処に纜を結ぶに、纜断えたり。風吹きて浪高し」と記載しているから、このまま読めば、泊地の岸辺に繋船索を繋いだが、それが切れたと記しているようにみえるが、そのあとに「近日八個の纜を下してその三個の纜・矴は並びに断ちて落ちたり。余す所の纜は甚だ少なし」と書かれてあり、「纜」とは碇がつけられた繋船索の俗称であることが分かる。

廿四日。霧雨。此泊舶之処結纜。纜断。風吹浪高。近日下八箇纜。其三箇纜矴並断落。所餘之纜甚少。設逢暴風、不能繋住。憂怕無極。

(二四日。霧雨あり。此の泊船の処に纜を結ぶに、纜断えたり。風吹き浪高し。近日八個の纜を下して、其の三個の纜・矴は並びに断ちて落ちたり。余す所の纜は甚だ少なし。設《もし》暴風に逢わば、繋住すること能わず。
憂い怕極まりなし。）

つまり最近、八個の碇を海底に下ろしてそのうちの三個が切れ、碇を失ったというのである。まして残りが少ないというのだから、新羅船には最低八個の碇を積んでおり、その碇にはすべて繋船索が巻かれていたことが分かる。また、それを総称して「纜」と呼んでいた。

したがって大きさまでは記していないが、予備の碇を積んでおり、揚錨時に繋船索が切れたか、碇を結んだ索が解けたかの理由で、碇が回収できず、そのことがのちの記述の「設暴風に逢わば、繋住すること能わず。憂い怕極まりなし」となり、暴風雨が襲ってきたら、碇が少ないので、船を泊地にとめることができないから心配だというのである。

ここにいうところの碇が、すべて定型化した本来の碇なのか、それとも自然石に索を巻いた程度のものも含めているのかは分からないが、あえて円仁が「碇」という以上は、定型化したものと解すべきであろう。

二五日、風が吹き、霧も出て晴れ間がない。岸との連絡は艇か小船が交通船として利用されたのであろうが、地方官から魚や酒、地元の王教言なる村長からは酒や餅が提供され、そのお礼に官人（遣唐使節団の役職者であろう）からは綿などが贈られている。そして「此は船は多く、潜磯（暗礁）あり」と記しているから、付近の海上には船舶の往来が頻繁にあり、暗礁も多いので危険と判断している模様で、「浪に当たる毎に漂うて、纜を断ち矴を沈むること、五、六度なり」と悔やんでいる。

廿五日。風吹不定。霧気未晴。午時。昨日後岸帰去。押衛之判官、寄王教言、贈与於官人酒魚等。王教言亦自献酒餅等来。官人贈綿等。此泊多有潜磯、毎当浪漂、断纜沈矴、五六度矣。

（二五日。風吹いて定まらず、霧気未だ晴れず。午時。昨日岸を後にして帰り去れる押衛の判官は王教言に寄せて官人に酒魚を贈与す。王教言も且自ら酒餅等を献じ来る。官人は綿等を賜えり。比は舶は多く、潜磯あり。浪に当たる毎に漂うて、纜を断ち矴を沈むること五、六度なり。）

つまり打ち寄せる波で船が動揺し、海底の碇と連絡している繋船索が切れて碇を五、六個失ったと記しているのである。繋船索が切れるということは、碇本体が海底にきいているから切れているのであり、暗礁が多いという記述からすれば、海底面は岩礁地帯であり、着底した碇が岩場にはまり込んで回収できず、意図的に繋船索を切断したと理解される。いずれにしても海底の岩礁に碇がとられたことは間違いないであろう。

そこで船は午後三時頃には櫓を漕いで乳山を目指して泊地をあとにしている。しかし、またもや濃霧によって進行を妨害され、方向を失ったものか「矴を拋って停住す」とあるから、やむなく停船して碇をうち、仮泊したということである。

未後、揺櫓、向乳山去。出邵村浦、従海裏行。未及半途、暗霧儵起。四方倶昏、不知何方之風。不知向何方行。拋矴停住。

（未後、櫓を揺かして乳山に向かって去く。邵村浦を出て、海裏に従って行く。未だ半途に及ばざるに暗霧儵《にわか》に起こりて四方倶《とも》に昏《くら》く、何方《いずかた》の風なるかを知らず、何方に向かって行くかを知らず。矴を拋《なげう》って停住す。）

本来の泊地の場合は「繋住す」とあるから、「停住」とは、あくまでも仮に停船して、仮泊するという意味にとれる。そして波や風は夜通し吹き、船も動揺したことを述べている。

五月一五日、登州の押衛が船を訪れ、乗組員の人数を確かめている。そしてそれを記録し、州庁に報告するとあるから、外国船からの密入国を監視する狙いがあったのだろう。そして一九日、午前二時頃から雷鳴があり、稲妻が輝き大雨、大風となった模様で、「艫の纜は悉《ことごと》く断ちて、舶は即ち流出す。乍ち驚いて矴を下し、便ち停住するを得たり」とあって艫（船尾）から出していた纜が、ことごとく切れ船が流され始め、あわてて碇をうって船を止めたというのである。

五月十九日。夜此至丑時、雷鳴電耀、洪雨、大風。不可相当。艫纜悉断、舶即流出。乍驚下矴。便得停住。
（五月一九日。夜丑時に至る比、雷鳴り、電耀《かがや》き、浩雨・大風ありて相当たるべからず。艫の纜は悉《ことごと》く断ちて、舶は即ち流出す。乍ち驚いて矴を下し、便ち停住するを得たり。）

纜とは、『和漢船用集』によれば、「『纜』文選注に繫《つなぐ》レ船索《をなわ》也。船の舳に納《おさむ》る処の綱也。雑字大全篾纜《べつらん》と云は竹《たけ》索《なわ》を用る名なるべし。椶纜《そうらん》と云も椶櫚綱《しゅろつな》を用るなるべし。和名抄　度毛都奈」とあって、この場合の纜が陸岸に渡した繫船索なのか、先ほどの碇をつけた索かは分からないが、舳につけた何本かの纜が切れたので、急いで碇を下ろしたというのであれば、これは繫船索と考えた方がいいのであろう。荒天による波風で船が動揺し、繫船索が切れたと解すべきなのである。しかし緊急用の碇を何本使ったかは記録されていない。おそらく複数の碇を投入しなければ、船の流出は避けられなかったに相違ない。これ以降、荒天が続く。二一日には、西風をうけたので纜をといたが、風が止んだので、停泊地に戻って纜を結んでいる。これでわかるように、停泊地では碇でなく繫船索を岸に結んだようだ。

二七日には、意を決して纜をといてあえて出発したが、やはり風が安定せずしばらく進んで、また碇を下ろしている。夜少し風がでたため、また暫く進むと、風が止み、また碇を下ろして繫留している。つまり風具合で少し進んでは、停船し、また少し風がでれば進むという程度であったようだ。そのつど碇を揚げたり下ろしたりの揚錨作業がくりかえされたのだろう。

嵐風微扇。解纜強発。信風　感。暫行下矴。入夜嵐風微吹。懸帆漸行。僅嶋口、風止、不能發。下矴繋留。
(嵐風微に扇ぎ、纜を解いて強いて発す、信風の感なければ、暫く行いて矴を下す。夜に入りて、嵐風微に吹き帆を懸けて漸く行く。僅か島口にて風止み、発する能わず。矴を下して繋留す。)

廿八日。辰時、雲霧靄暗。石神振鳴。挙矴帰去。雨下辛苦。揺櫓進入桑嶋東南小海、有嶋、於此泊船。
(二八日。辰時、雲霧は靄暗として石神は振鳴す。矴を挙げて帰り去る。雨下りて辛苦なり。櫓を揺かし進んで、桑嶋の東南の少海に入る。島ありて比に舶を泊す。)

午前八時前後になって、いまだ雲霧は残って暗いものの、碇を揚げ、櫓を漕ぎながら進んでいる。桑嶋の東南にある少海に島影をみつけそこに仮泊している。

六月二日、天候は回復したが、風は吹いてこない。人々は望郷の念押さえがたく、ついには「矴を歩ませ強行するも、終日出で難し」といっている。この碇を歩ませとは、何を意味しているのであろうか。

六月二日。天晴。雖无信風、人々苦欲帰郷。歩矴強行、終日難出。晩際。為上帆而廻舶。忽然流去、将当磯碎。下矴盡力、僅得平善。
(六月二日。天晴る。信風なしと雖も、人々は苦しんで帰郷を欲す。矴を歩ませ強行するも、終日出で難し。晩際帆を上げんが為、舶を廻せしに、忽然として流れ去って将に磯碕に当たらんとす。矴を下し力を尽して僅かに平善なるを得たり。)

塩入良道氏は、この「矴を歩ませ」を「矴を引き摺り(1)」としているが、これでは船足をかえって奪うことになるので、あるいは碇を沖側まで艇で運んで投入し、これを手繰り寄せることによって沖に出ようとしたと考えるべきではないだろうか。

現代でも離礁するさいに用いられる方法であり、この方が話の辻褄があうように思われる。しかし、それでも「終日出で難し」だったわけである。そして夕刻、「晩際帆を上げんが為、船を廻せしに、忽然として流れさって将に磯碕（暗礁）に当たらんとす。矴を下し力を尽して僅かに平善（安全）なるを得たり」と言い、帆を上げようとして船を廻す（船首を回頭する）と、船が忽然と流れ出し、暗礁に乗り上げそうになったので、また碇を下ろして停船したというのである。つまり帆走のために風を受けようと碇を揚げたところ、急に船が流れ出したので、また碇を下ろして座礁を阻止したということは、逆に碇のききがよかったとみるべきであろう。

六月三日、西風が微妙に吹いたり止んだりして、帆を上げたり下ろしたりが度重なり、帆を下ろして櫓を漕いだりしながら、赤山を目指し始める。そしてようやく邵村浦を出る潮に乗り、浦口に向かって進み始めたところ、「潮は横走し、船は忽ち磯に当たる」。ここでは湾内にある湾流のために、操船がきかず磯に激突したようで、「棹を下して指し張れども、之を制する能わず」とあるから、離礁しようと、棹を海底にさしてみたが効果がないといっている。

また「底には潜石ありて相共に衝き当たる。岸磯、底石は相合して衝触し、舶は将に破裂せんとす」とあって、船底が磯と海底の石に擦られて、破損しそうだと述べている。そして「人は各々力を合わせて棹を指し、矴を歩ませて、共に曳きだすを得たり」と言い、やはり離礁のために船上から皆が棹をさして脱出を図り、「矴を歩ませて」すなわち碇を沖にうって、それを手繰り寄せることによって力を得て、脱出を図ったと考えられる。

そして「流れに随い出て海中に行き、停留す」とあるので、離礁に成功したということであろう。

三日。西風微吹。或吹或不吹。上帆下帆、三数度矣。或帆或櫓、遙指赤山去。従邵村浦、乗潮而行。乗浦口、潮横走、船忽当磯。下棹指張、不能制之。底有潜石。相共衝当。岸磯底石、相合衝触、船将破裂。人各合力、指棹歩矴、共得曳出。随流出行、海中停留。暮際大風浩雨、雷声電光、不可視聞。船上諸人振鋒斧大刀等。竭音呼叫、以遮霹靂。

（三日。西風微かに吹きぬ。或いは吹き、或いは吹かず。帆を上げ帆を下すこと三数度なり。或いは帆、或いは櫓にて、遙かに赤山を指して去く。邵村浦より潮に乗って行く。浦口に垂《なんな》んとして潮は横走し、船は忽《たちま》ち磯に当たる。棹を下して指し張れども、之を制する能わず。底には潜石ありて相共に衝き当たる。岩磯と底石は相合して衝触し、船は将に破裂せんとす。人々は各《おのおの》力を合わせて棹を指し、矴を歩ませて、共に曳き出すを得たり。流に随い出で海中に行き、停留す。暮際大風、洪雨、雷声、雷光ありて視聞すべからず。船上の諸人は鋒、斧、太刀等を振るい、音を竭して呼叫し、以って霹靂を遮る。）

六月四日、早朝に帆を上げて、しばらく進むと風が止み、碇を下ろして繋住している。

四日。早朝。上帆進行。暫行風止、下矴繋住。

（四日。早朝帆を上げて進行す。暫く行くに風止み、矴を下して繋住す。）

翌五日、午後一時頃、雷鳴が止んだものの、風の方向が定まらず、赤山の西くらいに到着していると思われたが、「潮は逆うて暫く停まる」というから、沿岸流のために進行が妨げられているのだろう。そしてまた逆風が船を襲い、帆を下ろそうとしたところへ、みたこともない黒い鳥が、船の周りを三回も飛び回ったものだから、人々は不吉な予兆と恐れ、また碇を下ろして停船している。古代の迷信深い状況を表している、といえばそれまでだが、再三、難破の危機を乗り越えた状況では、致し方ない状況といわざるをえない。

五日。遅明。懸帆進行。午後。到赤山西辺。潮逆暫停。俄爾之頃、又行、漸入山南。雲聚忽迎来。逆風急吹、張帆頓変。下帆之會、黒鳥飛来、遶舶三廻、還居嶋上。衆人驚恠、皆謂是神霊、不交入泊。廻舶却出。去山稍遠、繋居海中。北方有雷声。掣雲鳴来。舶上官人驚怕殊甚。（中略）雷鳴漸止、風起東西。下矴繋居。

（五日。遅明帆を懸けて進行す。午後、赤山の西辺に到り、潮は逆うて暫く停まる。俄雨《にわか》の頃に又行く。漸く山南に入るに、雲聚《あつま》りて忽ち迎え来たり、逆風は急に吹いて、張帆は頓に変ず。帆を下すの会に黒鳥飛来し、舶を遶《めぐ》ること三廻り、還って嶋上に居る。衆人驚き怪しみて皆謂う「是、神霊泊に入るを交さざるなり」と。舶を廻して却り出で、山を去る稍《やや》遠く繋ぎて、海中に居る。北方に雷声あり、雲を掣して鳴り来たる。舶上の官人は驚怕殊に甚し。（中略）雷鳴漸く止んで風は東西に起こる。矴を下し繋居す。）

六日、西北の風が吹き、赤山の泊地に入ろうとすると、風が順風なので「沈石を挙げて帆布を排比（整備）すれば、風止みて、浪猛し。さらに鎮石を沈めて未だ進入を卜せず（選定できない）」とあって、一時は沈石を引き揚げて帆を準備しようとしたが、風が止み波が猛しくなったので、沈石を投入し、さらに鎮石を下ろした、といっている。

六日、乾風切吹。擬入赤山泊。風合相順、仍挙沈石、排比帆布。風止浪猛。更沈鎮石、未卜進入。風波參差、行途不与心合。難辛之至、莫過此大矣。

（六日。乾風切りに吹く。赤山の泊に入らんと擬す。風は合《すべ》て相順う。仍って沈石を挙げて帆布を排比すれば、風止みて、浪猛し。さらに鎮石を沈めて未だ進入を卜せず。風波は参差として行途は心と合せず。難辛の至り比過ぐるほど大なるは莫し。）

ここでは「沈石」「鎮石」といった表現が出てくる。「入唐求法巡礼行記」の補注を著した塩入良道氏は、鎮石とは「矴だけでは潮にながされるので、纜に石を結んで海中に沈め矴の補強に使用したものか[2]」と述べているが、はたしてそうであろうか。まず船の碇の補助となるような大型の石を、そんなに何個も積んでいるものだろうか、との疑問がある。また波浪が激しくなった荒天時に、纜に石をまいた程度のもので、はたして補強となるものなのか、との疑問も残るのである。

これは碇の種類をいったものと解すべきで、たとえば一番碇、二番碇のように、碇を大きさによって区別し、用途によって区別するのは、洋の東西を問わない。

たとえば大航海時代の帆船には、最大級の錨を「神聖錨」と称して、通常時は使用せず、船がもっとも危機的な状況となった緊急時に、投入する。また宋代の船について記述した蒲壽庚は「矴石は正（＝大）副（＝游）二個を備ふ。倶に船首に在り。藤索を以つて之を維ぎ、轆轤によりて之を上下す」としている[3]。つまり、中国では碇の大きさによって呼び名が違い、用途も違っていたのである。大航海時代の帆船がそうであったように、唐代の中国船や新羅船、そして遣唐使船の碇にも、ほぼ同様の区別があったものと思われる。したがって「沈石」との「鎮石」は、碇そのものであり、一番碇、二番碇、三番碇……の別称であったろう。そして「沈石」は二番ないし三番以降の通常の碇であり、「鎮石」とは、一番碇すなわち搭載された最大の碇にして、緊急かつ最後の頼みとしてなげうつ、いわゆる大航海時代の「神聖錨」と同様の大碇の名称と考えられるのである。

現代の錨を例にとると、まず常用の錨である船首錨（パワーアンカー）は、船首の両舷に備えられた錨で、錨泊時や船足を止める時、あるいは回頭するなどの操船補助に用いる。次に予備大錨（シートアンカー）は、船首付近に備えつけられた錨で、いわゆる予備の錨である。次に中錨（ストリームアンカー）というのがあり、これは船首錨の三分の一ぐらいの重さで、船尾付近に置かれ、船が仮泊するときや揺れ回りを防ぐさいに用いる錨である。最後に小錨（ケッジアンカー）は、中錨とほぼ同じ用途で使われるが、重さは中錨の二分の一程度である。そのほかにも端艇用の（ボートアンカー）、掃海用としてものを引っ掛ける四爪錨（グラブネル）がある。つまり現代でも錨には大小・軽重があって、それぞれの用途に使い分けており、古代でも各々に名称があったと考えるべきであろう。

## 第六節　文登県清寧郷赤山村における碇(矴)の補充

七日、一行は、ようやく赤山の東辺に到着した。そこには裏山に赤山法花院という寺があった。そこは張宝高が建てた寺で、張の荘田もあって粥飯などを振舞われている。円仁、惟正、惟暁らはこの寺の閑房にしばらく泊まっている。

そして二二日、大風が吹き、暴風雨は夜通し荒れ狂った。

廿二日。大風暴雨。通夜不止。

（二二日。大風暴雨あり。通夜《よもすがら》止まず。）

廿三日。早朝。巡看山寺。抜樹折枝、崩巌落塁石。従泊舶処、水夫走来云、舶当麁磯、悉已破損。艀艇壹雙並皆破散。乍聞恠无極、便差専使遣泊舶処、令看虚実。其舶為大風吹流、着麁磯。柂板破却。艇一雙並已摧裂。舶当乎磯三四度、鴻涛如山。纜矴不繫、与波流出。自西岸而到東岸。風吹逾切。漂揺更劇。下鏘為矴。矴纜纔沈、近岸繫留。船上諸人心迷不喫、宛似半死。両日之後。帰到舊泊、補綴艀艇。

（二三日。早朝。山寺を巡看す。樹を抜き枝を折り、巌を崩し塁石を落とす。舶を泊《とど》むる処より水夫が走り来たって云う、「舶は麁磯《あらいそ》に当たりて悉く已に破損せり。艀艇壱隻は並びに皆破れ散ず」と。乍ち聞いて怪しむこと極まりなし。すなわち専使をば舶を泊むるの処に遣わし虚実を看せしむ。その船は大風のために吹き流されて鹿磯に着し、栰板は破却し、艀一隻も並に已に摧裂《くだけさけ》たり。舶は磯に当たる三、四度、鴻涛《おおなみ》は山の如し、纜と矴は繋れずして波とともに流出し、西岸よりして東岸にいたる。風吹くこと逾《いよいよ》切《しき》りにして漂揺はさらに劇《はげ》し、鏘《かね》（金具）を下して矴と為し、矴纜はわずかに沈め岸に迫って繋留す。船上の諸人は心迷うて喫わず、宛《あたか》も半死に似たり。両日の後に旧泊に至り、艀艇を補い綴《つづ》れり。）

翌日、停泊していた場所から、水夫が急を知らせにやって来た。船が荒磯にぶつかって破損し、艇も壊れたというのである。円仁らは半信半疑であったが、それは事実で「其の船は大風のために吹き流されて鹿磯に着し、栰板（舵）は破却し、艇一雙も並に已に摧裂せり。舶は磯に当たる三、四度、鴻涛は山の如し。纜と矴は繋れずして波とともに流出し、西岸よりして東岸にいたる」とあって、船が波風によって陸岸に打ち寄せられ、舵を破損し、艇も壊れ、纜や碇は波によってさらわれてしまった、と記している。かなりの損害がでたのは間違いない。そして「風吹くこと、逾切りにして漂揺はさらに劇し、鏘を下して矴と為し、矴纜はわずかに沈め岸に迫って繋留す」とあるから、碇を失った以上は金属のものに索を巻いて碇の代用とし、碇索は緊張するのでなく、ゆとりをもたせ長めにとって岸よりに繋留したとしている。碇の代用に金属製品を使うなど、いかにも緊迫した処置といえよう。またその後、艀艇も修理された。

廿六日。分頭令矴取、及施料之材覓。自去四月起首、雲霧暗塞、風雨不止。一両日晴。還更雲塞。

（二六日。頭を分かって矴を取らしめ及び施料の材を覓む。去る四月より起《はじ》めて、雲霧は暗塞して風雨は止まず。一両日は晴るるも、還更に雲て塞がる。）

二六日、「頭を分かって（手分けして）矴を取らしめ及び施料の材（舵を造る材料）を覓む」とあって、消失した碇の代用品を探す必要ができ、「矴をとらしめ」ている。すなわちこれは磯に転がっている手ごろな石を探してきたととらえることができ、当時の碇が決して複雑に加工されたものでなかったことが分かる。同時に舵の材料を伐採に行っているから、当然、碇爪になるような爪の材（木の枝分かれの部分を利用）も伐採したにちがいない。ただの石を拾ってきたのなら、円仁がわざわざ「矴」の表現を使わないはずである。なぜなら前述したように、第三者が碇の通称として「石を沈める」などの表現をしても、円仁は、わざわざ「矴」と言い直しているからである。この場合もただの海浜に転がっている石を拾っただけならば、あえて「矴をとらしめ」とはいわない。ここは形態として正規の碇に相当するものを造ったと解釈すべきであろう。そして当時の船には船大工が常住し、このような緊急の場合は、現地にあるもので、さまざまな船材を調達し造っていたことが分かる。

鹿児島県の屋久島には、その昔、しばしば中国船が来航し、島の木を伐採して船の欠損部分を補強し、その名残に使い古しの銭を残していった記録がある。このことからも分かるように、当時としては当然の行為であり、その意味では碇もその例外ではなく、都合の良い錘となる石をみつけ、碇爪となるような適度な材を伐採し碇として加工したものと思われる。

この後、円仁の求法の旅は続くが、航海の記述に碇の表現が出てくるのは、最終的に帰国の途につく大中元年（八四七）五月九日までなく、最後の記述が以下のくだりである。

九日。発。縁風変東南、去大朱山不遠、於瑯琊台与斎堂与島中間抛石住、経四宿。

（九日。発つ。風は東南に変ずるに縁り、大珠山を去ること遠からず、瑯琊台と斎堂島との中間に、石を抛って住まり、四宿を経たり。）

瑯琊台は、その昔、秦始皇帝の巡幸でも知られる地である。山東半島の付け根部分にあたる諸城県東南一三〇里の瑯琊山にあって、その三面は海に囲まれており、地文航法によるところの海上からの目標物としては格好の場所である。

斎堂島も青洲府に属する島と思われるが、現在もなおこの島の特定まではいたっていない。しかし山東半島沿岸のごく近い位置にあったと思われる島(斎堂島)との中間点で、碇を下ろして仮泊したようである。

ここでは「石」の表現が使われている。あるいは簡易な自然石を粗加工した程度の碇であった可能性もあるが、ここは碇の俗称と考えるべきであろう。そして船は四日間この位置にとどまり、大陸沿岸を離れて日本へ向かい、円仁はついに承和一四年(八四七)九月一〇日、日本の領海に浮かぶ、小値賀島に到着する。実に一〇年ぶりに帰国を果たすことになるのである。

十日。平明。向東遙見対馬嶋。午前前路見本国山。従東至西南、相連分明。至初夜到肥前国松浦郡北界鹿嶋泊船。

(一〇日。平明東へ向かって遙かに対馬島を見る。午前、前路に本国の山を見る。東より西南に至り相連って分明なり。初夜に至りて肥前国松浦郡の北界鹿嶋に到って船を泊す。)

「鹿嶋」には、長崎県の北松浦郡内の小値賀島(五島列島)、伊万里湾口に浮かぶ鷹島、さらに佐賀県の東松浦半島の近くに浮かぶ加唐島、加部嶋、神集嶋などの候補地があるが、東に対馬を望み、前に本国の山を見て、松浦郡の北界にある「鹿嶋」というのであるから、このような表現から読み解けば、小値賀島とすべきであろう。

また、小値賀島の前方湾は天然の良港であり、当時は外洋船舶の避難港としても使われていたようで、前方湾の海底からは多くの碇石が発見されている。はるばる東シナ海を進んできた船舶が仮泊する適地であったと思われる。

## 第七節　「入唐求法巡礼行記」にみる碇(矴)に関する記載と考察

慈覚大師円仁が記録した「入唐求法巡礼行記」の中に出てくる、碇の描写に着目し、その碇の使用法を検討した。まず着目したのは碇の呼び名である。承和の遣唐使節団大使であった藤原朝臣常嗣の言葉として「将に石を下して停り、明日方に往くべし」と記録されており、円仁は後日、これを「矴」と書き著している。その後も開成四年（八三九）四月一七日の記録に「人ありて云う「今見るに海は浅し。石を沈めて暫く住まり、且霧の霽るを待って方に進止を定むるに如かず」と」とあって、円仁以外の人物が碇を「石」と表現するのを、円仁はわざわざ「矴」と自分自身の言葉に置き換えているのである。すなわち「碇」は当時「石」という俗称をもちあわせていたのであろう。しかしそれは碇爪を備えた碇のことであったとみるべきである。しかも円仁が「矴」としているところをみると、碇爪が片側のみのレ字の碇身をもつ片爪碇だった可能性もある。

次に「鎮石」や「沈石」の表現を、碇の補助的な繋船具として、自然礫に縄を巻いたものという、塩入良道氏の補注だが、これは碇の種別を表す名称と考えるべきで、「沈石」とは通常使用される碇の名称、「鎮石」とは船の安全を保つために使用される非常用の大碇ではないかと考えた。それも盤車で揚げ下ろしする木石碇と考えたい。つまり当時の遣唐使船、新羅船、唐船のいずれもが、装備した碇を、その場面、場面に応じて使い分けていた、と考えたのである。

また、碇の使用法として「碇を歩ませ」とは、碇を利用した用錨法で、激しい湾流を乗り切るため、沖合に沈めて盤車で巻き揚げながら推進力を得る方法であり、沿岸の岩礁に衝突することを回避するため、碇を下ろしてブレーキをかけるなどの作業を適切におこなっている点に注目したい。そしてこれをおこなえるようになった契機は、盤車という碇巻き揚げ機の登場にほかならない。そしてこの技術力は東アジア諸国の先進的な造船技術、航海技術の摂取と考えられるのである。

さて、開成四年六月二六日の記録を最後に、円仁の記録から「矴」の記載はみられない。

ここでいままでの記録に記載された碇の使用法を整理してみたい。記録の中からは、碇の名称にさまざまなものがあることが分かる。

まず「矴」という表現は、承和五年六月二九日から翌年の六月二六日まで、実に二二回登場する。次に「石」という表現は承和五年六月二八日、大使の言葉として登場し、そして翌年の四月一七日の記録に、「人ありていう「今見るに海は浅し。石を沈めて暫く住まり」」とあり、最後は帰国の途についた大中元年（八四七）五月九日に鄧琊台と斎堂島との中間において、「石を拋って住まる」というものがある。

この三か所に出てくる「石」という表現だが、前二者は、いずれも円仁からすれば第三者の発言として記録している。最後の帰途につく船中における記述だけが、円仁の言葉として「石」と書かれているのである。

次に「沈石」は同年六月六日に「沈石を挙げ帆布を排比すれば」とあり、同じく「鎮石」も「さらに鎮石を沈めて未だ進入をトせず」と、いずれも一か所のみしか出てこない。そして「沈石」「鎮石」ともに円仁の言葉として書かれている。

つまりこの「入唐求法巡礼行記」に記載された碇の表現は、圧倒的に「矴」であり、それは円仁自身の言葉として書かれているところに注目したい。つまり「石」という表現は矴の簡易的なものとみるよりは、矴の俗称とみるべきで、円仁はそのことを伝えるために、あえて「石」とは「矴」のことであると説明しているのである。

次に「沈石」や「鎮石」は前述のとおり、碇の種類を表したものと考えたい。そうでなければ円仁の記述は従来の通り「矴」という表現だけでよかったはずである。それをあえて「沈石」「鎮石」としたのは、そこに碇の使い分けが存在したからにほかならない。つまり古代の繋船具である碇は、すでに東アジア諸国においては、使い分けが普遍的におこなわれており、その用途によって大きさや重さが決められていたということになる。それをうながしたものは、やはり船の大型化と航海技術の進歩であったと思われるのである。

碇の使用法で気になるのは、六月二日の「矴を歩ませ強行するも、終日出で難し」である。この碇は、邵村浦から出るために、碇を沖側になげうって曳き出ようとした描写であると考えられる。そのためには艇に碇を乗せて沖側に沈めるような手段が講じられたと考えられる。

一方、六月三日の記載にある「矴を歩ませ……」は、逆に、いわゆるブレーキをかけたと解釈すべきであろう。碇は停船中に海上に停止するだけでなく、脱出用の支点として抛ち、時にはそれを巻き揚げたり、船の行き足を鈍らせるために、走錨状態で懸架し、ブレーキとして利用したという、用錨法の好例といわなければならない。

こうした碇の使用法は現代にも受け継がれており、錨を使って船首の方向を変える「用錨回頭」、錨を使って離礁する「用錨離礁」、船の行き足を鈍らせたり、荒天時に船を安定させるために、錨索を短くとって水中に下ろし、シーアンカーとするなどの方法がある。ただし、古代船において、これができるようになった理由は、先にも述べた通り、盤車すなわち揚錨機が開発装備されたからといわねばならない。

こうした碇索の調節や、碇の投入から巻き揚げにいたる重労働が、盤車の登場によって、飛躍的に軽減され、碇の利用範囲が増したことにも注目しければならない。そしてその知見が現代にも生かされているのである。

## おわりに

これまで慈覚大師円仁の記録である「入唐求法巡礼行記」に記録された、承和の遣唐使節たちの渡海の様子や、旅の途中での航海の記録を通して、遣唐使船と新羅船における碇の使用方法について論述してきた。

古代における海事資料として、とくに碇について、これほど忠実にしかも詳細に記述した資料は、ほかに見当たらないといっても過言ではない。それは円仁自身の体験談であるとともに、生死をかけた旅の記録であり、円仁の目と耳に残った印象的な事象が記録されたからにほかならない。

当時の航海方法は、帆走や漕力により航行する、自然の天候に左右されやすいものであり、とくに荒天時においては、難破という危険性を常にはらんだものであった。そのとき船とその乗組員を救う、唯一の手立ては、船に積まれた碇の適切な使用法にあったことは論をまたないであろう。

したがって、とくに航海技術を熟知していない僧侶である円仁といえども、船の難破という身の危険をはらんだ事象である荒天時においては、碇の使用方法に関心が払われ、かなり印象的に、しかも事細かく描写したといえるのである。これは船具の一部といえども「碇」という存在が、とくに生死を分かつ、重要な位置を占めた存在であったことの傍証といえよう。

それでは、「入唐求法巡礼行記」から読みとれた、当時の航海方法や用錨法をまとめてみよう。

(1) 測深には鉄製の錘を利用していた。測深はかなり慎重におこない、場合によっては艇を先行させて測深させていた。

(2) 地文航法がきかない濃霧などでは海水面の色の変化によって陸地が近いか否かを判断していた。

(3)「石」とは当時の碇の俗称である。円仁はこれを「矴」と言い直している。「矴」は爪をもつ木石碇のことで、碇爪が片側のみのレ字の碇身をもつ片爪碇だった可能性がある。

(4)「沈石」「鎮石」とは、碇の種類を表す言葉であり、「沈石」とは常用の碇で、「鎮石」とは非常用の大碇のことである。また、両爪をもち盤車で揚げ下ろしする木石碇であったと思われる。

(5)「矴を歩ませる」とは、碇を利用した用錨法で、激しい湾流を乗り切るため、碇を沖合に沈めて盤車で巻き揚げながら推進力を得る方法であり、時によっては沿岸の岩礁に衝突することを回避するため、碇を下ろしてブレーキをかけるなどの作業を指す場合もあったと思われる。

(6)「纜」とは、単に船首の繋船索というだけでなく、碇をつけた碇綱のことであり、碇は通常五、六本を装備していた。

(7)碇を失った時は、近くの海岸へ立ち寄って、碇の材料を採取し、碇身となる木材を切り出して加工し利用していた。

以上が「入唐求法巡礼行記」の記録からわかった碇の使用例である。これらは古代の船舶においても碇の機能を十分に活用し、その適切な使用法によって船の運航を掌っていた状況がよくわかる資料といえよう。

(1)塩入良道補注/足立喜六訳注『入唐求法巡礼行記』一・二(東洋文庫、平凡社、一九八五年)。
(2)同右。
(3)桑原蔵『蒲壽庚の事跡』(岩波書店、一九二五年)。

【参考文献】

小野勝年 『入唐求法巡礼行記の研究』(鈴木学術財団、一九六九年)。
上田 雄 『遣唐使全航海』(草思社、二〇〇六年)。

# 第四章　中世の碇

## はじめに

西日本各地で発見される中世の碇石は、従来、「蒙古碇石」として知られていたが、近年、その形態にかなり多様性があることや、使用される石材に差異があり、それらを一括して論じることへの矛盾が指摘されている。また、これまで確認されている碇石は、中国沿岸部から、南はフィリピン、最北はサハリンにまでおよんでおり、単に蒙古襲来との関連だけでなく、鉄錨発達以前の繋船具としての碇石を再評価する必要があると思われる。

また、わが国は、文永一一年（一二七四）と、弘安四年（一二八一）の二度にわたり、蒙古襲来、いわゆる元寇の災禍を受けたが、中でも弘安の役では、その外征艦隊が、九州西北部において未曾有の大暴風雨に遭遇し、壊滅した痕跡が、今もなお、長崎県松浦市鷹島町沖の海底から確認されている。

とくに碇石は、博多湾周辺で発見される角柱対称型のものとは異なった、左右対称に分離した一対型であることが分かっている。また付近の海底から出土する陶磁器類の産地が、現在の福建省近郊の窯で生産されたものであることや、宋代に流行した湖州鏡の出土などから、鷹島出土の碇石に関しては、南宋滅亡後に元軍（蒙古を主力とする日本遠征軍）に編入された、旧南宋海軍のものではないかとの推測がなりたつ。またそれを実証するかのように、碇石の石材が福建省の泉州地域で採石される花崗岩であることも、分析の結果明らかとなったのである。そこで本章では、わが国で確認される碇石を集成し、東アジア地域で発見された中世の碇石との比較によって、形式分類をおこない、その諸形態を明らかにするとともに、その変遷を検証したい。

## 第一節　日本国内出土の碇石とその研究

碇石を文献上に初めて著したのは山田安栄氏である。山田氏はその著書『伏敵編』巻四（一八九一年刊）の中で、「蒙古碇図」として福岡市博多区中島町服部太三郎の旅亭「京屋」の庭先に置かれた、長さ四尺九寸三分、最大幅五寸、最大高七寸三分の碇石を略図で紹介し、同市（現在は博多区上川端町）の櫛田神社境内にも同様の碇石があることを付記した。

一九三一年、内務省が博多港の護岸工事のために湾内を浚渫したところ、海岸より五〇〇ｍ沖合の海底から、蛸壺三個と碇石一本、さらに博多港の防波堤の北三〇〇ｍの海底から陶磁器類と古銭一九枚、碇石一本が引き揚げられ、山本博氏がのちに報告書を著した。(1)これによると碇石は「長さ五尺くらいの長方形角石で、中央部稍太く、此処に一分幅三四寸の陰刻帯がめぐらされていた」とし、同一形態の碇石がさらに一本引き揚げられた事実を記している。また山本氏は碇石とともに出土した遺物の陶磁器に「張綱」の墨書があること、出土した古銭が唐代の開通元宝を除けば、北宋代の元豊通宝、天聖元宝、淳化元宝、元祐通宝、祥符通宝、大観通宝や、南宋代の聖宋元宝、皇宋通宝であることを指摘して、「文永役は西紀一二七(四)一年、即ち今回発見の支那銭最新のものより後の出来事である點が、遺物と文永弘安役への連絡に一脈の暗示を示すと共に、元軍来寇の場所が尠くとも文永役ではこの博多湾が大いなる関係を持っている。更にまた張綱陶器が、若し使用者の名を示すと認められる限り、張と名乗るものが元軍に有るのみならず、二字名の支那人も珍らしくないことが注目されるであろう。例えば使節に「張良弼」が有り、二字名には「張禧」が居た。（中略）博多港外三百米で「張綱」の乗船が神風に顛覆されたとの推察を許すであろう」と結論づけた。

この「張綱」と墨書された陶磁器は、博多で最初に発見された墨書の黒色釉の天目茶碗であり、その後、この墨書の解釈がさまざまに論議されているので、少し紹介してみたい。

まず、岡崎敬氏は「南宋より元にかけての建窯手のものと想定することができる」とし、「「張綱」というのは、先にあげた「張某」の「綱首」を意味すると考えられ、箱崎、博多の綱首張氏のことを想起せしめるものがある」と解釈した。(2) ここにいう綱首の張氏とは、建保六年（一二一八）に殺害された博多綱首の張光安、建長年間の宋人博多綱首の張興・張英を指している。すなわち岡崎氏は「張綱」の「綱」は「綱首」といわれる中国貿易商人の省略と解釈し、山本氏の元軍人説を否定して宋の商人であるとの見解を示した。この岡崎説は、その後、川添昭二氏、(3) 折尾学氏、(4) 池崎譲二氏ら(5)の見解にも影響を与えたが、森本朝子氏(6)はその天目茶碗が粗雑な烏天目であり、その後、博多遺跡群から出土した墨書陶磁器に「丁綱」「張綱」「丁」などの銘が多いことから、「○○綱銘の陶磁器は、綱首個人の用品ではなく、某綱首の率いた某綱、それは某船会社とか某商とかいった組織体であるが、その帳場や飯場の備品ではないか」との見解を示した。亀井明徳氏は(7)「○○綱」の「綱」を綱首の省略であるとの通説を批判し、「綱は組・団体・群が本義であり、輸送のために組織された貨物の組を表す集合名詞であって、商品の所有者を区別する表示である」と結論づけた。そして某綱銘は「梱包された最上部に置かれた陶磁器の底部にその一梱包の商品の所有者を表示しているもの」で「丁、張等の単純な個人所有を表示するものではなく、丁、張氏が取扱う販売用商品の組（個）数を区分けしている表示」として、「墨書された一個は商品価値がやや落ちる」として「陸揚げ地の博多で墨書された各綱の一個は廃棄に近い形をとった」との推測を示した。

このように「張綱」銘の天目茶碗は、元軍の携行品（個人の所有物）とする見解に始まり、日宋貿易にさいする商品の目印として、その商人のとりあつかい物を示すための目印の墨書であったという説まで解釈が分かれた。こうした解釈の違いは、その後、博多遺跡群で墨書された陶磁器の出土が相次いだことによるが、「張綱」が元軍の軍人であったとする山本説が、ひいてはともに発見された碇石においてさえも、元寇の遺物、すなわち碇石は「蒙古碇石」であるとの図式を形作ってしまったといえよう。なお、「張綱」銘の天目茶碗とともに引き揚げられた陶磁器類については、長年、九州大学考古学研究室に保管されていたが、近年、林田憲三氏[8]によって詳細な実測と観察がなされ、それらは近世の陶磁器であり、元寇遺物との関連性がないことが証明された。

山本氏に続いて碇石を体系的に紹介したのは、福岡県嘱託の川上市太郎氏で、所在確認ができた二二本の碇石を実測図と挿入写真で紹介した[9]。これは博多湾の浚渫工事にともなって一九三一〜三三年までに発見されたもの五本と、一九四〇年に発見された一本、そのほかの一六本は福岡市や佐賀県東松浦郡呼子町（現在は唐津市）、同郡湊村（現在は唐津市）、神集島（現在は唐津市）、長崎県壱岐郡芦辺町（現在は壱岐市）などから発見されたもので、そのいずれもが蒙古襲来時の遺物としてあつかわれた。しかもそれらは戦勝記念品として国威高揚の格好の材料として利用されたのである。

しかし、川上氏は一九三一年の浚渫時に出土した古銭は、蒙古襲来より一六〇年から二八〇年も前の鋳造銭であり、蒙古軍の携行品とは考えにくいとし、日本が盛んに宋銭を輸入していた事実をあげて、輸入品ではないかとの見解を示した。また陶磁器についても「天目のごときあれど」として「張綱」銘の墨書陶磁器が、天目茶碗であり、蒙古軍中の使用品とは思えないと述べている。

また、碇の構造についても図解で説明し、碇石に鈎と木枠をとりつけて利用した木石碇の想像図を示した（図1）。さらに石質については九州帝国大学地質学教室の木下亀城博士に鑑定を依頼し、湊村出土の碇石のみが片状石灰岩もしくは変質石灰岩であり、ほかは赭色凝灰岩と花崗岩に大別されるとして、その故地は、蒙古軍船が朝鮮半島全羅北道扶安の南に位置する茁浦《ざっぽ》港付近の辺山と、全羅南道長興南方の天冠山より切り出した木材を使ったという記録から推定して、辺山付近に花崗岩が、また天冠山に赭色凝灰岩が産することを述べた。その後、九州大学の岡崎敬氏が一九六一年に福岡県粕屋郡志賀島（現在は福岡市東区）の蒙古塚東南一〇〇mの沖合から発見された二本の小型碇石と、福岡市宮の浦唐泊《からどまり》小フケ後浜海岸で発見された二・二四mの碇石を紹介し、「北九州沿岸地域における蒙古碇石一覧表」の中で、長崎県五島列島の小値賀島発見のものとあわせて三〇本の碇石を紹介した。(10)

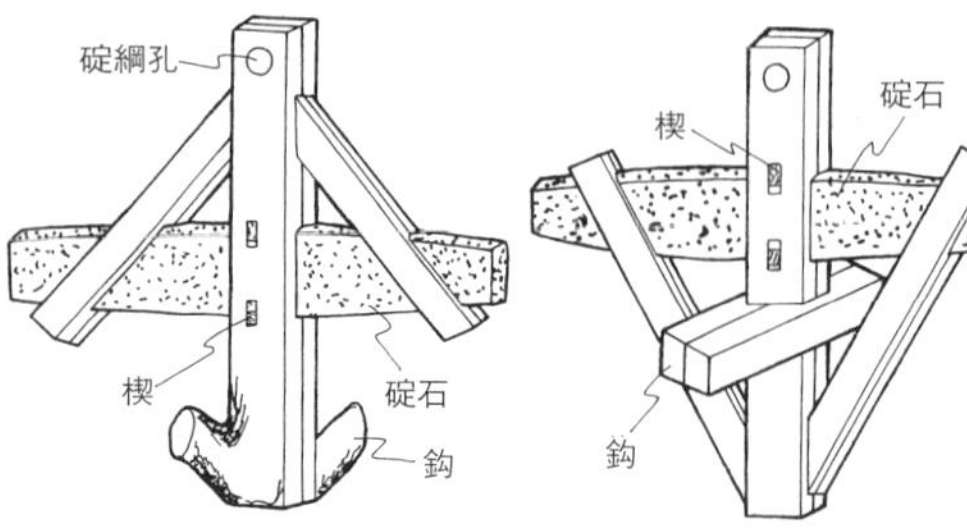

図1　川上市太郎氏が考えた碇の組立図

その中で岡崎氏は、鎌倉時代の肥後の御家人であった竹崎季長が文永・弘安の両役に従軍したさいの顚末を描かせた「蒙古襲来絵詞」（宮内庁三の丸尚蔵館蔵）にある蒙古軍船にふれ、船の形式が胡宗憲（明代）の著した『籌海図編』にある新会県、東莞県などの大船（海賊船）の図と、ほぼ一致していること、また宋代の船舶についてふれた北宋の曾公亮が著した『武経総要』あるいは朱彧の『萍州可談』(11)、北宋の宣和五年（一一二三）に高麗に使いした徐兢の『高麗図経』(12)、さらには南宋の呉自牧の『夢梁録』(13)などの描写が、「蒙古襲来絵詞」の蒙古軍船の大船と一致していることから、蒙古軍船の主なものが宋代の代表的な船舶で、しかも碇石や舳先に碇巻き揚げ用の車輪がついている事を指摘し、高麗においても宋・元代に製作された江南の大船の形式を取り入れたであろうことをつけ加えた。また、博多湾そのほかから発見された碇石については、博多港へ来航した商船のものである可能性も指摘しながら、碇石出土地の分布が、ほぼ蒙古襲来における高麗・蒙古軍の航路にあたっていること、博多湾に多数存在することなどから、蒙古襲来時のものとする公算がきわめて大きいと結論づけた。

こうした一連の蒙古碇石説に反論を唱えたのは筑紫豊氏である。筑紫氏はその著書で[14]、とくに「蒙古の碇石」は「元寇と関係がない」という一項を設け、その根拠として、文永の役において博多湾内で暴風雨はなかったという自説を展開し、山田安栄氏の『伏敵編』に断定的に述べられた碇は、その根拠に乏しく、さらに石材にしても山東半島から中国大陸に普遍的にみられるものであること、また博多湾は平清盛の開港以来、約五〇〇年にわたって、大陸との交易に使われており、港に入った船は何も蒙古軍船ばかりでないこと、さらに大内氏が博多を拠点として対明勘合貿易をおこなっていた点に着目し、明の貿易船の碇ではないかと推論を展開した。

また、碇石を境内に所有する櫛田神社所蔵の「文化四丁卯（一八〇七）年九月望日、原田種美が言う事しかり」の奥書がある『櫛田社鑑』乾坤二巻の「乾の巻」に、「御本殿の後に碇子の石二ツあり、是ハ古しへはかたの津へ唐船来りし時、当社へ納め置しと言ふて、碇子の石二ツ今社後にあり」という記録をあげて自説を補強した。

後年、山本博氏[15]はこの筑紫説に対して「唐から明にいたるまでの船のイカリが碇石と同形式である証明が必要であろう。またそれらのイカリが「元軍造船所関係地」以外の、どこで造られたかの証明もしなければならない」とし、「碇石は文永の神風で覆滅した元艦船のイカリであると考えるものである」とした。このように碇石の研究は、その多くが博多湾という蒙古襲来の場所で発見されるがために「蒙古の碇」であるか否かの議論が先行し、碇石自体の石材や形態的特徴による分類といった考察が後回しになったのである。

このような「蒙古の碇石」論争の中、海事史の立場から遣唐使船の研究を続けていた上田雄氏(16)が一挙に研究の幅を広げた。上田氏は、まず戦前の資料を検討し、川上市太郎氏や山本博氏のとりあげた碇石を再検討するとともに、岡崎敬氏の新資料や自身の追加資料を加えて、三七本の碇石の所在確認をおこなって整理した。また、碇石がどのように使用されたのか、いわゆる碇の構造に着目して、川上氏や山本氏の想定した二種類の碇石の木組み方法を紹介して、そのいずれもが図上では簡単でも技術的には難しいとし、当時、松岡史氏が推定した木組み方法を紹介して、この松岡説がほぼ決定的だと述べた（図2）。

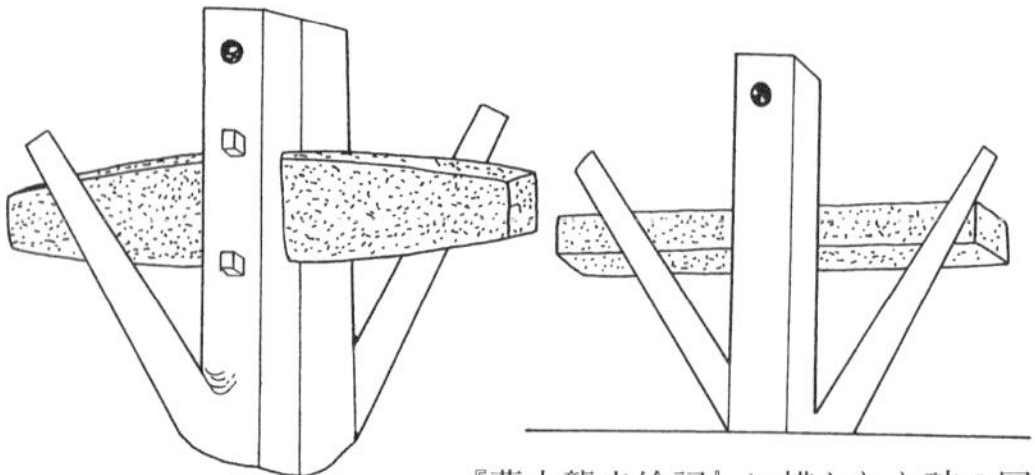

松岡氏が推定した碇の図　『蒙古襲来絵詞』に描かれた碇の図

図2　松岡史氏が推定した碇の組立図

この松岡説とは、これまで「蒙古襲来絵詞」に残されていた碇図をそのまま再現しようとした点を指摘し、絵巻を表した画家の描き方に誤りがあり、本来十字型の碇であったものを、画家の誤謬によって平面的に描写したため、間違った形で伝わり、後世、それがために碇の復元が間違った方向に進んだのではないか、と推測したものである。

また、上田氏は福岡市箕島所在の碇石に「正安四年壬刀十月廿四孝子」と梵字二文字の印刻があることから、この正安四年が西暦一三〇二年、すなわち文永の役から二八年後、弘安の役から二一年後にあたり、碇が墓石または供養碑として建てられていたことから、蒙古襲来の役にゆかりの者が、遺棄された碇を用材として利用したのではないかとして、蒙古襲来との関連性を指摘した。

また、碇の形態的特徴から三七本の碇を、いわゆる蒙古碇石といわれる「定形型」と、自然石に近い「不定型」に分け、石質については、赭色凝灰岩（凝灰質砂岩）で造られた二九本がすべて「定形型」であることも指摘した。さらに「定形型」の大きさについては、半折品や折損品、欠損品も復元して三つの形態に分類し、「大」を全長二・三m以上、最大幅三〇cm以上、「中」を全長二m以上、最大幅二八cm以上、「小」を全長二m未満、最大幅二八cm未満として、大一二本、中一三本、小三本とし、「大」は各部の寸法に違いがあるが、「中」は一三本のいずれもが各部の寸法が近似しており、あるいは規格によって造られたのではないか、と指摘した。そして結論として「赭色凝灰岩以外で造られた碇石は、一応、蒙古のものではないのではないか」との考えを示したのである。

碇石の形態を考古学的に分類し、考察したのは松岡史氏である。松岡氏はその著述[17]において、発見された三四本の碇石をまず三形式に分類した。すなわち上田氏が「定形型」と呼んだものを「角柱型」とし、それをさらに二種類に分類した。「角柱対称型」は角柱の中央部を最大幅、最大厚にし、両端に向かうにつれて次第に細くなるように成形し、断面が長方形で中央部両面に一八cm前後の平坦面を彫り下げるか、刻みを施す。この面は石材の中でもっとも広い彫りこみ面であり、これと直交する断面では、短辺にあたる面に五cm前後、深さ一ないし一・五cm程度の溝を柱軸に直交するように両面刻み込むものとする。さらにこれら彫りこみ面は、碇軸に装着するさいに安定を図るためのもので、細溝の方は碇軸の穿たれた穴から通された方柱状の栓（固定具）によって、碇軸に直交して装着された碇石を挟み込み固定するための連結方式があったと考えた。次に「角柱非対称型」は、角柱部分の片面が直線をなすもので、その反対側が斜めになり後退翼のようにつくられたものとした。

また、上田氏が「不定型」と呼んだものを「柱状不定形型」と呼称しなおし、玄武岩の柱状節理を利用したり、ほかの石質のものを柱状に加工または中央部に縄掛用の溝を設けたものとした。そして有孔円板状の小型の錘石を「環型」とした。碇石の石材については、岩石学の種子田定勝氏、唐木田芳文氏、谷口宏充氏らの岩石鑑定結果を引用して、凝灰質砂岩として、岩石分類上では流紋岩質のものを一八例とし、加工し易い材料としたうえで、産地を韓国全羅南道長興付近の天冠山、あるいは北部九州の第三紀層、さらには大分県国東半島北部にも原産地があることを示した。(18) 次に比較的硬い石材の石英斑岩または黒雲母流紋岩とされるもの五例を示している。さらにこれも硬質の石材として花崗岩質のもの七例を示し、この石質のものだけに角柱非対称型三例が含まれること、また、柱状不定型一例がこれにあたり、日本国内にも多くみられる材質であることを指摘している。また、とくに表1（章末参照）のNo.7、No.10、No.13は、その出土地が平安時代後期に使用された船着場であったとして、その使用年代を示唆するものとした。次に玄武岩質のNo.14、または輝石安山岩質のNo.33は、ともに柱状不定型であり、日本船に使用したものとの考えを示し、とくにNo.33は江戸時代後期のもので、海難によりその碇石を死者の供養塔として転用したものとした。次に結晶質石灰岩または片状石灰岩とされているものはNo.25で、大型の角柱対称型であるが、その産地としては北九州市の平尾台をあげている。最後に蛇紋岩の有孔円盤型のNo.21は、近代の漁業錘石で石材は福岡市東方一帯に多く産するとしたのである（表1のNo.は後掲図22～25碇石の番号に対応）。

次に松岡氏はその使用方法について、以下のように述べている。すなわち角柱対称型および角柱非対称型は、基本的に同一のものであるとし、北宋の『高麗図経』宣和五年（一一二三）の中の「下垂碇石、両傍挟以二本鈎」という記述を引用し、碇石の両側から二つの木鈎、碇爪のついた碇身を挟みつけることを記したもので、典型的な角柱型はこの装着部が明瞭に設けられ、さらに碇石が前後左右に動かぬように固定溝を設けて、これに栓を両軸間から通し、強固に固定するとの考えを示した。また、碇軸と碇石との関係について、「軸木と爪と碇石の装着関係は、爪と碇石が軸方向に対して、放射状に直角になるようにつけたものであり、これは海底にあって常に爪が突き刺さるようにするためである。また軸木の何処に碇石を付けるかといえば、これは後端の碇綱の取付部に近いほど善い」と説明した。松岡氏のこの碇石と碇軸、ひいては海底における碇の状況を的確に示した点は、まさに碇石本来の機能を正確に再現してみせたといえよう。[19]そしてさらに松岡氏は、岡崎敬氏の報告した志賀島発見の例は、蒙古のものではなく日本のもので、発見場所が岩礁地帯の岸から一〇〇m沖である点、あるいは二本が近距離において発見された事から、船舶用でなく沿岸小型定置網の固定碇石と考え、そうなれば明治以降のものとの考えを示した。また、同様のものを長崎県松浦市鷹島町の西海岸の海底でも発見したとし、これも木部の離脱したものであろうとの考えを示したのである。[20]

さらに松岡氏は、南宋末期には中国国内の鉄生産も増大し、その頃すでに鉄錨を使用していたイスラム社会との接触があったことを考えれば、元代にはすでに鉄錨に交代していた可能性があること、さらに碇石は蒙古襲来よりも以前の北宋代の記録には残っているが、南宋代は海外貿易の販路が大発展した時期にあたり（それは中国陶磁器をはじめとした各種の資料によって裏づけられるが）、陶磁器など南宋代の遺物が注目されるのに、碇石が注目されていないこと、あるいは弘安の役で蒙古軍が暴風雨によって覆滅した鷹島の海底で高麗青磁や江南産の褐釉壺などが発見されているのに、碇石の発見はなく、さらに伊万里湾内では大型の碇石は知られていないことなどから、碇石が蒙古軍船のものとの考えを否定するとともに、定型化した角柱型の碇石は中国北宋代に使われたものであろうとした。

ちなみに鷹島の碇石については後述するが、一九八〇年から始められた水中考古学調査によって、半折しているものの角柱対称型の碇石が出土しているし、南宋代に隆盛をきわめた中国江南の大貿易港である、福建省の泉州でも角柱対称型、角柱非対称型の碇石が発見されており、松岡氏の指摘は否定されるが、松岡氏の卓越した研究成果は、碇石の構造的な部分を的確に示した点で高く評価される。

次に當眞嗣一氏は、松岡氏の資料に南西諸島で確認した碇石六本を追加して、碇石の外観による特徴から、その構造を想定し、編年を試みようとした。すなわち鹿児島県大島郡龍郷町イカリ浜から引き揚げられた直方体の碇石二本を、松岡氏の碇石分類の角柱型にあたるとしながらも、その両端と中央部がほぼ同一の太さを保ち、中央部にごく浅い溝が彫り込まれているとして、新たに角柱直方型を提唱した。(21) またこの角柱直方型は、角柱対称型や角柱非対称型に比して加工度が低いこと、さらには碇軸装着部が見当たらないことから、この碇石は綱を使って縛っただけの、初期の碇石ではないかとの見解を示した。そして角柱直方型がほかの種類に比して格段に重いのは、その重さが重要視されたのであり、そこに初期の碇石として第一義的な意味があったとしている。また、碇石は大型船に装備されて外洋を航海するにつれて改良が加えられ、角柱非対称型の碇石へと移行していったと考え、その理由として碇石を後退翼のように成形することによって、揚錨時に水圧が軽減されること、さらに松岡氏の指摘にもあるように、碇石の後退する側を軸後端に向かってつけることにより、「舷側に対して安全な格納又は懸垂することが可能」にもなるとし、その頃に碇軸の装着部分も考案されたのだろうとの考えを示した。そしてさらに成形化が進み、角柱対称型へ発展したと考えたのである。このように碇石を編年的にとらえ直したのは當眞氏が初めてであった。

## 第二節　中国国内の碇石の変遷

西日本の沿岸部で確認される碇石が、わが国のものではなく、東アジア世界の貿易船の繋船具であることは、先行研究からも明らかである。そこで目を中国に転じて、その研究成果を概観してみたい。

北京にある中国歴史博物館の王冠倬氏によれば、中国国内から出土する碇石は三つの類型に分けられるという。(22)

第一種類型（図3・4）

一九七五年、福建省泉州徳石晋江河川敷で発見された碇石は、長さ二三二cm、中央部の幅二九cm、厚さ一七cmで、両側の先の部分が少し薄く狭い。また、中央部の両側には二九cm×一六cm×一cmの凹んだ溝が一本刻んであった。石質は花崗岩である。同じ地層中に宋・元代の花の彫刻がある大量の磁片と、白磁片が埋まっており、この碇石も宋・元代のものとされた。また、同様のものは山東省長島県の海底からも発見されており、やはり宋・元代のものとされている。

第二種類型（図5・6・7）

一九八四年、山東省蓬萊市蓬萊水城の水中で発掘されたもので、二個体あり、一つは高さ三七cm、幅一七cm、厚さ一〇cm、重さ一〇・三kgで、もう一つは高さ三七cm、幅一五cm、厚さ九cm、重さ一〇kgである。これらの碇石にはそれぞれ丸い孔が穿たれ、両側には接合するための凹槽があり凹槽の上下は貫通している。幅は四cm、深さ二・五cmで両側の凹槽には木の鈎がつくようになっている。

第三種類型（図8・9・10）

木碇（木製の碇、くわしくは後述）と碇石の組み合わせによる第三種類型で、一九八四年に山東省蓬萊水城東側の沖積泥の中から、元代の木碇の残存である柄と、木碇の碇身部分や碇爪の部分、二本の栓のようなものが発見された。木碇は杉材で長さ五・二一m、厚さ四〇cmで、幅は不規則で両端の先端幅はともに三二cm、中央部は少し狭く二七cmであり、長いあいだの使用で摩滅して細くなった痕跡が残っていたという。木碇の杆の先には纜《ともづな》を縛る丸い穴が穿たれ、その直径は一二cmで、中央部には二つの木碇の担ぎ棒を通す穴が二つあり、その直径は、

図3　福建省泉州で出土した宗・元代の碇石

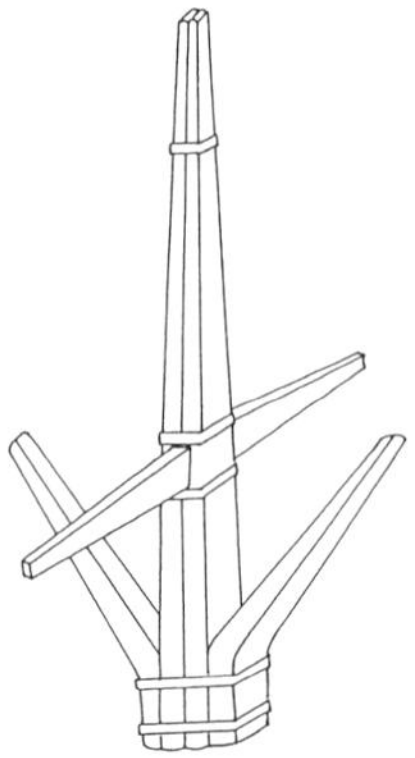

図4　第一種類の碇石の構造図

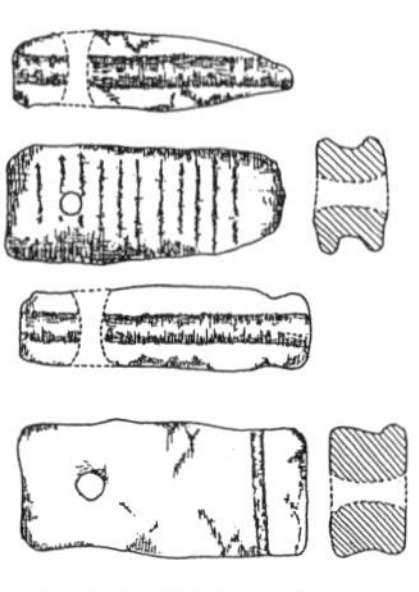

図5　山東省蓬萊水城で出土した碇石

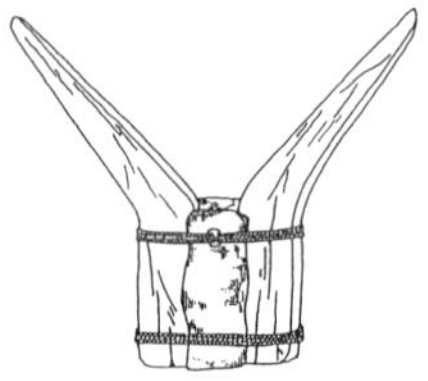

図6　第二種類の碇石の構造図1

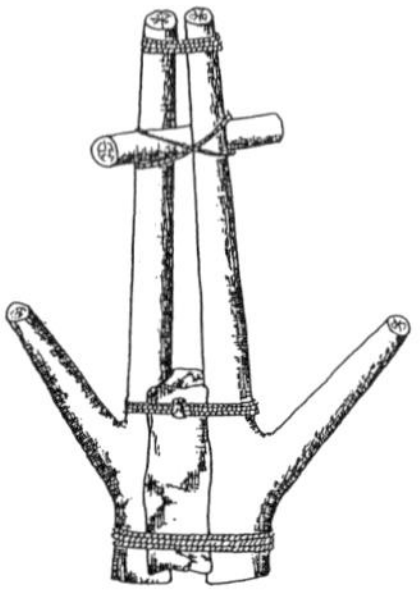

図7　第二種類の碇石の構造図2

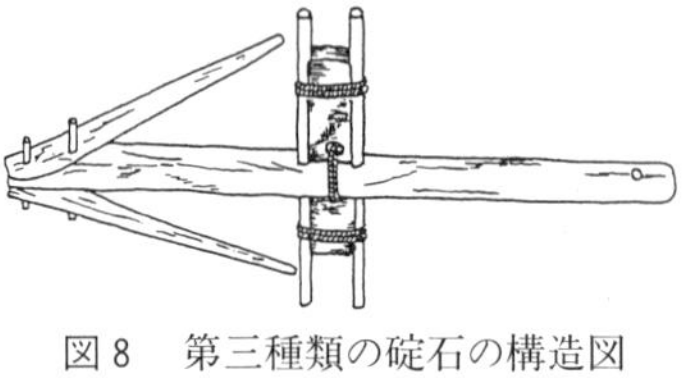

図8　第三種類の碇石の構造図

それぞれ一〇cm、一一cmであった。また木椗の歯（碇爪）は楠で造られたもので、残存していたのは片方だけだったという。歯は、長さ二・五一m、最大幅二〇cm、最大厚一二cmになっており、木椗の歯と椗杵の根元の合わせ目のところは三五度の角度になっており、二本の栓によって固定されていたと思われる。この木椗は残存部分の重量が二四三・二kgであった。この木碇と同一地点ではさらに五種類の碇石が発見され、これらはいずれも二個のペアで発見されたとしている。

この木碇については、すべて木で製作された木碇とする説もあるが、これについて王氏は、杉の木は比重が〇・五一を下回り、楠もその比重が〇・六を下回っていることから、二つとも水より軽く、海水においてはさらに浮力がついてしまうことから、木碇では沈めて使用することができなかったのではないか、また二つの担ぎ棒が平行にとりつけられていること、さらに碇石がペアで発掘されていることなどから、これらは木碇と碇石が一つにつながれた木石碇に違いないとの見解を示している。

蓬萊水城で発見された碇石は、すべて玄武岩で造られた長方体のもので、最小が重さ一〇kg、最大で重さ二〇・七kgである。長さ、幅、厚さも違うが、おおよそ長さ三五～四〇・五cm、幅が一六～一九・五cm、厚さ一〇～一四cmの範疇に入るもので、ペアで発見されるものはサイズや重量が割合近い特徴をもつ。また、碇石は上の部分に索を通す孔が穿たれ、孔の直径は二・七～五・五cmのあいだであり、均等ではない。その凹槽の幅は四～五cm、深さ〇・八～二・七cmである。これらはもともとは一つの碇の一部と考えられ、碇の錘と考えられている。これら碇石は、上と下の二本の碇柄のあいだにはめられ、それぞれ碇柄の両側につけられていたと考えられ、穿たれた孔には索が通され碇柄と結ばれた。また、碇の両側にそれを接合するために索で縛りつけたのではないかと考えられている。王氏によれば、山東省の蓬萊水城は、古来から登州と称され、北宋代には水城が築かれ、水師（水軍部隊）が駐屯した土地とされる。元代も宋の制度を用いてここに水軍を駐屯させたと言い、蓬萊水城で発掘された碇石も当時の戦船のものではないかと推測している。

木碇とは宋・元代に木石碇から変遷して分かれた碇であるが、当時の海船は木石碇も使用すれば、木碇も使用

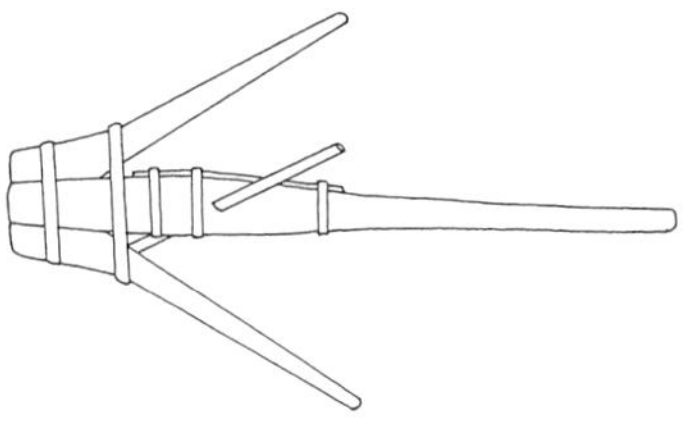

図9　木碇の構造図

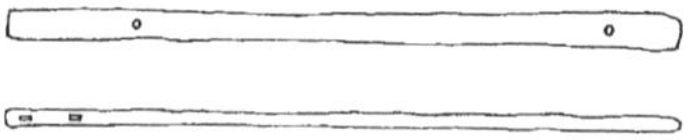

図10　福建省泉州晋江県深沪湾毒魚礁の海底から出土した木碇の碇図

していたといわれ、木碇の特色としては、木材の質が硬く、比重が大きく、そのために碇本体が沈むことができる全て木製の碇としている（図9）。

一九八〇年に福建省泉州晋江県深昊湾毒魚礁の海底から出土した木碇の碇柄も、宋・元代のもので、木碇の碇柄だけが発見されたが、碇柄の上には索を通す孔（直径一四cm）や、碇の担ぎ棒の孔（直径一一・三cm）、さらには二つの碇柄と碇の歯をつなぐための差込穴（一つは円形で直径七cm、他方は長方形で長さ八・五cm、幅二・九cm）が穿かれていたという（図10）。

また、全体を補強し、木材の断裂を防ぐために鉄で固定したらしく、鉄錆びの痕跡が幅七cm残っていたとされる。使われた木材は黒色で、木材の模様が細かく、船工らが黒塩《しゅろ》と呼ぶもので、比重が重く、硬度もあり、「鉄力木」ではないかとしている。ちなみに碇杵の全長は七・五七mで、先端部幅三七cm、最尾部幅は三二cmであったという。

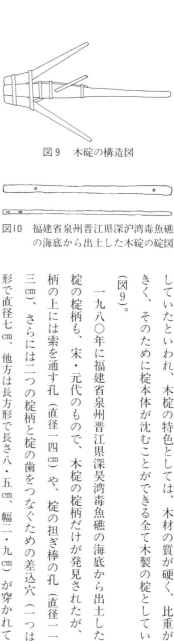

## 第三節　長崎県松浦市鷹島町沖出土の碇石

長崎県松浦市鷹島町は、九州西北端の伊万里湾口に浮かび、東に日比水道を隔てて佐賀県唐津市肥前町、東南に長崎県松浦市福島町、佐賀県伊万里市を望む景勝の地である。この鷹島町は、一九八〇年、水中文化財の科学的研究と保存を目的とした、文部省科学研究費特定研究「古文化財」により、三か年計画による「水中考古学に

写真1　管軍総把印

よる遺跡・遺構の発見と調査・保存の研究」の対象地に選定され、翌一九八一年から本格的な調査研究が開始された。この鷹島がわが国における水中考古学の研究方法の確立を目指した実験場として選定されたのには、次のような理由があった。それは、蒙古による第二次日本侵攻となった弘安の役の、弘安四年（一二八一）閏七月一日、同島南岸の海域において四四〇〇隻におよぶ蒙古の艦船が、のちに「神風」と呼ばれた大暴風雨によって覆滅し、その多くが同海域に沈んだとされる史実を解明するためである。

調査の主眼は、海底下における古文化財の発見と考古学的調査法の開発に置かれ、一九八一年の調査開始から、水中音波探査や潜水調査などあらゆる角度からの調査がおこなわれた。その結果、同町南部海岸の海底から舶載陶磁器類や石製の片口、石臼、そして碇石などが続々と発見され、さらには地元住民が、以前、同町神崎の海岸で発見したという青銅製の印鑑をもたらし、それが蒙古が建国した元朝の公用文字であったパスパ文字で刻まれた「管軍総把印」であることが判明し、一躍、脚光を浴びることになった（写真1）。

この印鑑には、印背部の鈕の横に、線刻の漢字体で「中書礼部　至元十四年九月造」の文字が刻まれており、紛れもなく蒙古軍の携行品と認められたのである。これにより長崎県教育庁は同島南部沿岸の七・六㎞、その汀線（海岸線）から沖合二〇〇ｍまでをすべて周知の海底遺跡として、文化財保護の対象指定区域とした。これによって同地域内でおこなわれるすべての沿岸工事に関しては、事前に埋蔵文化財の緊急確認調査がおこなわれるようになり、以後、海底の発掘調査により数々の遺物が確認されるようになった。

中でも一九九三年におこなわれた同町神崎地区における防波堤建設にともなう事前発掘調査においては、これまで知られていなかった特異な形状の碇石が、木製の碇身とともに発見され、碇石の概念を大きく変える成果をもたらしたのである。

一九九三年一〇月一一日から同年一二月一二日まで実施された、同町神崎港改修工事にともなう緊急発掘調査では、九本の木石碇が確認されたが、そのうちの四本は、水深二二mの海底からほぼ列をなすような状態で出土し、しかもそのうちの二本は完形品であった（図11）。ほかの五本の碇石は覆土の浚渫中に確認されたもので、後日復元されたものである。また木石碇の出土にともない竹製の索も検出され、それぞれ二種類の竹索は、直径

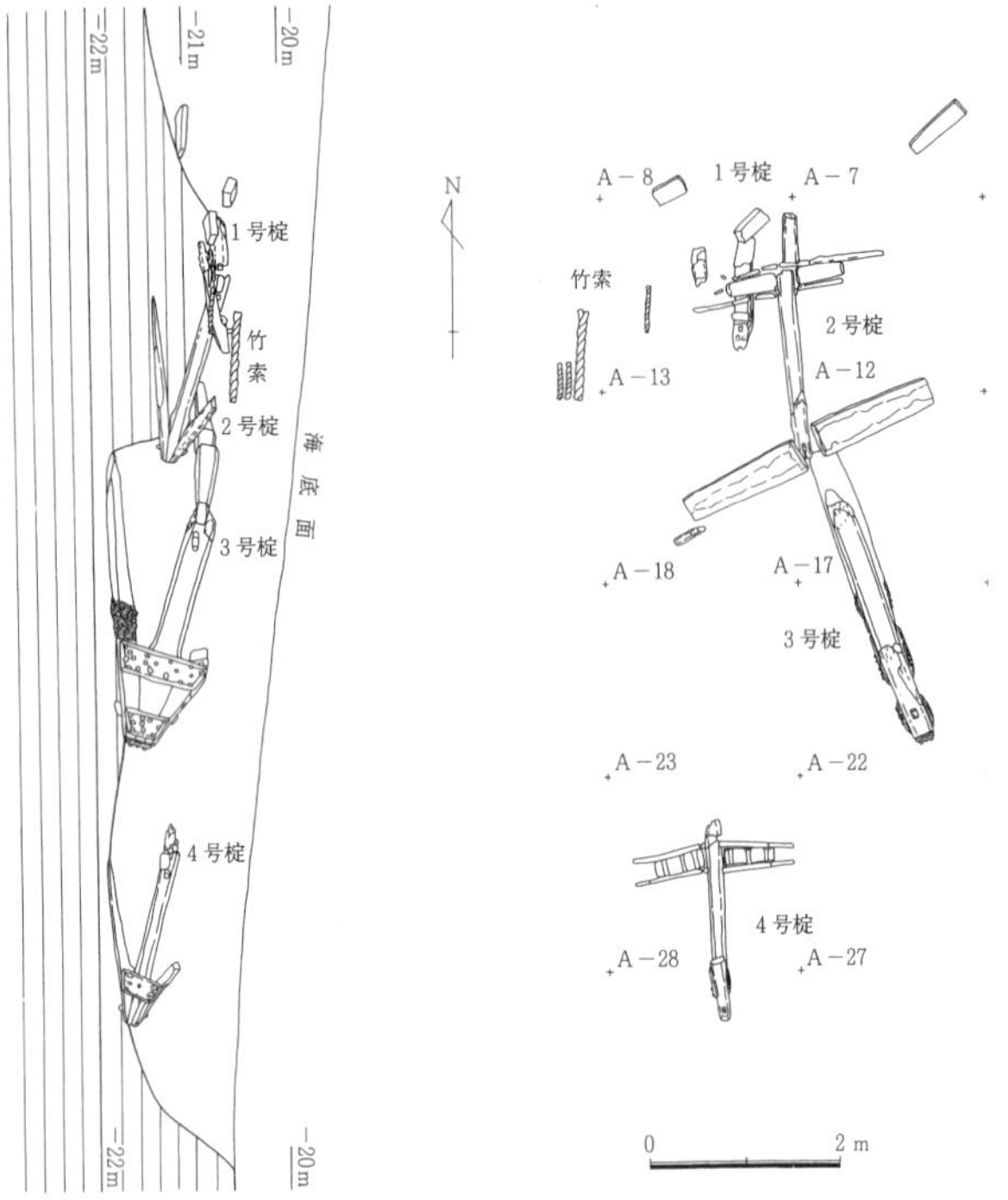


図11　鷹島海底遺跡から出土した木石碇の土層図

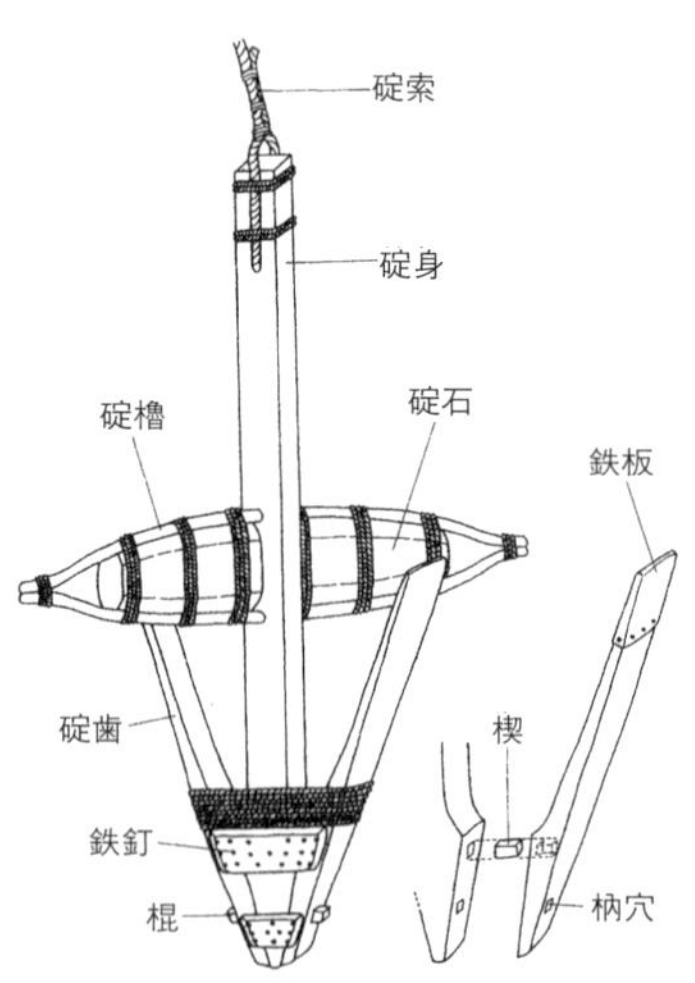


図12　木石碇の模式図

九cmで長さ一m、もう一つは直径五cmで長さ四〇～五〇cmが残存しており、艦船と木石碇を結んだ繋船索と考えられた。以下では、発掘調査報告書をもとに各碇を概観してみたい。(23) なお、木石碇の各部名称とその構造を分かりやすく説明するために模式図（図12）をご参照いただきたい。

## 第四節　海底に埋没していた大型碇の出土

一号碇（図13）

二号碇の碇石の下から出土した片方の碇歯（木製の碇爪）と、その周辺にある碇石からなるもので、碇身（木製の碇本体部分）と片方の碇歯は欠損していた。残存する碇歯は一二〇cmで、碇身と接合していた楔材が付着していた。また、残存する碇歯の先端部分には、部材を覆う鉄板が付着していた。このことから碇歯にはいずれも鉄材による補強が施されていたことが分かる。碇石は左側は長さ七〇・五cm、幅一九・五cm、厚さ一一cm、重量二六・〇五kg、右側は長さ六八cm、幅一八cm、厚さ一二cm、重量二六・〇五kgで一対をなしていた。石材は花崗岩である。

二号碇（図14）

やはり碇身・碇歯・碇檣《ていたん》（碇石を碇身に接着させる木製の補助材）・碇石からなる。碇身は途中で折れていたが接合すると、現存長二五五cm、一辺一七cmほどの角材で、先端は鏃先状に広がる。碇身と碇歯は、臍穴《ほぞあな》を通して先端部から棍《こん》（碇身と碇爪を貫いて接合するための材）で貫き、根元部分は臍穴に楔で碇身と碇歯を固定していた。碇檣は上下二本でいくつかに折れて出土しているが、約一九〇cm程度の長さになるものと推定される。碇檣材は五～七cm程度の太さで略方形、碇石に接合する部分は平らに加工されていた。碇石は左側が長さ五二・五cm、幅一九cm、厚さ八～一〇cm、重量一六・八kg、右側が長さ五二cm、幅一九cm、厚さ八～一〇・五cm、重量一七・七五kgで一対をなすが、片方は途中で折れていた。

三号碇（図15）

発掘された木石碇のうち、最大の碇身・碇歯・碇檐・碇石と竹索が検出された。碇身は一辺三〇cmの角材で先端は鏃先状に広がる。先端の両側には碇歯をとりつけるための臍穴を二か所穿ち、そこに棍や楔材で碇歯を装着していく構造で、その強度を増すために接合部分には台形状の板材をあてて、鉄釘を打って固定している。

また、碇身は海底に碇歯を突き刺した状態で発見されたが、海底面にかかった碇歯部分は残存していたものの、海底面より上に露出していたであろう碇歯の方は、フナクイムシなどによる侵食を受けて欠損していた。残存した碇歯は最大長三一五cm、碇歯との接合部分は一〇〇cmで、やはり碇身と接合する部分である先端には、二か所

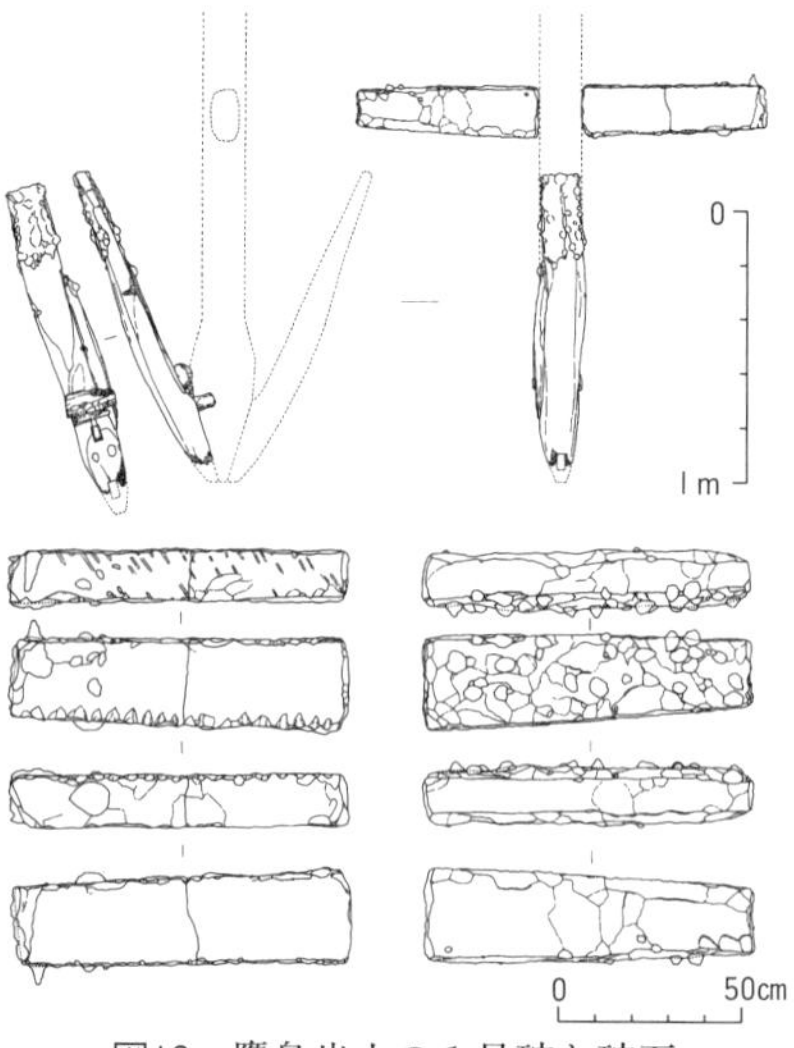


図13　鷹島出土の１号碇と碇石

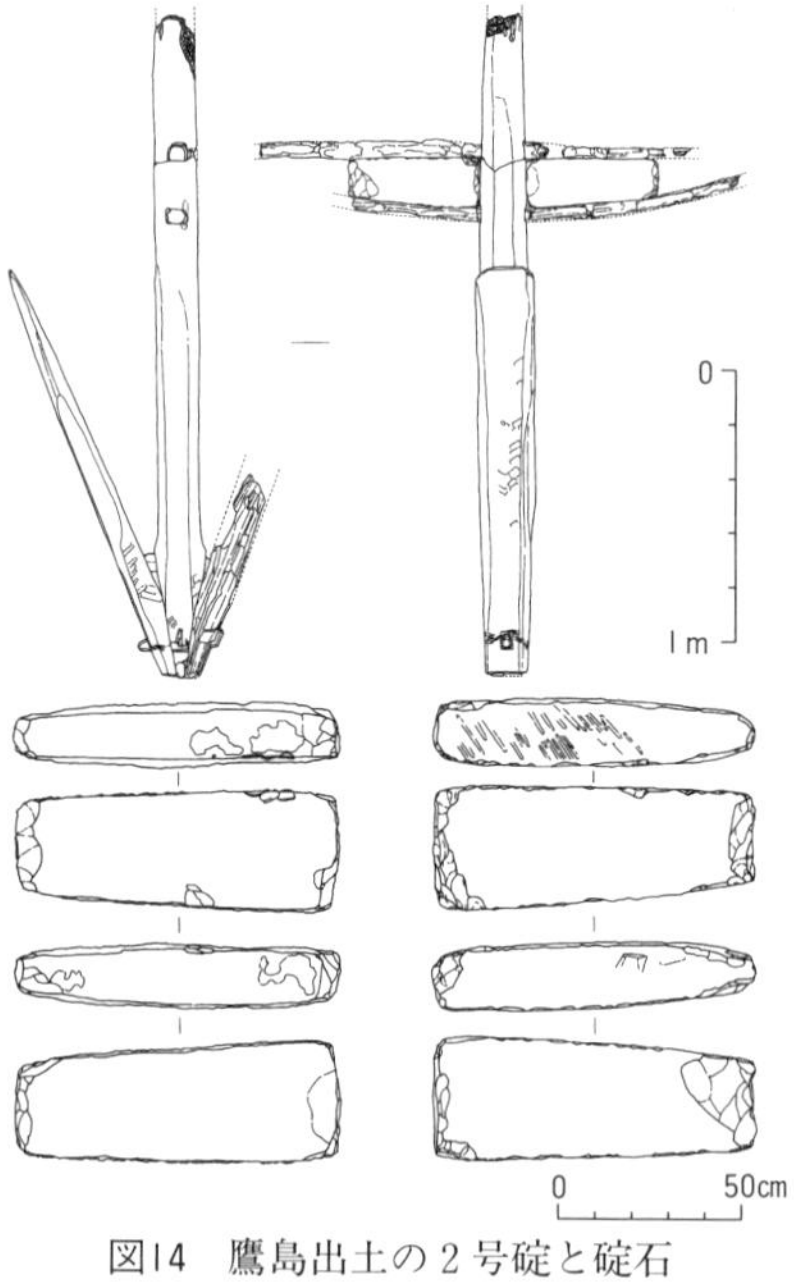


図14　鷹島出土の２号碇と碇石

の臍穴が穿たれ、最先端の臍穴は碇身を挟んで左右一対の碇歯が棍で貫くように接合され、二番目の臍穴は碇身と楔で接合するように作られていた。材質は赤樫である。竹索は直径四㎝ほどで一五～一六条ほどが約四〇㎝の範囲に巻き込んであるが、端は切れていた。おそらくは一対の碇歯と碇身をさらに固定するために巻いたものと考えられる。この三号碇にともなう碇石は、左側が長さ一三二㎝、幅三七㎝、厚さ二四㎝、重量一六三・五kg、右側が長さ一三一㎝、幅三七㎝、厚さ二三㎝、重量一七四・五kgで碇身に装着する方が太く、先端部は次第に細くなるよう成形され、碇身を左右から挟むように一対で出土した。石材は花崗岩である。

四号碇（図16）

やはり碇身・碇歯・碇檣・碇石からなる。碇身は現存長二一〇㎝、一辺一七㎝の角材を用い、やはり先端部は

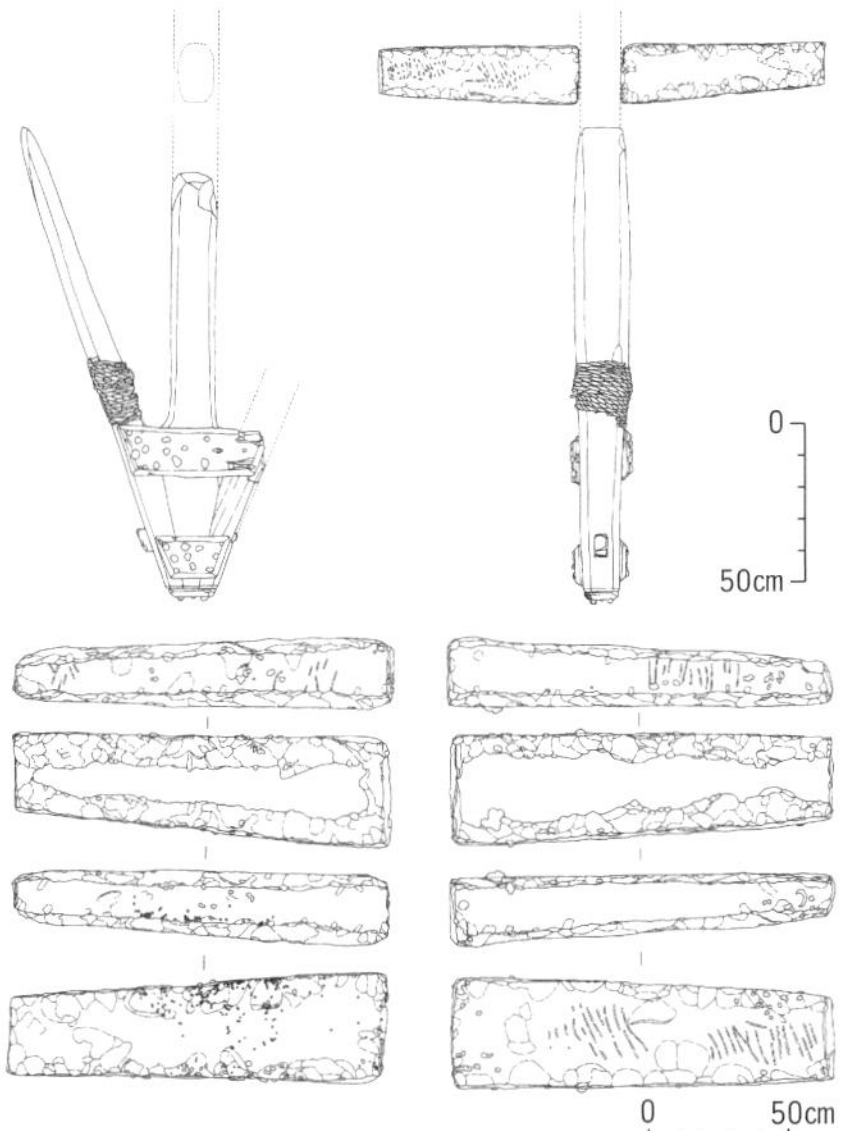

図15　鷹島出土の３号碇と碇石

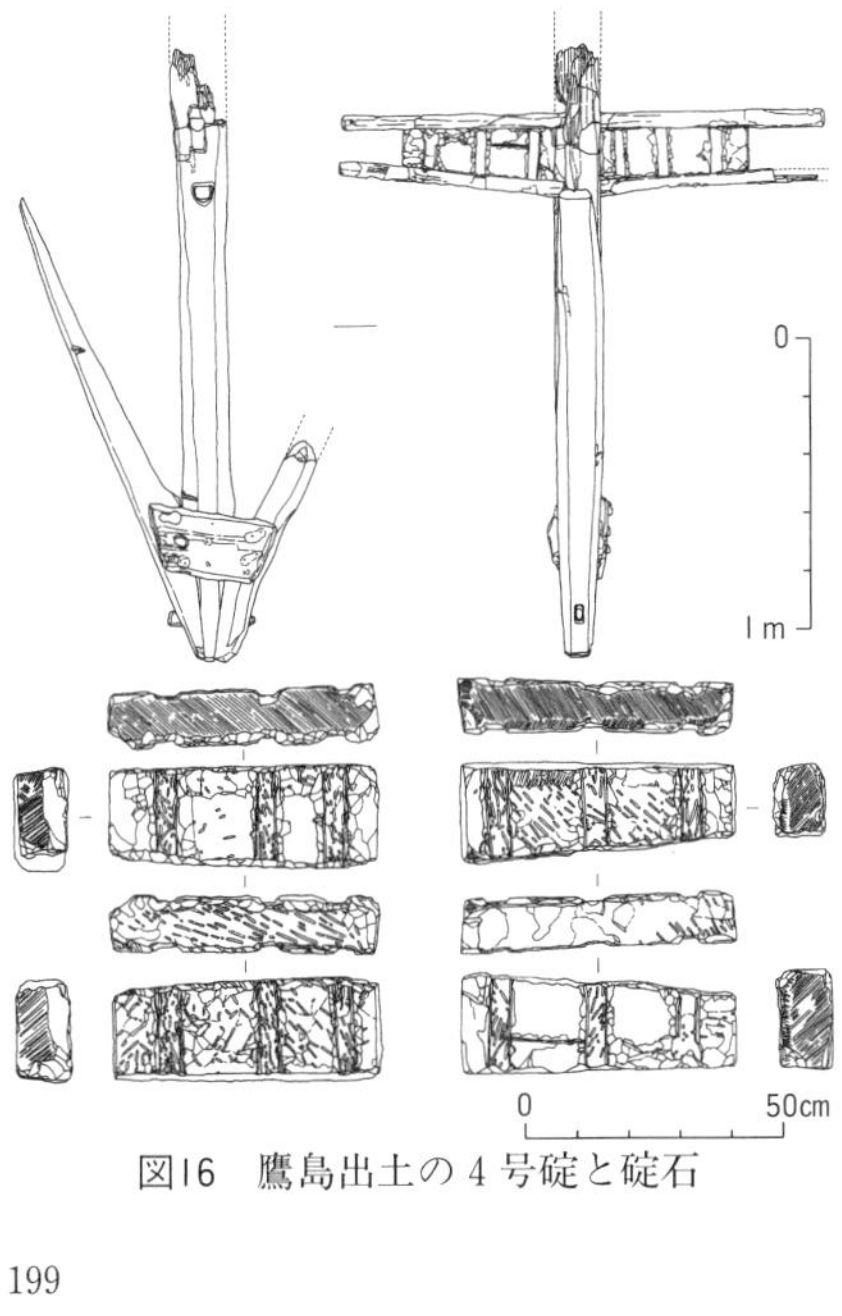

図16　鷹島出土の４号碇と碇石

鏃先状を呈する。碇身は先端から一七五cmの位置に碇檣を装着する穴を穿つ。碇歯は長さ一七一cmで、やはり碇身との接合面には二か所の臍穴があり、先端部は棍で貫き、下方は楔で装着していた。さらに三号碇と同様に補強材として台形の板材を鉄釘でとめていた。三号碇は二か所であったが、四号碇は一か所のみであった。碇石は碇檣材二本に挟まれた碇身の両側に一個ずつ固定されていた。碇石は左側が長さ五二cm、幅一九cm、厚さ一一cm、重量二〇・三五kg、右側が長さ五二・五cm、幅一九cm、厚さ一〇cm、重量一七・七五kgで表裏の面に縦溝が三本ずつ彫り込まれていた。これは碇檣と碇石を縛るさいに索が抜け落ちないように考案されたものと考えられる。石材は石灰岩であった。

**五号碇**（図17）

浚渫中に検出されたもので、やはり碇身・碇歯・碇檣・碇石からなり、碇身は先端部分のみが残存し、碇歯と接合するさいの補強板材と鉄釘が残存していた。また碇歯には一部に鉄板の痕跡もみられた。碇石は左側が長さ四七cm、幅二二cm、厚さ一三cm、重量二四・二kg、右側が長さ七四・五cm、幅二四・五cm、厚さ一三cm、重量五二・七五kgで石材は花崗岩であった。

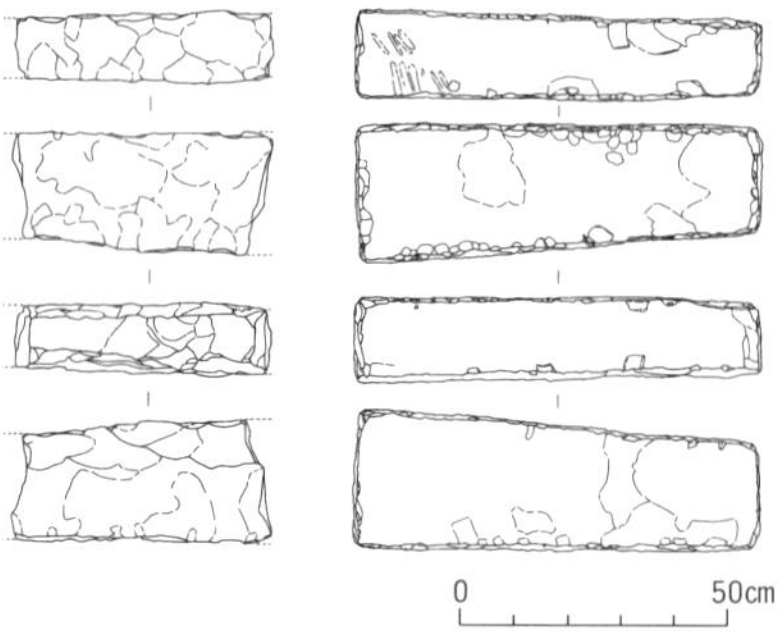

図17　5号碇の碇石

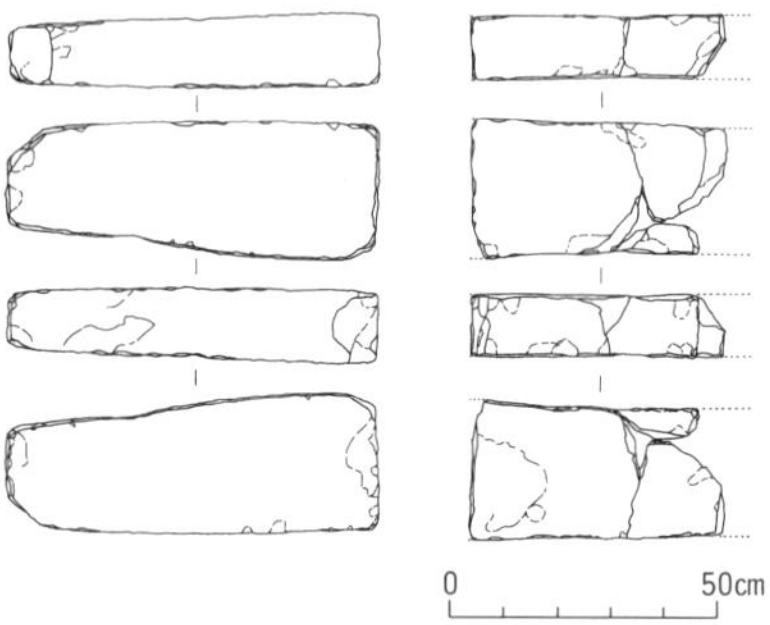

図18　6号碇の碇石

**六号碇**（図18）

浚渫中に検出されたもので、碇身・碇歯の一部・碇石がある。碇石は左側が長さ六二cm、幅二二cm、厚さ一五cm、重量二六・六kg、右側が長さ四二cm、幅二三・五cm、厚さ一〇cm、重量一九・一kgで石材は花崗岩であった。

七号碇（図19）

浚渫中に検出されたもので、碇身・碇歯・棍・碇檐の部材・碇石がある。碇石は左側が長さ九〇cm、幅二四・五cm、厚さ一五cm、重量四〇・五kg、右側が長さ八七・五cm、幅二四・五cm、厚さ一三cm、重量三九・四kgで石材は石英斑岩であった。

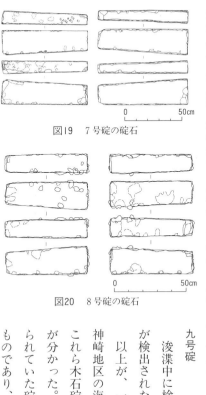

八号碇（図20）

浚渫中に検出されたもので、碇石のみ確認された。碇石は左側が長さ五七cm、幅一八・五cm、厚さ一二・五cm、重量二五・九五kg、右側が長さ五七cm、幅一七・五cm、厚さ一二cm、重量二四・一五kgで石材は花崗岩であった。

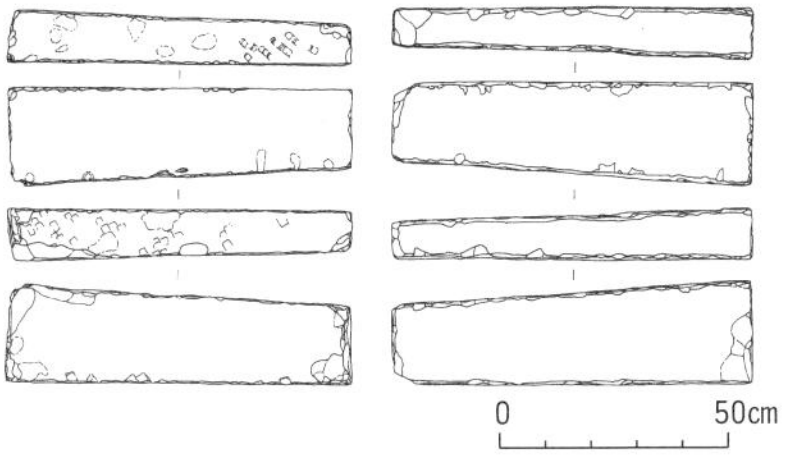

図19　7号碇の碇石

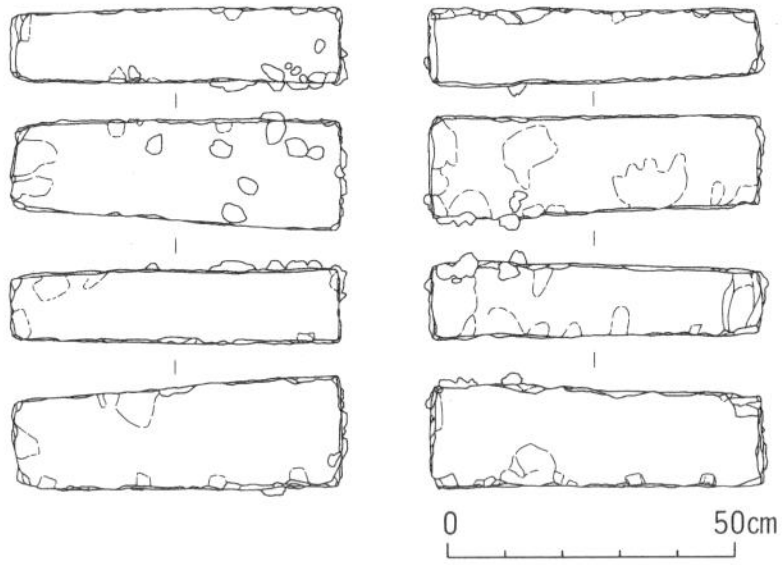

図20　8号碇の碇石

九号碇

浚渫中に検出されたもので、碇身・棍・碇歯の一部が検出されたものの、碇石は未確認である。

以上が、一九九三年の調査で明らかとなった、鷹島神崎地区の海底から出土した木石碇の全容であるが、これら木石碇がきわめて特異な形状を示していることが分かった。なぜなら、これまで北部九州を中心に知られていた碇石は、いずれも角柱状を呈する一本型のものであり、鷹島出土のもののように、左右対称に二分割された碇石は確認例がなかったのである。

さて、これら九本の木石碇は、すべて同じレベルの地層で確認されている。とくに赤樫で造られた3号碇の碇身部材は、C14炭素年代測定法により七七〇±九〇BPの結果が出ており、この材の伐採時期がまさに蒙古襲来の時期と符号することから、蒙古の軍船の碇である可能性がきわめて高いことが証明された。これらの碇身部材は、鷹島町にある埋蔵文化財センターに収蔵され、すでにPEG（ポリエチレングリコール）含浸装置による脱塩処理も終了し、展示公開されている。

さらに鷹島周辺の海底からは、これまでにもこうした形状の碇石が発見されていた。しかし、それらが左右一対の装着方式による碇石の片方のみの出土であったため、それらを角柱型の碇石が半折したものと考えて、あまり顧みなかった経緯があった。そこでこれまでに出土し、記録上に残るもの、また後年、柳田純孝氏が追加した資料も含めて表1（章末）に紹介する。また、林文理氏は、博多湾などでこれまで出土した角柱対称型の碇石を「博多湾型」、新たに鷹島町沖で出土した左右対称一対型の碇石を「鷹島型」として区別し、その形態上の差異を明確にした(24)。

なお、碇石については、花崗岩製のものが多く存在することから、名古屋大学年代測定研究センターにおいて、産地を特定するためのCHIME（Chemical U-Th-Total Pb Isochron Method）による年代測定がおこなわれた。

これは花崗岩製の碇石の大部分が微斜長石（微パーサイト）と石英からなり、痕跡的な黒雲母や斜長石を含むことから、花崗岩質の原産地を判定するために、碇石に含まれるジルコンの年代測定をおこなったものである。その結果、三個の碇石のCHIMEジルコン年代は、それぞれ110±1Ma, 108±3Ma, 108±2Maであり、この年代測定値とストロンチウムに乏しい化学組成により、これらが中国南東部の泉州付近から産出される優白質アルカリ花崗岩の岩体に由来することが推定された。これによってこれら碇石が泉州産の花崗岩であることが証明されたのである。(25)

## 第五節　碇石の諸形式――分類と編年――

碇石は、王冠倬氏や當眞氏の論説にもあるとおり、その初期段階には、石材に索を巻きつけるだけの簡易なもので、十分にその役目を果たしていたにちがいない。すなわち石の重みと水底面との摩擦効果で碇が着底した位置を保持することができたのである。しかし船舶が大型化するにつれ、水上の船舶が水流や風によって流される力が優ってくると、もはや石材のみの制動効果では用をなさなくなってきたものと思われる。そこで木材を加工し、そこに爪（鈎先）をつけて水底を嚙ませ、これによって制動効果をねらうことが考案されたのだろう。しかし、木製だけでは比重が軽すぎて着底がおぼつかないので、石材を爪のついた碇身に抱かせて括りつけ、石材の重みによって沈降させて、木製部材の爪を水底に嚙ませるという、木と石との複合材（木石碇）が誕生したものと考えられる。しかし石材（碇石）は木製の爪先（鈎先）部分を確実に水底に嚙ませる効果を期待しなければならない。そのためには木製の爪と直交するように十字型に石材を装着すれば、その効果が生まれる。すなわち今日でいうアンカーストックである。そこで、最初は細長い自然石を縛りつけただけの木石碇が登場し、その後ストックとしての効果を高めるため、また揚錨時や船上での収容を考慮して、石材は次第に加工されていったことが推定されるのである。

鹿児島県大島郡竜郷町イカリ浜出土の角柱直方型の碇（図21）は、まさに碇石の初期の形を色濃く残しているものといえよう。當眞氏は索を巻きつけただけのものと推測したが、碇の中央部には固定溝が八～一〇cm、深さ一cm程度彫りこまれている。碇の重量は測定されていないが、どんなに丈夫な索であったとしても、碇の重量を一点で支えることは困難であり、とくに揚錨時には船に動揺があることから、中央部に巻きつけた索だけでは、碇がふらついてバランスを崩し、揚錨が難しいと考えられる。したがってこのタイプの碇においても、木製の碇身部分が存在し、固定溝は碇身と碇石を合致させるための誘導溝と考えた方が妥当のように思われる。一方でこのタイプの木石碇は、あまりにも碇石が大型化しすぎており、碇全体が重くなりすぎて揚錨時に苦労する。また碇石が水底に着底したさい、接地面積が大きいので摩擦面が大きくなり、岩礁などにも根掛りしやすい。そこで次の段階としては碇石の重さを軽減するため、角柱直方型から余分な部分を削ぎ落とし、碇身と合致する中央部を中心に両端が細く加工されたと思われる。

　松岡氏が分類した角柱対称型および角柱非対称型という類型も、碇石の発展過程の一部を表している可能性は拭い去れない。ちなみに角柱非対称型とまとめられた図22のNo.3・7、と図23のNo.30は碇石自体の成形がまったく異なった形状をしている。また、角柱対称型も側面の形状からみると図22のNo.2・4・5・8・13・15・17、図24のNo.23・25、図22のNo.26は、いずれも厚みがほぼ均一で、中心部から両端にいたる側面の傾斜が緩やかである。それに比べ図22のNo.1・3・4・6・7・12、図24のNo.27は、明らかに両端と中心部の厚みが違い、中心部から両端にいたる側面の傾斜が急である。さらに図22のNo.3・7、図24のNo.39は厚みが極端に薄い特徴をもっている。そしてこの特徴は、図24のNo.41の泉州で発見されたものに如実に表現されているのである。さらに注目すべきは図22のNo.9で、この碇石には左右に索を通

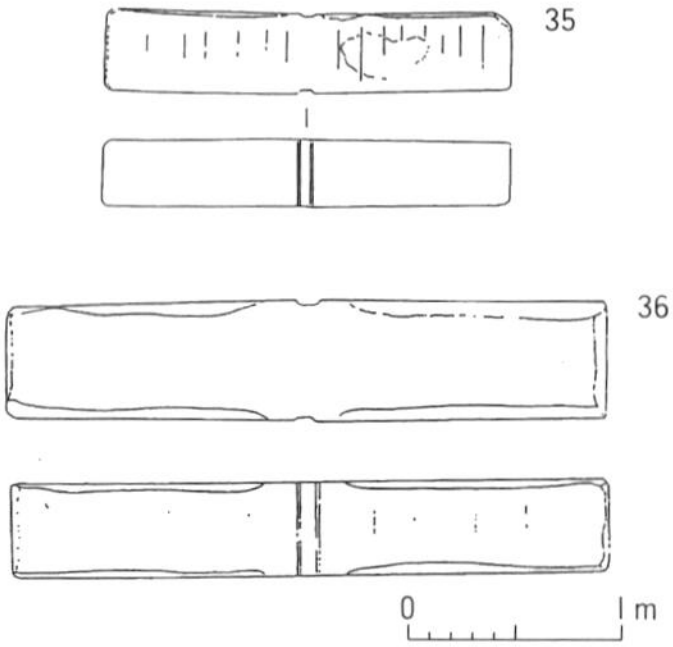

図21　碇石の実測図１

す孔が穿たれている。これまでの碇石はあくまで碇身に挟まれて合致し、固定されるものであったから、碇石に索を通す孔を穿つ必要はないのだが、この碇にはなぜか孔が穿たれている。また、鷹島で発見された碇石は一本の碇石をまるで分割したように左右対称であり、セットで碇身に装着するよう作られている。では、錘として、あるいはストックとしての碇石に、なぜこのような形態上の差がみられるのであろうか。

これに関しては、やはり木石碇の発達上における形態の変化ととらえる方が、説明しやすい点が多々ある。先にも述べたが、木石碇の重りになる石材は、初期の頃は、碇に都合のいい自然石に、簡単な溝を彫り込んだ程度の粗加工したものが使われ、しばらくすると石材を切り出して加工した碇が生まれたと思われる。それが當眞氏が紹介した角柱直方型（図21）の大きな碇石ではなかっただろうか。この形式の碇石にも明瞭に中央部に固定溝が彫られていることから、木製碇身が左右からこの碇を挟んで使用したことは間違いない。(26)

碇石の石材には、大きく分けて二つの役目があると思われる。一つは木製の碇身が海底に着底するための重量（錘）である。そしてもう一つは、ストックの役目を果たすもので、これがこの種の碇にはもっとも重要な役割なのである。すなわち碇身の鈎（碇爪）の部分を海底に噛ませるために、碇身と直交するように十文字型に碇石を装着させ、横に張り出した碇石の部分が海底面に確実に着底すれば、テコの原理によって碇身の爪（碇爪）が確実に海底を噛む効果を産むわけである。

しかし船が大きくなれば碇もその分だけ大きくなり、碇身が大きくなれば碇石も大型となって、木石碇全体の長大化をまねき、懸架しきれないほどの重量となり、揚錨時にはかなりの苦労をともなうことになったにちがいない。また大きな碇は収納する場所も大変で、その分、余分なスペースを確保しなければならなかったものと思われる。また海底では大型化した碇は接地面積が広い分だけ摩擦面が大きくなり、岩礁などに根掛りすることも

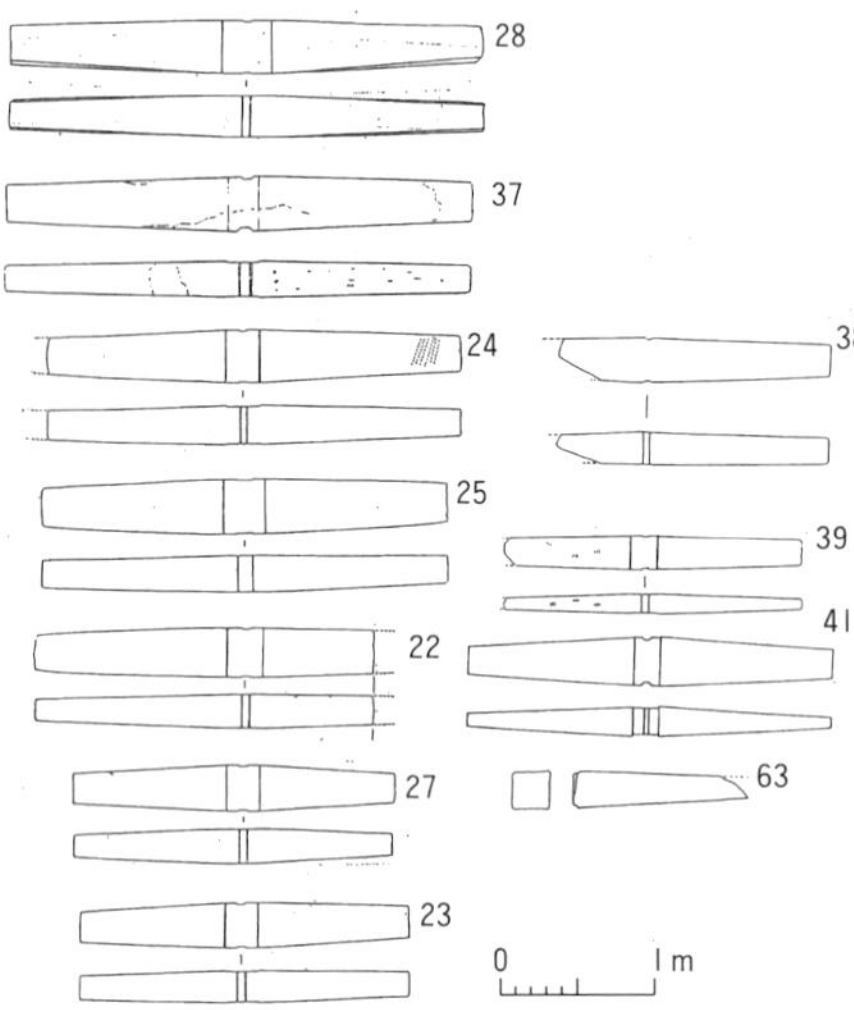


図24　碇石の実測図 4

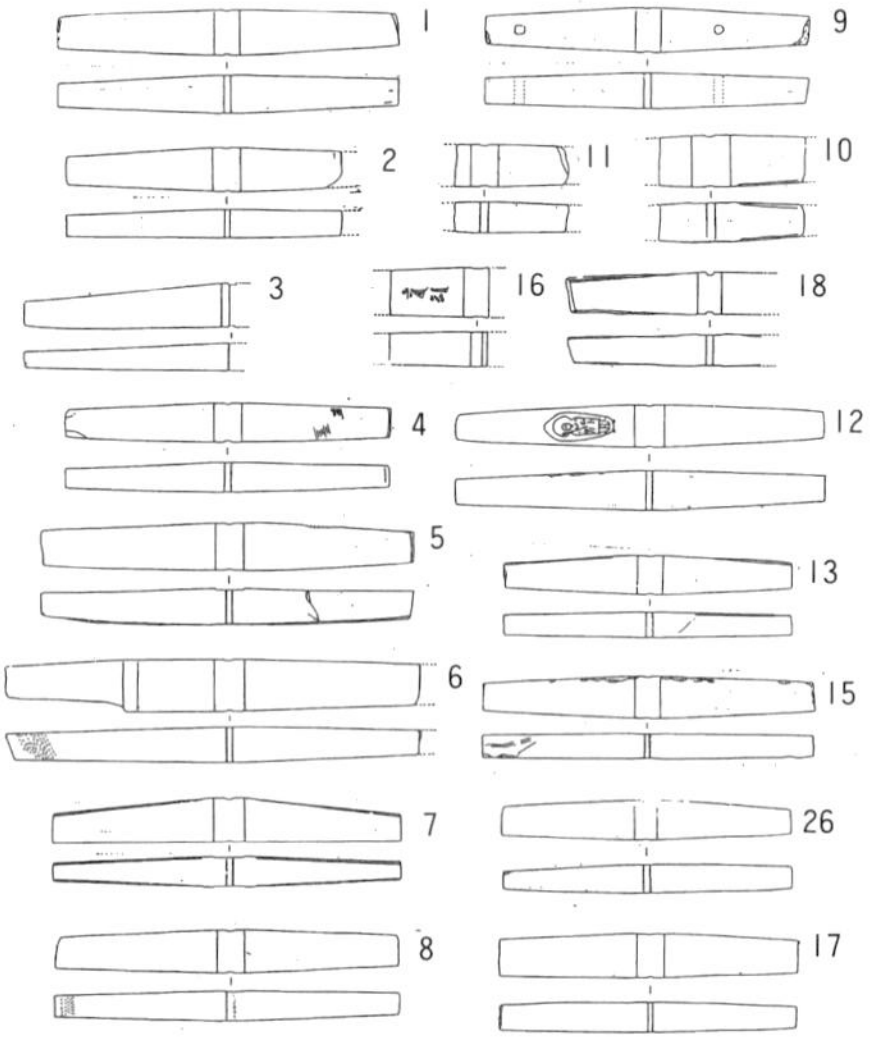


図22　碇石の実測図 2

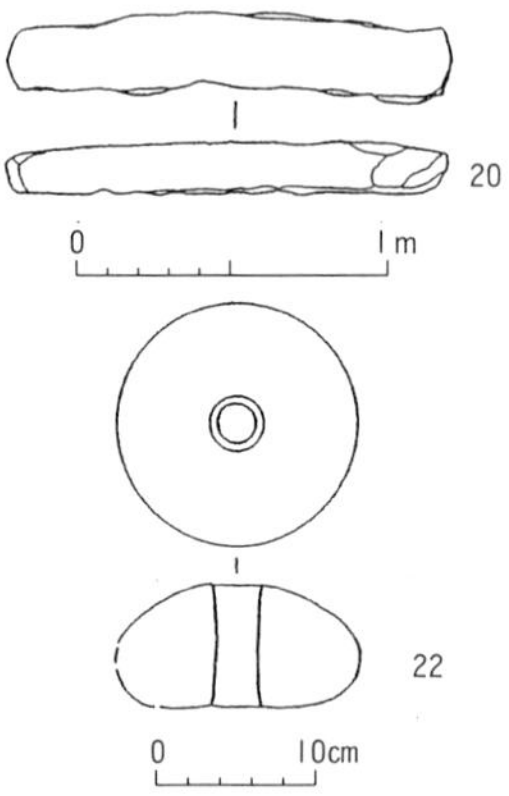


図25　碇石の実測図 5

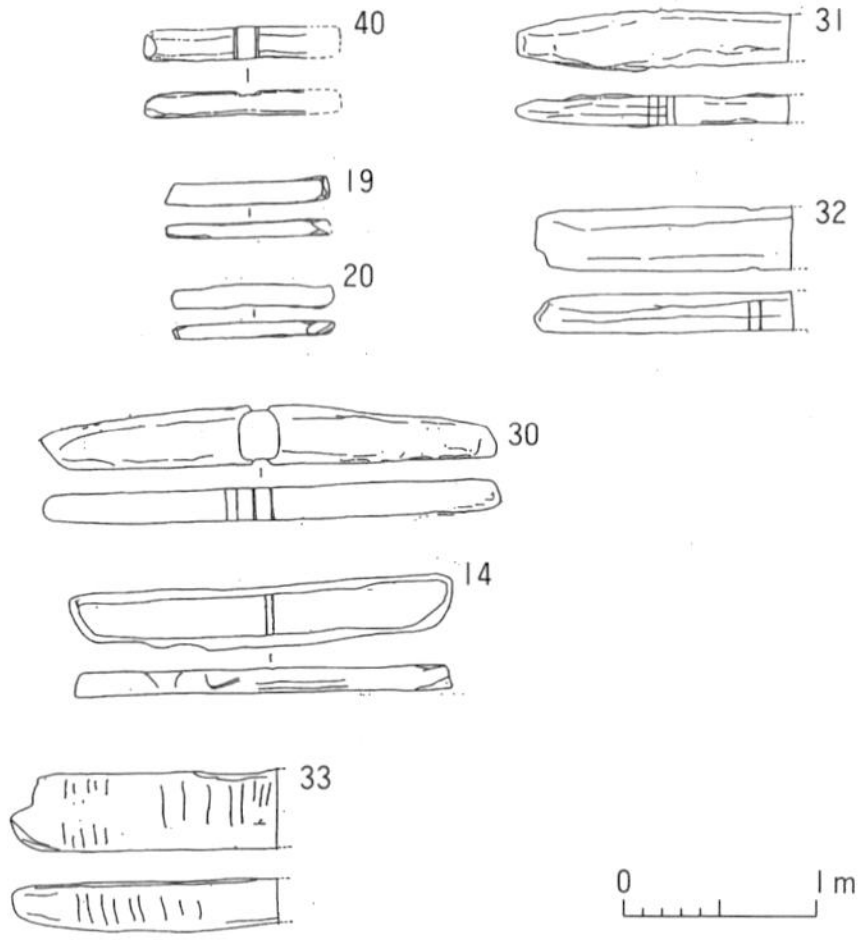


図23　碇石の実測図 3

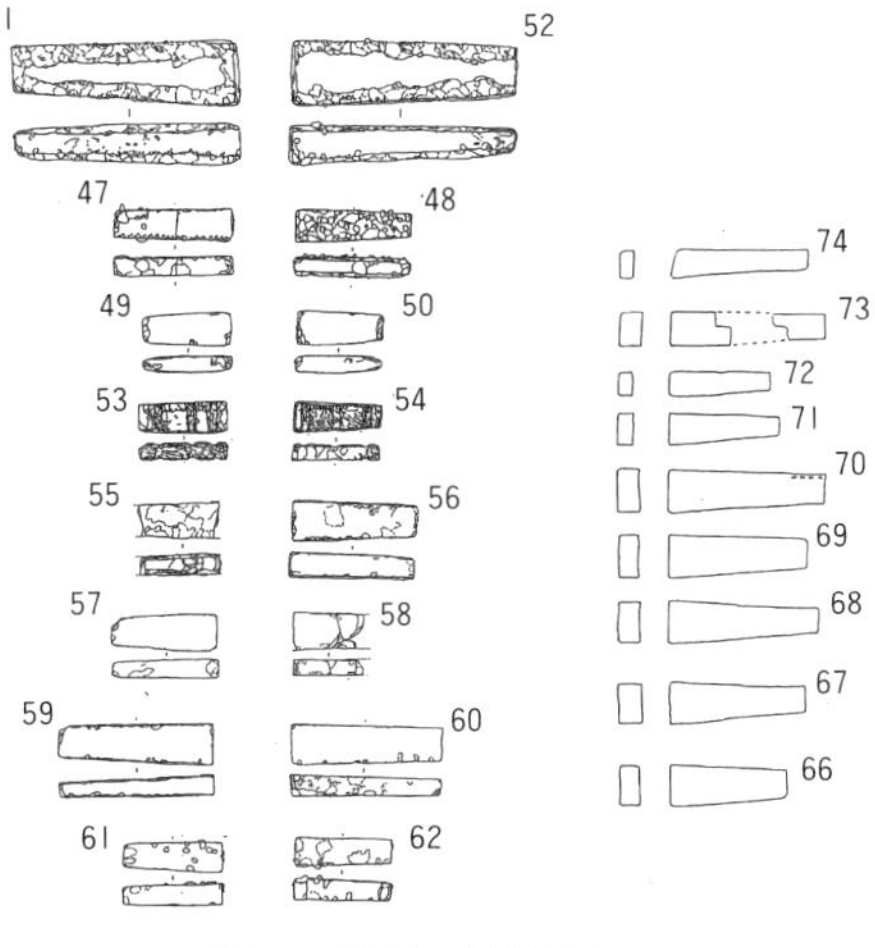


図26　碇石の実測図6

多かったであろう。

そこで次の段階としては碇石自体を加工して細身にし、重量の軽減化を推し進めていったと考えられる。その過程で角柱状の碇石は徐々に余分な部分を削られて、中心部から両端へと向かう側面は細く薄く加工されていったのではないか。これによって重量は軽減され、揚錨時には難なく引き揚げ可能となったにちがいない。こうなると正面もやはり同様の削り込みが計られ、その発展段階では、底辺はそのままで上辺のみを削り込んだ図22のNo.3・7のような飛行機の後退翼を思わせるようなものも登場するが、最終的には図24のNo.39・41のように、正面も側面もかなり削り込みをした、細身の碇石となっていったと思われる。すなわち角柱直方型の碇石の最終段階の姿は、おそらく角柱対称型の細型のタイプに行き着いたと思われる。

しかしこれでも碇石は海底での摩擦面が大きく、中国沿岸のように海底が泥質ならばともかく、日本列島周辺のように岩礁地帯を多く含む地域では、根掛りしやすく、引き揚げに困難をきわめる事も多かったはずである。引き揚げが無理となれば、最終的には索を切断して碇を放棄することになり、これは船にとっては大きな損失となったはずだ。そこで生まれたのが左右対称の碇石を一対とする、木石碇ではなかっただろうか。つまり鷹島で発見された木石碇に装着されていた碇石である。これは碇石を碇檣で挟み、碇身の両側面に装着した木石碇で、これだとたとえば海底の岩礁部に根掛りしても、構造的には一本型の碇石を装着した木石碇よりも脆弱なため、左右いずれかの碇石が脱落しても、碇身本体は回収することが可能となるのである。また欠損した碇石は付け替えればすぐに復元が可能である。また碇石自体も角柱状の一本型では、加工も運搬も大変だが、左右対称の一対型の碇石ならば、固定溝の彫り込みも必要なく、安易にしかも短時間に加工できたと思われる。また重量も半減しているので碇身への装着も短縮でき、必要ならば揚錨後に碇身と分離させ収納することも可能である。狭隘な船上において収納場所の確保は容易ではない。その点、この木石碇は分解収納も可能という利点があったのではないかと思われる。

## 第六節　蒙古襲来時の蒙古軍船とその碇——中国山東省蓬萊出土の碇石——

本章の目的とするものに、わが国周辺から出土する碇石がはたしてすべて「蒙古碇石」なのか、という問題の解明がある。蒙古がわが国への侵攻を目的として二度にわたる渡洋戦を計画し、その二度目の侵攻で四四〇〇隻におよぶ艦船群が、大暴風雨の直撃を受けて長崎県松浦市鷹島町沖で覆滅したことは、その後の調査でさまざまな遺物の発見がなされ、史実と一致することが確かめられた。ここで、蒙古が建国した元の水軍が使用した艦船とはいかなるものか、検証しておく必要があり、そこには当然、使用された碇の存在も確認することができるはずである。

一九八四年六月、中国山東省蓬萊水城から南宋~元代頃の古船が発見された。古船は四〇日の発掘を経て掘り出されたが、上部構造物はすでになく、全長三五・一七m、船幅六m、深さ二・六mで一四の隔壁によって仕切られていた。また船内からは筵《むしろ》や高粱《こうりゃん》で作られた帆、元代の陶磁器や大砲の鉄塊、石弾などが発見されている。この蓬萊水城は、唐代より港として利用され、賓館を築くなどして日本や朝鮮への港として活用され、わが国の遣唐使船なども立ち寄った港である。宋代からは軍港および商港となって発展したといわれる。したがって蓬萊水城は南宋末から元代にかけて水軍の根拠地としての役割を担っていたのである。また発見された古船も戦闘用の艦船であるとされている。そしてこの古船の周辺から発見された碇石は、紛れもない二石に分かれた一対型の碇石であった。しかも一三個確認された碇石は形式別にすると二種類に分かれ、最多の碇石は三セットを含む七個が検出されている。ここで注目すべきは、碇石は特殊な形状の一つを除けば、きわめて統一化された形状と重さに規定されていることである。これらが何本かの木石碇に装着された個々の碇部品と考えるのか、あるいは特定の木石碇に装着するための碇石で、懸架時の欠損にさいして用意された予備品とみるかは、これらの碇石の出土状況が明確でないため判断できないが、先述したように王氏は第三種別の木石碇の碇石として想定しているのである。(27)

海を知らない蒙古が渡洋戦の頼みとしたのは、南宋から降った南宋水軍であったことは、文献上にもくわしいが、とくに弘安の役に従軍した江南軍の主力部隊が、これら南宋水軍より降った者たちであったことは有名である。とするならば当然、蓬萊で発見されたような艦船が、わが国への侵攻に使われた可能性が高い。

ではなぜ、蓬萊で発見された南宋の艦船は、このような特殊ともいえる木石碇をもっていたのであろうか。これには軍用の艦船であるという特殊性を考慮して考えなければならない。すなわち軍用の艦船は、停泊時において、その運動性能を減殺された時がもっとも脆弱である。したがって敵の攻撃にさらされる前に、いち早く艦船を動かすことが要求される。そのさい、もっとも早急に取り組むのは揚錨である。海底に懸架した碇を急いで収納し、ただちに艦船を動かすことは、まさに軍船の要諦である。

しかし、その揚錨時に碇が根掛りでもしようものなら、艦船の動きが封じられ、切迫した状況ならば繋船索を切断して碇を放棄せざるをえないのである。丈夫で堅牢な碇は、時として本船を危機に陥れることにもなりかねない。そこでやや脆弱ではあるが角柱状の一本型の碇石ではなく、左右に分割した碇石を碇身に挟み込み、それを装着するようなものが生まれたとは考えられないだろうか。

現在でも、軍艦が使用する錨はダンフォースアンカー（別名、海軍錨）と呼ばれ、側面からみるとカタカナのレの字状のもので、海底に着底した時に錨爪が立って、海底面を噛むようになっており、揚錨するとフラットになり、船体の舷側に装着するような形で収納されるものがある。すなわちこの碇は収納の要件も満たす形をしているのである。大きな碇は揚錨してしまうと、甲板の一定部分を占有してしまい、とくに軍船のように兵士が動きまわり戦闘をするには障害となるため、不必要な時は別の場所に収納してしまえることが要求される。そうなると不必要な時は解体し、少なくとも碇石の部分ははずして収納することを考えたとしたら、このような組み立て可能な碇の存在が想起されてもおかしくはない。

## おわりに

長崎県松浦市鷹島町の南部海岸である神崎地区の沖合から、蒙古の軍船で使用されたと思われる木石碇が出土したことは、前述の通りであるが、これらがはたして江南軍の軍船であったのかといった疑問は残る。しかしそれを裏づける資料が共伴遺物として多数出土している。その多くは、什器として積み込まれていたであろう陶磁器類で、その一つである褐釉の長胴四耳壺は、中国江蘇省宣興市の羊角山窯と西渚窯で生産されたことが分かっている。(28) ほかの茶碗類も江南の窯である蓮江窯や浦田窯のものが含まれており、(29) 中には南宋の降兵の持ち物と思われる品も数多く出土している。その一つが湖州鏡（写真2）の存在である。

一九八九年、同町の床浪港改修工事にともなう緊急発掘調査時に浚渫した排土から出土したもので、面径一〇・六㎝、重さ一八〇gの完形品、稜花形で鏡背には、鈕の右横の鋳出された方格内に二行にわたる銘文がある。銘文は「湖州真石家念二叔照子」で、「湖州」は産地、「石家」は鋳造者を表している。湖州とは現在の浙江省呉興浙路で、いわゆる後漢中葉以来、鏡鋳造の中心地として知られた場所であり、湖州鏡は大量に造られたもので、宋代の鏡としては、わが国でもっとも出土例の多い鏡である。器形にはこのほかにも葵花形、方形、盾形、亜字形、長方形や有柄のものも存在する。なお、同鏡は二〇〇〇年に実施された神埼港改修工事にともなう発掘調査でも一枚確認されている。(30)

写真２　湖洲鏡

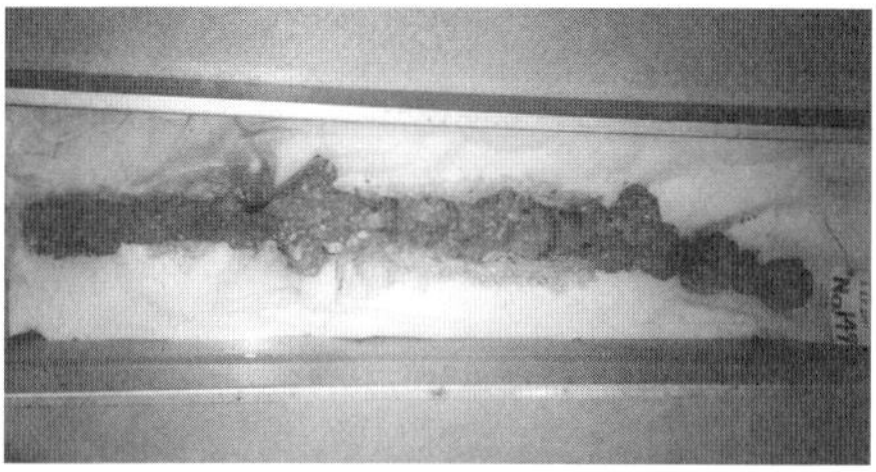
写真３　鷹島海底出土の環首刀

また碇石も先述したとおり名古屋大学年代測定総合研究センターの分析により、碇石の石材が花崗岩であり、その産地が中国南東部海岸の泉州付近であることも確認された。また出土した船体の一部と思われる木材は奈良国立文化財研究所の分析により、楠であり、その産地も日本や韓国、あるいは台湾、中国中南部からベトナムに分布するとしている。さらに三号碇の碇歯に巻かれた竹索などの存在も、やはり江南で製作された木石碇を想定させるに足るものといえよう。

以上を総合的に考察すると、中国東南部海岸の泉州産の石材を原料とする碇石は、補強のために竹索を巻いた赤樫の碇身に装着されていた。その周囲から出土する遺物には、江南地域の窯で焼かれた陶磁器や、身につけた装飾品、武器類では矢柄に竹を用いた弓箭や、幅広の鉄刀、柄頭が環を呈する環首刀（写真3）があり、その面においても蒙古の武装品との違いをみせるようである。今後、船体の部材などが理化学的な方法によって検証されれば、なお確実なものとなろうが、現状においても南宋の降兵を中心に編成された江南軍の軍船の碇であった可能性が高いといえよう。(31)

なお、本章を締めくくるにあたって、木石碇における碇石について再度確認すべきは、碇石を語る時、常につきまとう「蒙古の碇石」であり、北部九州を中心として発見された碇石は、ほぼ例外なくこの「蒙古の碇石」という烙印を押されたことは前述のとおりである。しかしはたしてそうであろうか。そこで碇石と蒙古襲来の因果関係を改めて考察してみたい。

まず博多湾およびその周辺部から出土した碇石、いわゆる角柱状を呈し、中心部に固定溝を有するタイプであるが、この問題の原点でもあるので、その意味を考えてみたい。まず博多湾内からは柱状不定型を除くと一六本の碇石が確認されている。そのいずれの出土地点も中世博多の湾入部にあたり、いわゆる船舶の碇が停泊用に投錨されていても何ら不思議のない場所である。とくに内務省の港湾浚渫工事中に発見された碇石は、ともに中国龍泉窯系の青磁皿や鎬連弁文の茶碗、そして「張綱」銘をもつ烏天目茶碗といった舶載陶磁器や、宋銭が多数検出されていることから、あるいは貿易船のものであった可能性も否定できない。

また蒙古軍の侵攻をまったく受けていない、五島列島の小値賀島や奄美大島の碇石などは、蒙古軍船の碇石である可能性はきわめて低いことになる。柳田氏の指摘にもあるように、(32)平安時代に中国貿易船の寄港地であった小値賀島（『安祥寺恵運伝』八四二年）をはじめとして、神集島（松浦郡柏島、『本朝世紀』九四五年）(33)、加部島（松浦郡壁島、『扶桑略記』一〇七二年）[34]における碇石も、あるいは中国貿易船の碇であった可能性がある。では角柱状で一本型の碇石は、蒙古襲来と無関係かといえば、必ずしもそうとはいえない。

文永一一年（一二七四）の第一次蒙古侵攻のさいには、蒙古軍は一〇月一九日に福岡市西区の今津海岸に上陸し、その主力艦船は今津湾と能古島周辺海域を遊弋《ゆうよく》したとされている。地理的にいえば図22No.8の碇石が発見された唐泊は今津湾の西の端にあたっており、そのさい、軍船が投錨した碇である可能性も否定できない。ただ「唐泊」の地名にもあるように、当該地が泊地であったことも事実で、貿易船の碇である可能性は依然として残るのである。

また、弘安四年（一二八一）の第二次蒙古襲来にさいしては、実際、博多湾に侵攻したのは東路軍（朝鮮半島から発した部隊）のみであったが、沿岸部に石塁を築いて強固な防備を整えていた日本の武士団を攻撃できず、六月六日頃、博多湾の入口にある志賀島近海で仮泊していたことが分かっている。そこで武士団は六日、七日にかけて夜間に強襲したといわれ、その状況は「蒙古襲来絵詞」の中にくわしく描かれている。肥後の御家人である竹崎季長は、同じく肥後の御家人であった大矢野種保、種村らとともに蒙古の軍船に乗り込み敵将を討ちとったと述べており、この周辺海域で海戦があったことは間違いない。そうだとすれば福岡市東区志賀島の勝馬に沈んでいる表1のNo.44、同じく同島海浜で発見された碇石（写真4）は蒙古軍船の碇としてもおかしくないのである。ちなみに一九九四年に発見されたNo.44は、玄武岩質で自然の柱状節理を加工した柱状不定型の碇石であるが、この石材については名古屋大学年代測定総合センターの分析により、その産地が済州島のアルカリ系列火山岩類のものであることが判明しており、朝鮮の船に使用されたものの可

写真4　福岡県東区志賀島の海浜部発見の碇石

能性が高いことが分かっている。済州島は高麗の三別抄が蒙古軍に対して最後まで抵抗した地であり、因縁も浅からぬところである。(35)

また碇石は北部九州ばかりでなく、遠くはロシアのウラジオストックのポシエト湾内でも全長一八五㎝、最大幅三〇㎝の角柱状のものが発見されており(No.45)、ここも中国製の陶磁器がよくみられるということであり一概に「蒙古の碇石」とはいえない。ただし、蒙古の侵攻はサハリン地域にもおよんだことも忘れてはならないだろう。

そこで確実に蒙古の軍船の碇石といえるものは、鷹島で確認された碇石のみといえよう。それは特殊な軍船専用の木石碇だったのか、あるいは木石碇の最終的な発展形ととらえるかは今後の課題である。とにかく「蒙古の碇石」と確実に言い切れるものは、鷹島の海底から出土した左右対称一対型の碇石をもつ木石碇であった。今後の課題は、すべての碇石の石材を分析して、その産地を特定するとともに、その形態による差が真に碇石の進化発展によるものなのか、あるいは造った場所、造った国の違いによるものなのかの分析である。

未曾有の災禍をわが国にもたらした蒙古襲来は、蒙古に屈服した被征服民のさまざまな軍民が動員されており、その軍船にも、さらには使用していた繋船具たる碇にも違いがあったはずである。意に染まず同行を余儀なくされた被征服民の思いはいかばかりであったろうか。日本侵攻の度重なる失敗は、単に悪天候によるものだけとは言いがたい。なぜなら蒙古はその後、至元一九年(一二八二)に第二次安南遠征に失敗、同二一年には占城遠征に失敗、同二五年には第三次安南遠征に失敗、同三〇年にはジャワ遠征に失敗するなど、外征のたびに国力を疲弊させ、滅亡への道をひた走ることになるのである。

文永の役において、蒙古軍が忽然と博多湾から撤収する理由を、『元史』日本伝は次のように結んでいる。曰く「官軍不整」である。度重なる外征に嫌が上にも、嫌戦気分が広がりをみせる混成部隊は、次第に士気の低下を招き、不慣れな渡海戦で消耗していったに違いない。我々は今日、その一端を長崎県松浦市の鷹島海底に覆滅した蒙古軍船の痕跡にみることができるのである。

（1）山本博「博多湾出土遺物とその意義」（『都久志』三号、一九三一年）。
（2）岡崎敬「福岡市（博多）聖福寺発見の遺物について――大陸舶載の陶磁と銀鋌――」（『九州文化史研究所紀要』一三、一九六八年）。
（3）川添昭二「古代・中世の博多」（『博多津要録一』西日本文化協会、一九七五年）。
（4）折尾学「中世の博多とその周辺――最近の発掘調査から――」（『歴史と地理』三三七、一九八三年）。
（5）池崎譲二・折尾学・森本朝子「中世の博多　発掘調査の成果から」（『古代乃博多』九州大学出版会、一九八四年）。
（6）森本朝子「博多居留宋人に関する新資料」（『Museum Kyushu　文明のクロスロード』一九、一九八六年）。
（7）亀井明徳『日本貿易陶磁史の研究』（同朋舎出版、一九八六年）。
（8）林田憲三「博多湾海底出土遺物とその意義」（『能古島』福岡市埋蔵文化財調査報告書第三五四集、福岡市教育委員会、一九九三年）。
（9）『元寇史蹟』地之巻（福岡県史蹟名勝天然紀念物調査報告書第一四集、一九四一年、川上市太郎執筆部分）。
（10）岡崎敬「所謂「蒙古碇石」の発見――志賀島・唐泊の新例――」（『今津元寇防塁発掘調査概報』第四集、福岡市教育委員会、一九八四年）。
（11）朱彧『萍州可談』（宣和元年〈一一一九年〉）。
（12）徐兢『宣和奉使高麗図経』（宣和五年〈一一二三年〉）。
（13）呉自牧／梅原郁訳『夢粱録――南宗臨安繁昌記――』（東洋文庫、平凡社、二〇〇〇年）。

(14) 筑紫豊『元寇危言』(積文館、一九七二年)。
(15) 山本博「元寇飛沫の東端」(『大阪学院大学論叢』二三号、一九七四年)。
(16) 上田雄「碇石についての調査研究報告書」(『海事史研究』二七号、日本海事史学会、一九七六年)。
(17) 松岡史「碇石の研究」(『松浦党研究』二号、一九八一年)。
(18) 松岡史「碇石について」(『白初洪淳昶博士還暦記念史学論叢』韓国・蛍雪出版社、一九七七年)。
(19) 同右。
(20) 同右。
(21) 當眞嗣一「南西諸島発見碇石の考察」(『沖縄県博物館紀要』二二号、一九九六年)。
(22) 王冠倬「中国古代の石錨と「木椗」の発展と使用」(『鷹島海底遺跡Ⅲ』鷹島町文化財調査報告書第二集、一九九六年、第Ⅴ章考察一二〇頁より引用)。
(23) 池田榮史「出土遺物について」(前掲註22『鷹島海底遺跡Ⅲ』第Ⅲ章三一～五四頁より引用)。
(24) 林文理「碇石展――いかりの歴史――」(福岡市立博物館、常設展示室〈部門別〉解説七七、一九九五年)。
(25) 鈴木和博・唐木田芳文・鎌田泰彦「鷹島海底遺跡より発掘された花こう岩質碇石の起源――ジルコンの年代測定にCHIME使用の研究法――」(『日本学士院記事』第七六巻・B輯・第九号一三九一四四、二〇〇〇年)。
(26) 石原渉「中世碇石考」(『大塚初重先生頌寿記念考古学論集』東京堂出版、二〇〇〇年)。
(27) 前掲註(22)。
(28) 前掲註(22)。
(29) 森達也「褐釉長胴四耳壺の生産地と年代について」(『鷹島海底遺跡Ⅴ』鷹島町文化財調査報告書第四集、鷹島町教育委員会、二〇〇一年、三〇・六〇～六三頁)。
(30) 小川光彦「出土遺物について」(前掲註29『鷹島海底遺跡Ⅴ』三〇頁)。
(31) 石原渉「出土年遺物」金属製品・その他(『鷹島海底遺跡』鷹島町教育委員会、一九九二年、八三頁)。
(32) 柳田純孝「『蒙古碇石』と呼ばれる碇石」(『考古学ジャーナル』三四三、一九九二年)。
(33) 黒板勝美編『本朝世紀』(新訂増補国史大系第九巻、吉川弘文館、二〇〇二年)。

(34) 黒板勝美編『扶桑略記』(新訂増補国史大系第一二巻、吉川弘文館、二〇〇二年)。
(35) 鈴木和博・與語節生・加藤丈典・渡辺誠「博多湾、志賀島で発見された玄武岩質砥石の産地」(『名古屋大学博物館報告』一六、二〇〇一年)。

（単位：cm）

| 全長 | 碇軸<br>装着部溝 | 中央部幅<br>（幅×厚） | 固定溝<br>（幅×深） | 先端部<br>（幅×厚） | 重量<br>（kg） | 石材の種類 | 分類 |
|---|---|---|---|---|---|---|---|
| 222 | 17 | 31.5×24.5 | 3.5×2.3 | 21×17 | 推定250 | 凝灰質砂岩 | 1A |
| 209 | 18 | 29×19 | 3.5×1 | 19×14 | 190 | 凝灰質砂岩 | 1A |
| 半折 | 10×0.5 | 30×18 | 2×1 | 22×11 | 300 | 花崗岩 | 1B |
| 210 | 18 | 26×20 | 4.5×1 | 20×14×12 | | 凝灰岩 | 1A |
| 238 | 18 | 31.2×22 | 4.5×1.2 | 22×18 | 推定390 | 花崗岩 | 1A |
| 269 | 20 | 35×24 | 3.5×2.2 | | 推定350 | 凝灰質砂岩 | 1A |
| 227 | 20 | 29×19 | 6×1.5 | 18×11.5 | 推定230 | 黒雲母花崗岩 | 1B |
| 224 | 17 | 27×19 | 5×1.5 | 20×14 | 227 | 班状花崗岩 | 1A |
| 208 | 16.5 | 29×24 | 5 ×1 | 19×17 | 推定230 | 凝灰質砂岩 | 1A |
| 92.5 | 25 | 35×25 | 6× 1 | 不明 | | 黒雲母花崗岩 | 1A |
| 125 | 18 | 2 7 ×20 | 6×1 | 24×18折 | | 凝灰質砂岩 | 1A |
| 246 | 不明 | 30×28 | 5×0.9 | 18×18 | 330 | 花崗岩 | 1A |
| 192 | 18 | 29×18 | 5.5×1.5 | 18×15 | 110 | 凝灰質砂岩 | 1A |
| 208 | 3 | 38×16 | 0.5 | | 推定450 | 玄武岩 | 3 |
| 222 | 16.5 | 30×17 | 4×1 | 20×14.5 | 260 | 花崗岩 | 1A |
| 66.5 | 推定20 | 35×24 | 8.5×1 | 32×22折 | | 凝灰質砂岩 | 1A |
| 196 | 18 | 29×20 | 3×1 | 右21×14.5 | 推定220 | 凝灰質砂岩 | 1A |
| 189 | 16.2 | 29.5×21.5 | 5×2 | 25×18 | 約280 | 石英斑岩 | 1A |
| 89.6 | | 14×9.4 | | 右14.8×8.6 | 27 | 凝灰質砂岩 | 3 |
| 87.6 | | 14.4×10.4 | | 右10.8×8 | 21 | 凝灰質砂岩 | 3 |
| 有孔円盤型で直径14.8、孔径2.9、厚さ7.3 | | | | | | 滑石質蛇紋岩 | 4 |
| 250以上 | 24.3 | 34×22.5 | 6×1.5 | 24×15.5 | 280 | 凝灰質砂岩 | 1A |
| 217 | 22 | 30×20 | 6×1.5 | 21×16 | 230 | 凝灰質砂岩 | 1A |
| 320 | 30 | 35.5×29 | 7.5×1.5 | 22×19 | 460 | 凝灰岩 | 1A |
| 290以上 | 22.5 | 37×26 | 5×2 | 25×18 | 510 | 石灰岩 | 1A |
| 268 | 28 | 38×25 | 11×0.7 | 27×19 | 300 | 凝灰岩 | 1A |
| 189 | 15 | 27.5×19 | 5×1.5 | 17×15 | 170 | 石英斑岩 | 1A |
| 212 | 22 | 32×23 | 6×1.2 | 20×15 | 300 | 石英斑岩 | 1A |
| 316 | 34 | 36×9 | 5.5×1.5 | 19×18 | 460 | 凝灰質砂岩 | 1A |

表1　国内出土の碇石一覧

| No. | 出土場所 | 所在地 |
|---|---|---|
| 1 | 博多湾中央埠頭東北100ｍ、水深5.5ｍ | 福岡市東区筥崎八幡宮 |
| 2 | 博多湾中央埠頭西200ｍ、水深5ｍ | 福岡市少年文化会館 |
| 3 | 博多湾中央埠頭西200ｍ、水深5ｍ | 福岡市東区箱崎博多港工事事務所 |
| 4 | 博多湾中央埠頭西200ｍ、水深5ｍ | 横浜市山下公園横浜海洋博物館 |
| 5 | 博多港 | 福岡県春日市自衛隊福岡駐屯地 |
| 6 | 不明 | 福岡市博多区社家町櫛田神社 |
| 7 | 福岡市博多区奥の堂　佐藤半次郎氏宅 | 福岡市博多区社家町櫛田神社 |
| 8 | 福岡市西区唐泊字フケ後浜海岸 | 福岡市少年文化会館 |
| 9 | 不明 | 福岡市博多区御供所町承天寺 |
| 10 | 福岡市博多区冷泉小学校敷地内 | 福岡市博多区冷泉小学校北隣 |
| 11 | 不明 | 福岡市博多区御供所町聖福寺瑞応庵 |
| 12 | 不明 | 福岡市博多区蓮池町善導寺 |
| 13 | 福岡市中央区天神フタタビル地下 | 福岡市中央区天神福岡市中央公民館 |
| 14 | 不明 | 福岡市西区姪浜新町　石橋七郎氏宅 |
| 15 | 福岡市中央区大名町 | 福岡県筑紫郡大宰府町大宰府天満宮 |
| 16 | 不明 | 福岡市博多区美野島　橋本ハツエ氏宅 |
| 17 | 福岡市糟屋郡新宮町相ノ島 | 福岡市糟屋郡新宮町相ノ島　西野猛氏宅 |
| 18 | 不明 | 福岡県久留米市長門石町本村長門石神社 |
| 19 | 福岡市東区志賀島蒙古塚東南100ｍ沖 | 福岡県春日市自衛隊福岡駐屯地 |
| 20 | 福岡市東区志賀島蒙古塚東南100ｍ沖 | 福岡県春日市自衛隊福岡駐屯地 |
| 21 | 福岡市東区志賀島蒙古塚東南100ｍ沖 | 福岡県春日市自衛隊福岡駐屯地 |
| 22 | 山口県萩市大字大井字佐々古ノ浜 | 山口県萩市大字大井字佐々古ノ浜 |
| 23 | 佐賀県東松浦郡呼子町加部島宮崎沖合い | 佐賀県呼子町加部島田島神社境内 |
| 24 | 佐賀県東松浦郡呼子町加部島杉野浦海岸 | 佐賀県呼子町加部島田島神社境内 |
| 25 | 佐賀県唐津市湊横野塔元沖合 | 佐賀県唐津市湊厄神社境内 |
| 26 | 佐賀県唐津市神集島住吉湾内 | 佐賀県唐津市神集島住吉神社境内 |
| 27 | 長崎県北松浦郡小値賀島笛吹前方湾内 | 長崎県北松浦郡小値賀島　松永よし子氏宅 |
| 28 | 長崎県北松浦郡小値賀島納島ハダカ瀬 | 長崎県北松浦郡小値賀島　宇野正一郎氏宅 |
| 29 | 長崎県北松浦郡小値賀島納島ハダカ瀬 | 長崎県北松浦郡小値賀島宮本志志岐神社 |

| 全長 | 碇軸装着部溝 | 中央部幅(幅×厚) | 固定溝(幅×深) | 先端部(幅×厚) | 重量(kg) | 石材の種類 | 分類 |
|---|---|---|---|---|---|---|---|
| 212 | 20 | 31×19 | 5×1 | 20×16 | 270 | 凝灰質砂岩 | 1A |
| 242 | | 11～7 | 38×21 | | 300 | 花崗岩 | 1B |
| 145 | | 38×19 | | | 140 | 石英班岩 | 3 |
| 135以上 | | 45×25 | | | 250 | 輝石安山岩 | 3 |
| 140 | | 50×32 | | | 500 | 石英班岩 | 3 |
| 200 | 無し | 40×33.5 | 8×1 | 40×33 | 不明 | 凝灰質砂岩 | 1C |
| 300 | 無し | 66×51 | 10×2 | 65×50 | 不明 | 凝灰質砂岩 | 1C |
| 326 | 22×0.5 | 38.5×27 | 5.5×1.3 | 27.5×20.5 | 不明 | 凝灰質砂岩 | 1A |
| 推定250 | | 30×22 | 4×1.5 | 22×18 | | 凝灰質砂岩 | 1A |
| 213 | 19×1 | 27×15.5 | 4×1 | 20.5×8.5 | 推定170 | 凝灰質砂岩 | 1A |
| 推定108 | 13×2 | 20×15 | 無し | 18×10 | 推定65.3 | 沖縄産砂岩 | 1B |
| 232 | 16 | 29×17 | 6×1 | | 237.5 | 花崗岩 | 1A |
| 288 | 13.5 | 34×21.5 | 6×1 | | 385 | 花崗岩 | 1A |
| 226 | 21 | 34×20 | 5.5×1.5 | | 250 | 花崗岩 | 1A |
| 112 | 16×1 | 30 | 4×1 | | 123.5 | 玄武岩 | 3 |
| 185 | | 30 | | | | 花崗岩 | 1A |
| 70.5 | 11 | 19.5 | | 16 | 26.05 | 凝灰質砂岩 | 2 |
| 68 | 11～12 | 18 | | 13.5 | 17.75 | 花崗岩 | 2 |
| 52.5 | 8～10 | 19 | | 14 | 16.8 | | 2 |
| 52 | 8～10.5 | 19 | | 13.5 | 17.75 | | 2 |
| 132 | 24 | 37 | | 26 | 163.5 | 花崗岩 | 2 |
| 131 | 27 | 37 | | 23 | 174.5 | | 2 |
| 52 | 11 | 19 | | 17 | 20.35 | | 2 |
| 52.5 | 10 | 19 | | 13 | 17.75 | 石灰岩 | 2 |
| 47 | 11～13 | 22 | | 19 | 24.2 | | 2 |
| 74.5 | 13～19 | 24.5 | | 15.5 | 52.75 | 花崗岩 | 2 |
| 62 | 9～12 | 22 | | 15 | 26.6 | 石英斑岩 | 2 |
| 42 | 10 | 22.5 | | 20 | 19.1 | 花崗岩 | 2 |
| 90 | 11～15 | 24.5 | | 21 | 40.5 | | 2 |
| 87.5 | 10～13 | 24.5 | | 19 | 39.4 | 石英斑岩 | 2 |
| 57 | 10～12.5 | 18.5 | | 13 | 25.95 | | 2 |

| No. | 出土場所 | 所在地 |
|---|---|---|
| 30 | 長崎県平戸市志志岐宮の浦唐使ヶ浦 | 長崎県平戸市平戸市役所前 |
| 31 | 長崎県壱岐郡芦辺町八幡左京鼻沖 | 長崎県壱岐郡芦辺町瀬戸浦 |
| 32 | 不明 | 長崎県壱岐郡芦辺町鬼川大師堂 |
| 33 | 不明 | 長崎県壱岐郡芦辺町町役場前 |
| 34 | 不明 | 長崎県壱岐郡芦辺町千人堂 |
| 35 | 鹿児島県大島郡龍郷町イカリ浜 | 鹿児島県大島郡龍郷町中央公民館 |
| 36 | 鹿児島県大島郡龍郷町イカリ浜 | 鹿児島県大島郡住用村奄美アイランド |
| 37 | 鹿児島県大島郡龍郷町近海 | 鹿児島県大島郡龍郷町字秋名肥後重栄氏宅 |
| 38 | 不明 | 沖縄県国頭郡恩納村字山田山田グスク城下 |
| 39 | 不明 | 沖縄県島尻郡仲里村字江城城跡内 |
| 40 | 不明 | 沖縄県糸満市字糸満 |
| 41 | 中国福建省泉州 | 中国福建省泉州開元寺 |
| 42 | 中国福建省泉州 | 中国福建省泉州海交史博 |
| 43 | 中国福建省泉州 | 中国福建省泉州海交史博 |
| 44 | 福岡市東区志賀島勝馬海底 | 福岡市東区志賀島勝馬海底 |
| 45 | ロシア・ウラジオストック・ポシエト湾 | ロシア科学アカデミー極東考古研究所 |
| 46 | 長崎県北松浦郡鷹島町神崎1号碇(右) | 長崎県鷹島町立埋蔵文化財センター |
| 47 | 長崎県北松浦郡鷹島町神崎1号碇(左) | 長崎県鷹島町立埋蔵文化財センター |
| 48 | 長崎県北松浦郡鷹島町神崎2号碇(右) | 長崎県鷹島町立埋蔵文化財センター |
| 49 | 長崎県北松浦郡鷹島町神崎2号碇(左) | 長崎県鷹島町立埋蔵文化財センター |
| 50 | 長崎県北松浦郡鷹島町神崎3号碇(右) | 長崎県鷹島町立埋蔵文化財センター |
| 51 | 長崎県北松浦郡鷹島町神崎3号碇(左) | 長崎県鷹島町立埋蔵文化財センター |
| 52 | 長崎県北松浦郡鷹島町神崎4号碇(右) | 長崎県鷹島町立埋蔵文化財センター |
| 53 | 長崎県北松浦郡鷹島町神崎4号碇(左) | 長崎県鷹島町立埋蔵文化財センター |
| 54 | 長崎県北松浦郡鷹島町神崎5号碇(右) | 長崎県鷹島町立埋蔵文化財センター |
| 55 | 長崎県北松浦郡鷹島町神崎5号碇(左) | 長崎県鷹島町立埋蔵文化財センター |
| 56 | 長崎県北松浦郡鷹島町神崎6号碇(右) | 長崎県鷹島町立埋蔵文化財センター |
| 57 | 長崎県北松浦郡鷹島町神崎6号碇(左) | 長崎県鷹島町立埋蔵文化財センター |
| 58 | 長崎県北松浦郡鷹島町神崎7号碇(右) | 長崎県鷹島町立埋蔵文化財センター |
| 59 | 長崎県北松浦郡鷹島町神崎7号碇(左) | 長崎県鷹島町立埋蔵文化財センター |
| 60 | 長崎県北松浦郡鷹島町神崎8号碇(右) | 長崎県鷹島町立埋蔵文化財センター |

| 全長 | 碇軸<br>装着部溝 | 中央部幅<br>(幅×厚) | 固定溝<br>(幅×深) | 先端部<br>(幅×厚) | 重量<br>(kg) | 石材の種類 | 分類 |
|---|---|---|---|---|---|---|---|
| 57 | 11～12 | 17.5 | | 15 | 24.15 | 花崗岩 | 2 |
| 半切122 | | 24×29 | | 17×16 | 98.9 | 花崗岩 | 1A |
| 29 | 33 | 24 | | | 53.9 | | 1A |
| 90.5 | 14 | | 3 | | 56.5 | | 1B |
| 68 | | 23 | | 20 | 38.9 | | 2 |
| 82 | | 24 | | 18 | 52.1 | | 2 |
| 85 | | 25 | | 17 | 50.1 | | 2 |
| 78 | | 25 | | 18 | 49.8 | | 2 |
| 89 | | 25 | | 18 | 41.9 | | 2 |
| 64 | | 19 | | 14 | 23.8 | | 2 |
| 59 | | 14 | | 12 | 18.7 | | 2 |
| | | 20 | | 15 | | | 2 |
| 80 | | 17 | | 13 | 24.1 | | 2 |
| 44 | | 22 | | 21 | 29.3 | | 2 |
| 52 | | 22 | | 18 | 24.5 | | 2 |
| 65 | | 10 | | 11.4 | | | 3 |
| 50 | | 10 | | 7.6 | | | 3 |
| 33 | | 10 | | 7.3 | | | 3 |

| No. | 出土場所 | 所在地 |
|---|---|---|
| 61 | 長崎県北松浦郡鷹島町神崎8号碇(左) | 長崎県鷹島町立埋蔵文化財センター |
| 62 | 長崎県北松浦郡鷹島町神崎 | 長崎県鷹島町立埋蔵文化財センター |
| 63 | 長崎県北松浦郡鷹島町 | 長崎県鷹島町立埋蔵文化財センター |
| 64 | 長崎県北松浦郡鷹島町神崎 | 長崎県鷹島町立埋蔵文化財センター |
| 65 | 長崎県北松浦郡鷹島町俵石鼻沖 | 長崎県鷹島町立埋蔵文化財センター |
| 66 | 長崎県北松浦郡鷹島町俵石鼻沖 | 長崎県鷹島町立埋蔵文化財センター |
| 67 | 長崎県北松浦郡鷹島町俵石鼻沖 | 長崎県鷹島町立埋蔵文化財センター |
| 68 | 長崎県北松浦郡鷹島町俵石鼻沖 | 長崎県鷹島町立埋蔵文化財センター |
| 69 | 長崎県北松浦郡鷹島町俵石鼻沖 | 長崎県鷹島町立埋蔵文化財センター |
| 70 | 長崎県北松浦郡鷹島町俵石鼻沖 | 長崎県鷹島町立埋蔵文化財センター |
| 71 | 長崎県北松浦郡鷹島町俵石鼻沖 | 長崎県鷹島町立埋蔵文化財センター |
| 72 | 長崎県北松浦郡鷹島町俵石鼻沖 | 長崎県鷹島町立埋蔵文化財センター |
| 73 | 長崎県北松浦郡鷹島町俵石鼻沖 | 長崎県鷹島町立埋蔵文化財センター |
| 74 | 長崎県北松浦郡鷹島町 | 長崎県鷹島町立埋蔵文化財センター |
| 75 | 長崎県北松浦郡鷹島町床浪港 | 長崎県鷹島町立埋蔵文化財センター |
| 76 | 長崎県北松浦郡鷹島町床浪の瀬海底 | 長崎県鷹島町立埋蔵文化財センター |
| 77 | 長崎県北松浦郡鷹島町床浪の瀬海底 | 長崎県鷹島町立埋蔵文化財センター |
| 78 | 長崎県北松浦郡鷹島町床浪の瀬海底 | 長崎県鷹島町立埋蔵文化財センター |

註：角柱対称型を1A・角柱非対称型を1B・角柱直方型を１C、左右一対型を２、柱状不定型を３、環状型を４とした。

表中の空欄箇所は、測定不能による。

No.17・No.19・No.20については、先端部（幅×厚）は右先端部の表記とした。

# 第五章　中世和船の碇

## はじめに

武家社会の興隆により、国内の物流にも大きな展開があった。それは大量の物資輸送をなしうる海上輸送力の発展と、大陸との対外貿易による海外文化の摂取である。とくに、平清盛が九州の地に築いた日宋貿易の根拠地は、その後、鎌倉期には博多を中心として隆盛をきわめ、幕府の権力基盤を支える重要な原動力となった。

すなわち中世は、対外貿易の興隆とともにその収益を享受した時代的背景があった。しかし、その影で強大な武力を背景として大陸で勢力を拡大しつつあった蒙古が、ついには南宋を滅亡させ、朝鮮半島の高麗をも征服して、いよいよ海を越えてわが国へも圧力を加えはじめた。そしてここに建国以来、もっとも強大な外敵である蒙古の来寇を受けることになるのである。本章においては、絵画資料を通して、前章で考察した蒙古襲来を、わが国の視点からとらえ、当時、蒙古の軍船と闘った和船を観察し、そこに使用されていた碇の特徴をみていく。また、国内船の碇を通して、中世和船における碇を総合的に考察するものである。

## 第一節　絵画資料に描かれた和船と碇

### (一)「蒙古襲来絵詞」にみる和船の碇

弘安の役の海戦模様を伝える史料として、もっとも明確なものに「蒙古襲来絵詞」がある。この絵巻は肥後の御家人であった竹崎季長が描かせたとされるもので、文永・弘安の役における季長の活躍を描いたものである。この「蒙古襲来絵詞」は鎌倉時代の永仁元年(一二九三)二月九日に描かれたとされているが、永仁元年は八月九日に改元されており、二月九日であれば前年の年号の正応六年か、あるいは永仁二年でないと辻褄があわないといわれている。そこで本絵巻の成立年にはいささか疑念があり、より後世の作ではないかとの意見もある。

さて、本絵巻は、現在、宮内庁の三の丸尚蔵館に収蔵されているが、その来歴は明治二三年(一八九〇)、熊本の細川家の家臣であった大矢野十郎という人物が、明治天皇に献上したものである。

熊本県の天草にある大矢野島を本拠地とした鎌倉時代の御家人であった大矢野家は、その後、肥後の加藤家や、細川家に代々仕えた家柄で、幕末を経て明治にいたるまで、この絵巻を伝えたとされる。巻物は二巻に分かれ、絵が二一枚、詞書が一六枚現存している。江戸時代には、かなり稚拙な描き加えもあったようだが、大半は成立当初の面影を残しているものである。

さて、両軍の船をくわしく描写しているのは、二巻目にあたるもので、弘安の役における日本武士団の海上戦闘を描いたものである。

博多湾に侵攻し、壱岐へ後退していく東路軍(朝鮮半島の合浦から出発した蒙古人・漢人・高麗人からなる軍団)を追って、和船に分乗した、鎮西奉行少弐経資と薩摩国守護島津久経、弟の長久の乗る軍船が、船首に旗指物をなびかせて進む様子である（図1）。

二隻の和船は櫓漕によって進んでおり、舷側の張り出し部分にいる従者たちが、懸命に櫓を漕いでいる姿が描かれている。船尾には屋棟造りの構造物が描かれていることから、比較的大型の船であることが分かる。また、

図1　「蒙古来襲絵詞」に描かれた和船とその碇

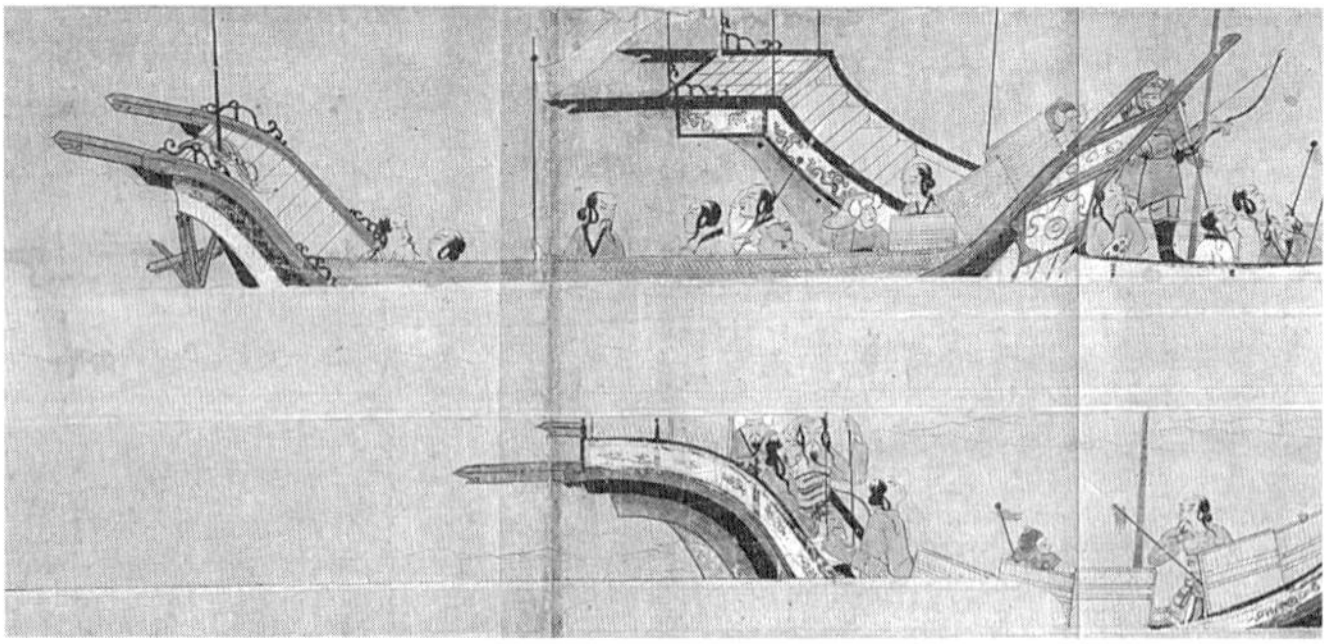

図2　「蒙古来襲絵詞」に描かれた元寇船とその碇

船尾からは海面上の舵ものぞいている。しかし、帆走用の帆柱などは描かれていない。

注目したいのは、両船の船首におかれた碇である。レ字の碇爪が左右から碇石を挟みこむ、いわゆる両爪の木碇と呼ばれるものである。

両爪の木碇は、レ字の碇爪二本が碇石を挟む格好だが、碇石を挟むことによって、碇石と碇爪のあいだに隙間がみえ、個別のレの字形の碇爪が識別できるほどである。したがって構造的には左右一対の碇爪と、一本の碇石が、部分的に縛り合わされたもので、構造的に一体化した碇とは言い難い。

蒙古軍船の船首からも、碇が懸架されている姿が描かれている（図2）。こちらも船に帆柱はなく、船上には構造物らしきものもみられないことから、小型の船艇と思われる。また、船尾近くには櫓櫂がのぞいていることから、櫓櫂によって推進する船とみられる。さらに船首には碇巻き揚げ機の盤車もみえないことから、碇も比較的小型のものと思われるが、和船の碇とは異なり、よくみると碇石を挟みこんだ碇本体が、隙間など微塵もなく、完全に碇石と一体化した構造であることが分かる。つまり碇石を挟んだ二つの碇爪をもつ木製部材は、完全に接合されているのである。おそらくこの碇に装着された碇石は、角柱対称型の定型化されたものと思われる。

写真1　福建省泉州市の海外交通史博物館に展示されている碇
中央部に碇石が装着されている

中国の泉州にある海外交通史博物館に復元展示されている碇は、まさに角柱対称型の碇石を木製の碇本体が、がっちりと組み込んだ寸分の隙間もない造りである（写真1）。蒙古軍船の碇も船の種類によって大きさはさまざまであろうが、構造的には同じようなものであったと思われる。

一九七三年八月に福建省泉州市后渚港の南西部の浅瀬で発見された、南宋末期（一三世紀後半）の貿易船（全長三四・五五ｍ、最大幅九・九ｍ、排水量三七四・四トン）では、船底部分のみ残存していた。この船の碇と推定されているものは、泉州港に近い法石村で出土した、花崗岩製の角柱対称型であり、全長二三二㎝、重量二三七・五㎏のものである。

往時を偲ばせるように、木製部材に装着して復元展示されているが、これでも宋船では三碇と呼ばれる三番目に位置する大きさといわれ、宋代の船に通常二本装備されていたものである。このほかに主碇（長さ六・六ｍ）の木石碇一本、副碇（長さ四・五ｍ）の木石碇一本を装備していたといわれている。

このように彼我の軍船に装備された碇は、同じように両爪をもつ木碇（中国では木石碇と呼ばれる）であるが、構造上においては、大きな違いがあることが分かる。すなわち日本の軍船に装備された碇は、二つの片爪が碇石を挟むようにとりつけられ、それを索で緊縛して固定している。かたや蒙古の軍船は、船の大小にかかわらず碇爪と碇石が完全に一体化するように組み込まれた木石碇である。また、碇石も碇爪をなす木製部材と密着させるために固定用の溝が彫られていた。これは博多湾をはじめ西北九州各地から発見されている碇石をみれば一目瞭然である。

## （2）「一遍聖絵」にみる和船の碇

中世和船の碇の例をもう一つみてみよう。それは「一遍聖絵」または「一遍上人絵伝」（歓喜光寺本）といわれる絵巻である。この絵巻は、時宗の開祖である一遍の生涯を描いたもので、奥書によれば一遍の弟子にあたる聖

図3　「一遍聖絵」に描かれた和船と碇

戒が詞書を起草し、画僧であった円伊が絵を描いたとされるもので、全一二巻、四八段よりなっており、時宗一二派の一つであった六条派の歓喜光寺（京都市山科区）に伝来し、現在は時宗総本山の清浄光寺（神奈川県藤沢市）が所有している。さてこの絵巻は第一二巻の奥書に、「正安元年亥己八月二三日、西方行人聖戒記之畢　画図法眼円伊　外題三品経尹卿筆」とあり、一遍の死後一〇年目の正安元年（一二九九）に描かれたことが分かる。

この中で、和船とその碇が描かれている箇所は、第一六巻の第四〇段で、厳島神社の全景と海上に浮かぶ船の上に碇が描かれている。いずれも碇石をレの字形の爪で挟みこんだもので、先の「蒙古襲来絵詞」に描かれた和船の碇と同様である。

また一遍が入滅した観音堂の前の海、すなわち輪田泊（現在の神戸市）に入津しようとする、西国の運上米を運ぶ船の船首にも二本の両爪の木碇が見える（図3）。

船はやや大型で船尾には屋棟がみえ、船の中央部には米俵が積まれており、帆走用の帆柱と思われるものが描かれているが、帆は下ろされており、米俵の山の上に巻き込んだものは帆布の網代と思われる。また船尾付近の舷側にある張り出し部分には、櫓を漕ぐ人が描かれている。船は、帆走と櫓漕の両方によって、推進力をもつものであろう。船首の両舷に、こちらも両爪である木碇がのぞいている。

そして「蒙古襲来絵詞」と同じように、レの字形の碇爪ともう一方の碇爪のあいだには隙間がみえている。

弘安の役より一八年後に描かれた絵巻に登場する船や碇だが、まったく差がみられない。したがって中世のわが国における碇とは、やはり両爪をもつ木碇が中心だったとみるべきであろう。

それは前章でみたように、レの字形の碇爪をもった木製部材を二つ使い、一本の碇石を挟み込んで、その碇石に錘の役目と、ストック（桿）の役目の両方を担わせたものと思われる。ただ蒙古の軍船や南宋代の貿易船の碇と違い、構造的には脆弱で、余分な過重が加えられるとすぐに壊れそうにみえる。

## （3） 二つの天神縁起絵巻にみる船の碇と放置された碇の図

一三世紀前半の船を描いたものに「北野天神縁起絵巻」（弘安本・一二七八年）があるが、これは大宰府に配流される菅原道真を乗せた船を描いたもので、道真が実際に配流された一〇世紀初頭ではなく、描かれた当時の船の様子を伝えているものと思われる。

ここに描かれた船は、約三〇〇石積級（載貨重量三〇トン）の、二段に重ねた舷側板をもつもので、帆柱を倒して網代は帆柱に巻きつけ、帆走をやめて、両舷側に張り出した部分に、漕ぎ手が座って櫓を漕いでいる姿を描いている（図4）。そして船首には、帆柱の先端に隠れぎみだが、やはり両爪の木碇を備えている。なお、船首と船尾の下方にみえる黒い部分は、本船の主要構造をなす刳り舟の部材である。

また「松崎天神縁起絵巻」（一三一一年）では、時代が下って一四世紀前半の船を描いているが、ここでも船首には扁平な碇石を挟んだ、両爪の木碇が描きこまれている（図5）。注目したいのは両爪のレの字形の根元を縛りつけていること、また扁平な碇石は、いかにも自然礫をそのまま使用したようにみえ、磨いて加工したものにはみえない点である。やはり船尾の下方には主要構造をなす刳り舟の部材がみえる。

一五世紀の「西行法師行状絵詞」に描かれた江口の里の情景には、淀川べりに打ち捨てられた木碇と、船材や古綱が描かれている（図6）。この碇も両爪の木碇のようだが、細長い自然礫を挟み込んでいる。

図4　「北野天神縁起絵巻」に描かれた和船とその碇

図5　「松崎天神縁起絵巻」に描かれた和船とその碇

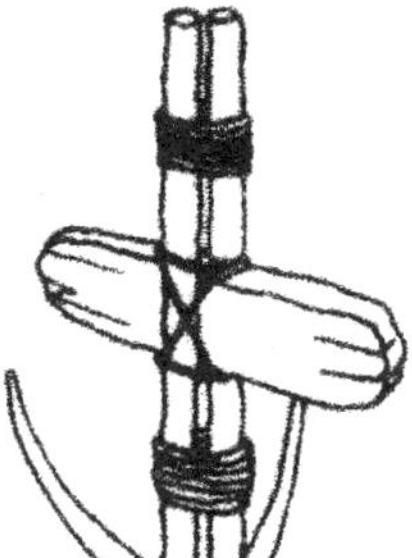

図7　木碇の模式図

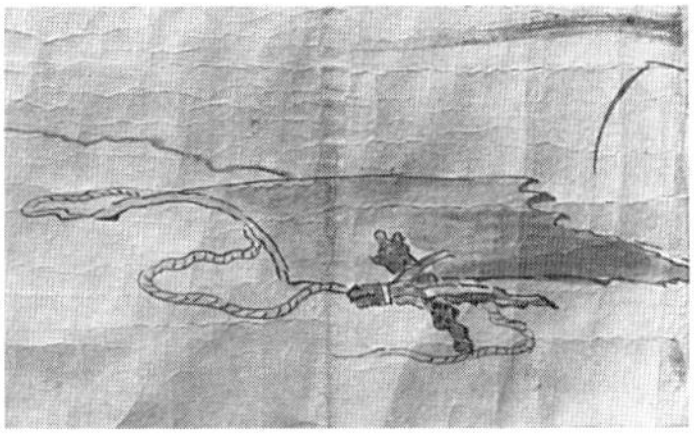

図6　「西行法師行状絵詞」に描かれた廃棄された碇

このように中世の和船の碇は、両爪の木碇が中心であったらしく、しかも碇石はあえて磨かず、適当な大きさの、やや扁平な自然礫をそのまま使用していたようである（図7）。

長崎県壱岐市芦辺町鬼川大師堂にある自然礫を利用した碇石は、一四五cm以上（下部は台座に埋め込まれているので計測できない）重さは推定一四〇kgのもので、中央部には幅四cm、深さ一cmの溝二本を施している（写真2）。平面部分に「四国遍路供養塔」と刻まれている。さらに壱岐市芦辺町の千人堂にある碇石は全長一四〇cm以上、最大幅五〇cm、厚さ三二cmの扁平な柱状で右側面に弓状の凹面がみられる（写真3）。現在は千人堂の本尊として信仰の対象となっている。千人堂という名前からしても、死者への供養塔としての信仰が根底にあることは間違いなく、それに祈願成就の信仰が加味されて現在におよんでいるものと思われる。

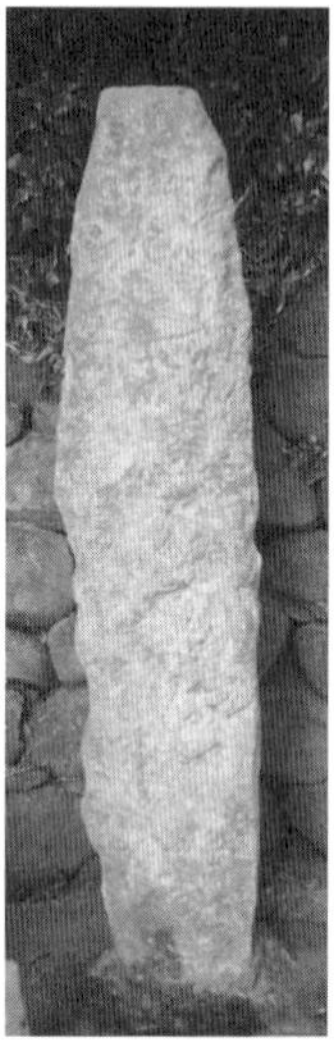

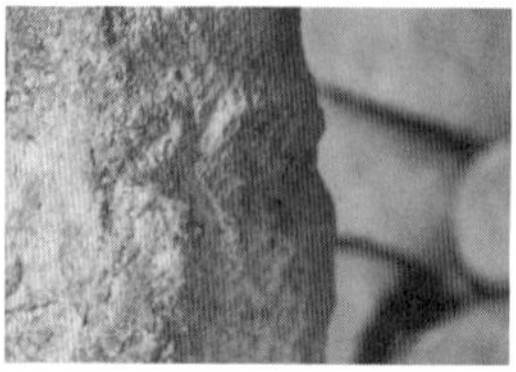
碇に施された二条の溝の拡大図

写真2　壱岐市芦辺町の鬼川大師堂の碇

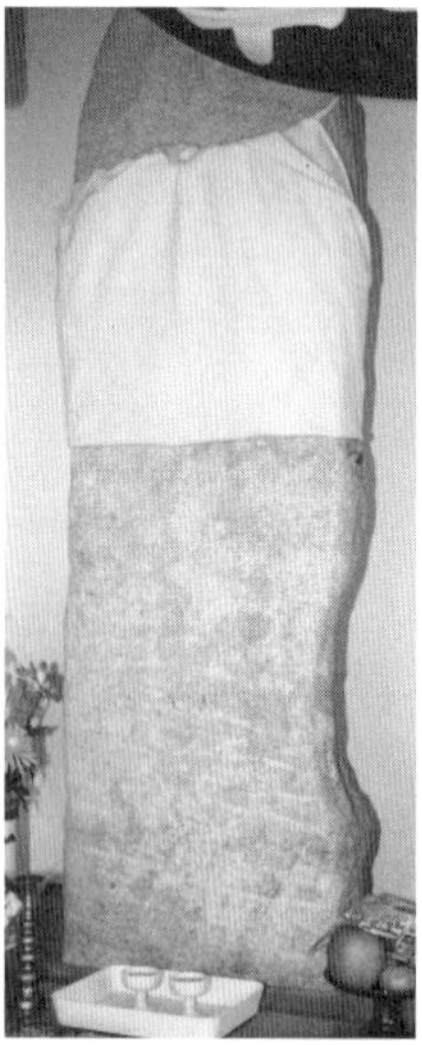

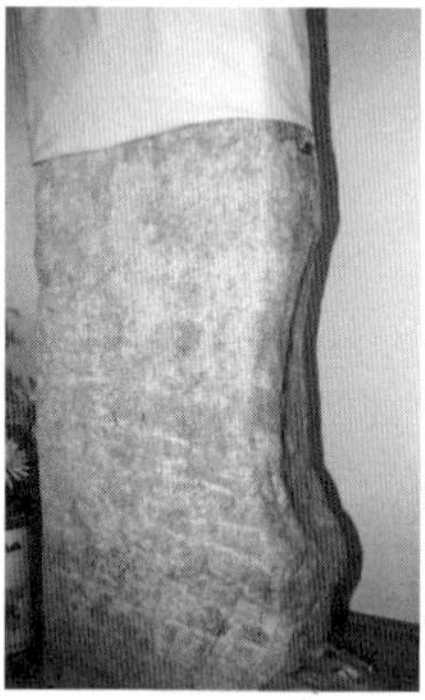
千人堂の碇に施された溝

写真3　壱岐市芦辺町千人堂の碇

また、同じく芦辺町の旧町役場前にも輝石安山岩製の碇石があり、全長は一三五㎝以上、最大幅四〇㎝、厚さ二五㎝の扁平な柱状をしている。上端から一一二㎝のところに幅六㎝、深さ一㎝の溝を施している。表面に「江湖供養等」と刻まれ、「文化六」とあることから、文化六年に供養塔として転用されたものであることが分かる。

この碇石も難破船に搭載されていて、その遭難者を弔うための供養塔になったと考えられる。このようにみてくると、和船の碇石は明らかに自然礫に近い扁平な柱状のものであり、それをレ字の爪をもつ木製部材の碇身で両側から挟むという形式の、いわゆる木碇、俗称「唐人碇」というものであることが分かる。碇石を定型化し、木製部材の碇身本体と合体するように一体化した中国の木石碇との違いは明白である。

（4）「倭寇図巻」に描かれた和船

時代はやや下がるが、中国の明代に倭寇対策を練るために作られた日本研究書に『籌海図編』がある。この中で和船について注目すべき記述があるので引用してみたい。

「日本の船は中国の船と違い、大木を角材として繋ぎ合わせ、鉄釘を使わないで、鉄片を連ね、また縫い目を塞ぐのに麻筋桐油を用いず、短水草と呼ぶ草をもって繋ぎ目を塞いだので、労力と資材が非常にかかった。船は大きなものは三百人、中くらいのもので百、二百人、小さいものは四、五十人から七、八十人の乗組員を乗せた。その上、船底が扁平だったので、波を切ることができなかった」と書かれている。

また、帆についても「中国の船の帆は、帆柱の真ん中より外れたところにしっかりと定着させてあるが、日本の帆は帆柱の真ん中に懸けており、しかもその帆柱が絶えず動揺するので、順風の時は帆を張って航行するのに適しているが、風がないときや逆風のときなどは、帆柱を倒し櫓でもって漕がなくてはならない。したがって日本の船が東シナ海を横断するには一月以上もかかった」と述べている。

すなわち和船は帆走と櫓漕ぎの両方で推進力を得ていたこと、帆柱は固定式でなく、順風でない場合は帆柱を倒して櫓を漕いだことなどがあげられ、構造についても船底が扁平で波きりに不向きであることが指摘されている。つまり竜骨がない船ということになる。

しかし倭寇として福建省沿岸を荒らしまわる頃には、中国の船の構造を学び、船底を二重張りにして底を尖らせ、横風も逆風も恐れることなく、自由自在に波を切って航行できるようになったと書かれている。

このように和船は、かなり構造的に脆弱であったことは明らかで、中国船のような竜骨をもち水密隔壁をもった航洋性を備えた船とは違っていたようである。

次に「倭寇図巻」（東京大学史料編纂所所蔵）に描かれた倭寇の船をみてみよう。この「倭寇図巻」は、縦三一cm、横五ｍの絵巻になっており、三か所において倭寇船が描かれている。最初は「倭寇船団の出現」を描いたもので、図巻の導入部にあたる部分に倭寇船三隻が描かれている。画面中央に先頭の船を描き、遠近法を使って彼方から追走してくる二隻の僚船を描いている。船は前方部に帆柱を立て、網代のような帆をかけて進んでおり、船首に立つ人物がもっている旗棹の旗が進行方向にたなびき、網代の帆は順風を得て進んでいることがわかる（図８）。

船は船尾に舵取りが一人、またその近くに櫓を漕いでいる二人の人物が描かれている。すなわち船の推進力は帆走だけでなく、櫓漕による推進力もあわせもっていることが分かる。

船体は小型で七人しか乗船しておらず、大型船に付随する上陸用船艇のようなものであろう。『籌海図編』の記述のように船首をみると扁平で、水を切る船首材がなく、竜骨もなく船底も扁平にみえる。着上陸を目的とする船であるならば、浅瀬や汀線付近まで接近することができる有利性を兼ね備えた船とも思われる。

　次の部分は、倭寇の上陸を描くもので、二隻の船が岸辺に着岸し、まさに上陸して襲撃に向かう様子を描いている。船形は初めの船に近いが、手前の船は、前方部に二本の帆柱を建て、網代の帆を降ろして巻き取っている様子を描いている。また、中央には小型の屋家があり、中に人物が描かれている。船尾にも甲板上に構造物があり、人が出入りしている（図9）。

図8　倭寇船団の出現

図9　倭寇の上陸

後方の船は、手前の船に添うように着岸しており、大型船らしく前方、中央、後方に三本の帆柱があり、露天甲板の上では大勢の人間が作業にあたっている。また甲板上には盾のような遮蔽物が置かれ、戦闘にさいしては、この甲板上から矢を射掛けるのであろう。二層目の甲板には、厳重に遮蔽のためと思われる防御扉らしきものが備えられ、二人の人物が顔を出して外をうかがっている。おそらくこの船が倭寇船団の母船であろう。

さらに次の部分は、倭寇と明兵との接戦を描くもので、最初に登場したような小型船艇二隻が攻め込み、これを明の官兵らしき部隊を乗せた船が、相対して戦闘中の図である（図10）。倭寇船に帆柱はなく、櫓漕ぎによって進んでおり、双方が鑓を突き立てて争っている様子を描いている。これも『籌海図編』の記述にある通り、帆柱を倒して櫓漕ぎにより航行する様子であることがわかる。

図10　倭寇と明兵との接戦

これらの船に、碇が描かれていないのが残念であるが、甲板上にみえないことから推測すると、碇を揚収後は船内に収納していた可能性が高い。戦闘中に邪魔にならないようにとの配慮からかも知れない。

さて、倭寇の前期は、一四世紀中葉から一五世紀初頭にかけて、朝鮮半島から中国大陸の沿岸が、活動の舞台であったといわれている。また、後期は勘合貿易が途絶した一六世紀に、中国大陸の沿岸から南洋方面まで、広い範囲で活動したとされ、さらに後期の倭寇の構成員は大部分が明人であり、日本人は一割から三割程度であったともいわれている。そして、この「倭寇図巻」の描写から『籌海図編』の倭寇の船に関する記述が、きわめて正確であることが分かるのである。

## 第二節　出土した碇石

中世におけるわが国の碇については、先述のように絵画資料から推測するしかない。それは細長い柱状の石を、レ字形の木製碇爪で左右から挟みこむもので、壱岐で確認されたような自然礫を簡易加工したものから、外形を成形したものまでさまざまである。

とくに第四章で述べた柱状不定形の碇石は、わが国の船舶に使用されていた碇ではないかと思われるものが多い。すなわち福岡市東区志賀島の蒙古塚沖東南一〇〇ｍで発見された全長八九・六cm、中央部幅一四cm、中央部厚九・四cm、先端部幅八・四～一四cm、重さ二七kgで、全体をフジツボや牡蠣殻に覆われていたものである[1]（写真4）。またほぼ同じ海域で発見されたものも、全長八七・六cm、中央部幅一四・四cm、中央部厚一〇・四cm、先端部が幅約一〇・七cm、厚みは約九cmで重さ二一kgであった。石質はいずれも凝灰質砂岩である。

このような柱状不定形の碇石は、長崎県の五島列島に位置する、小値賀島前方湾の海底からも六本が発見されている。そのうち小値賀一号、二号は二〇〇四年の海底調査で、同湾のクリスク崎の暗礁部の海底で確認されたものであるが、そのうち回収された二号は、半切しており、残存長六五cm、先端部幅一一・九cm、先端部厚九cm、折損部幅二五cm、折損部厚一八cmであった。また、二〇〇五年度の調査では同クリスク崎で小値賀三号（全長一〇〇cm、幅一五cm、厚さ一〇cm）と小値賀四号（全長一一九cm、先端部右幅一二cm、厚さ一一cm、先端部左幅一五cm、厚さ一〇㎝)、同じく大根瀬でも同様の碇石の小値賀島五号、六号が確認されている。特徴的なことは、そのすべてが砂岩質であることである。(2) このような例は熊本県天草郡天草町の妙見ヶ浦の海底からも発見されている(3)(写真5)。全長五六・六㎝、幅は中央部が一四㎝、先端部は一〇㎝で、扁平の柱状形で重さ一〇㎏である。石質は石英半斑岩である。天草では石英斑岩の石材は苓北町富岡と、芦北郡芦北町に露頭があるといわれている。このほかにも熊本県本渡市の歴史民俗資料館には長さ三五㎝、幅八㎝の角柱状の碇石が収蔵されている。

神奈川県三浦市三崎町小網代の白髪神社境内にも、「カンカン石」と呼ばれる中・近世のものと思われる二つの碇石が置かれている。この碇石は、前田元重氏が以前、その存在を報告しているものである。一号碇石は全長一五四・五㎝、幅一七・五～二四㎝、厚さ二一・五～二五㎝である(写真6)。二号碇石は中央部で半切したものと思われるが、残存長八五㎝、幅一三・五～二〇・五㎝、厚さ一八～二〇・五㎝である(写真7)。いずれも柱状不定形である。(4) この碇石の時期については諸説あり、前田元重氏は白髪神社境内の五輪塔の存在から、鎌倉

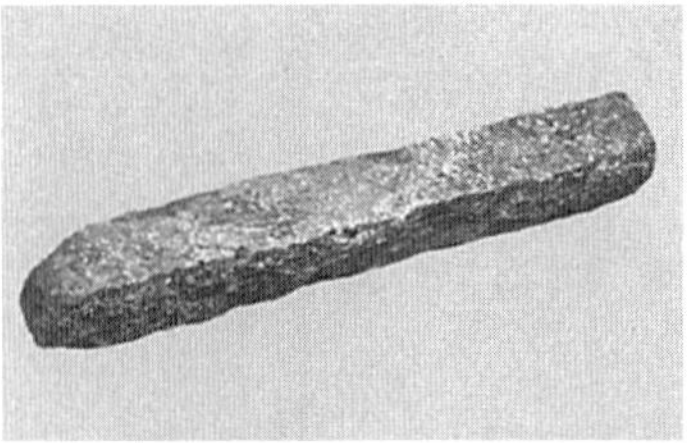
写真4　志賀島の碇石

写真5　天草の碇石

写真6　カンカン石の1号碇

写真7　カンカン石の2号碇

後期としているが、江戸時代後期の『新編相模国風土記稿』や『三崎志』に「磐石」とか「鈴石」と記録が残ることから、江戸時代後期にはすでに白髪神社に奉納されていたことが分かる。(5)

伝承では、小網代湾で風待ちしていた西国の船が、明神のお告げによって奉納したという話や、摂津の船のものだという説があるが定かではない。

しかし石質については観察結果から、敲くと金属的な音色を発するサヌカイト（古銅輝石安山岩）と考えられており、四国産のサヌカイトであれば、西国船の奉納という話も考えられなくはない。「カンカン石」というのは、敲くとそういう響きの音がする石ということであろう。いずれにしてもこの柱状不定形の石材は、わが国の中・近世の碇の可能性も捨てきれない。

以降では、中・近世の遺跡から出土した碇についてくわしくみていく。

### （一）　光明寺旧境内遺跡

神奈川県鎌倉市材木座六丁目に所在する旧光明寺境内遺跡は、現在の光明寺境内の南東側にあたり、その先には中世の港湾施設であった和賀江島の海岸線を望むことができる。

光明寺は貞永元年（一二三二）七月一二日に、勧進上人往阿弥陀仏が北条泰時の許可を得て建立したものとされる。

碇石として報告されているものは、長さ一三一・六㎝、幅三二・四㎝、厚さ一八㎝、重さ一一七・八kgで、石質は安山岩である（図11）。形状は全体が板状で側面の一方が直線的であるのに対して、他方の面は先端部に向かって細る傾向を示す。また厚さも最大厚の基底部から先端部に向かって三分の二ほどのところから、ゆるいカーブで細りはじめ、先端部で最少厚となる。さらに先端部の一角が剝離欠損していることと、先端部から三分

の一程度の箇所に金属を打ち込んだ痕跡があり、両側面には整形痕と思われる工具による加工痕がみられるという。(6)

この碇石らしき遺物は、同遺跡の第二遺構面から瀬戸の折縁鉢や皿、捏鉢、吉備系の土師器などの遺物をともなって出土したもので、一四世紀前半のものと考えられている。

さて、この遺物に関しては形態上の特徴から次のことがいえる。まず、碇石に特徴的な碇身を装着するための軸装着部溝などは存在しない。また、形状は均一な直方体ではなく歪な板状を呈し、厚みも先端部に添って薄くなる傾向を示している。これらから判断すると九州地域の海底から引き揚げられる角柱対称型の碇石とは、まったく異なるもので、碇石であれば国内船に搭載された木碇の碇石を想定せざるをえない。その根拠の一つとしてあげたいのが金属痕の存在である。金属痕はこの遺物と木製の何かを接合したさいについた痕跡と考えられる。すなわち木製の碇爪と碇石を緊縛するさいの補助的な役目として釘か鎹《かすがい》といった金属を打ちつけた可能性がある。その理由としては、金属痕が残る部分から、急にカーブを描くように厚みがなくなり、先端部は最大厚を示す基底部の半分以下となる。つまりレの字の碇爪をもつ碇身を左右から接着して両爪の木碇とする場合、碇石は厚みがほぼ均一でなければ、年を経るうちに、碇石の厚みが薄い部分に片寄り、ひいては木製部材が離脱してしまうおそれがある。そこで碇身がずれないように釘か鎹のようなもので碇身を固定したのではないかと考えられるのである。中世

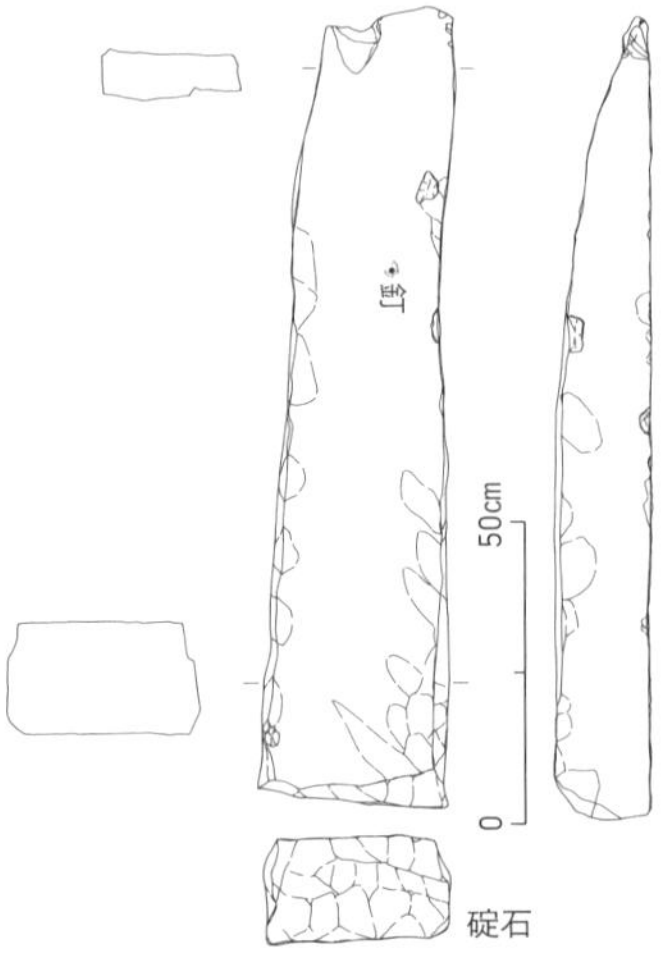

図11　鎌倉市の光明寺旧境内遺跡から出土した碇石

前期の同地域は水運の根拠地の一つであり、多くの国内船が出入りした場所である。その特徴ある地域に、このような遺物が存在することは、きわめて象徴的であるといえよう。

## （2）　水の子岩海底から引き揚げられた棒状石

香川県小豆島の南東約六kmの海上に浮かぶ、通称「水の子岩」は海面に突出した岩礁であるが、この海底から古備前の壺が発見されたことから、沈没船の可能性が指摘され、一九七七年四月に「水の子岩学術調査団」が結成され、海底調査が開始された。

水深二〇～四〇ｍにおよぶ岩礁部に散布していた古備前などの陶磁器は一〇器種二一〇点におよび、金属製品や石製品などが発見された。調査団の鎌木義昌氏は、古備前がいずれも単一の時期に焼かれたものであること、その時期は一四世紀中頃であり、それらが一括して岩礁下に散布していたことから、これらの遺物は遭難した船の積荷であろうとした。

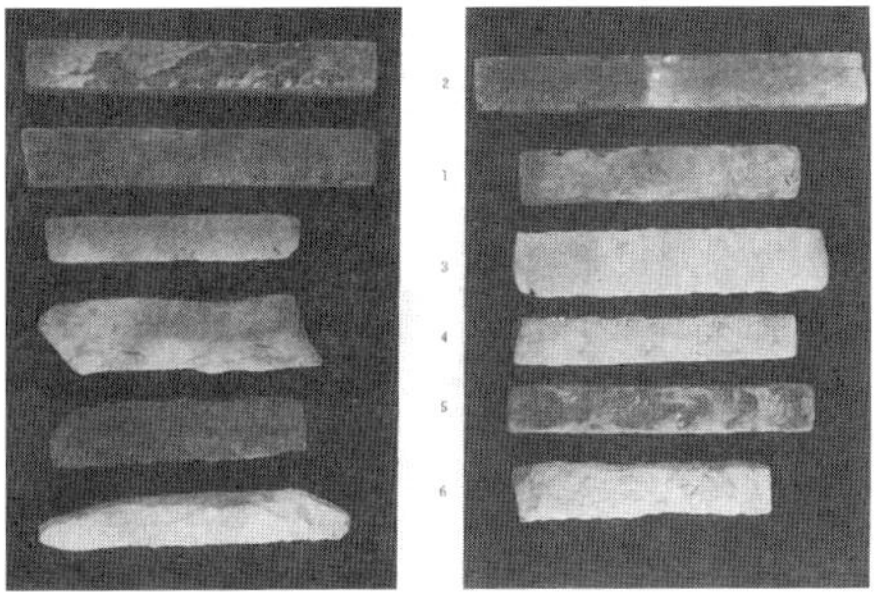

（N地区出土）　（S地区出土）

写真８　水の子岩海底遺跡から出土した「棒状石」

香川県では一九四〇年にも香川郡直島町の直島瀬戸の海底から、陶守三郎氏が二百数十点の古備前を引き揚げ「上陸備前」として騒がれたことがあるが、それ以来の発見といわれた。

この調査では船体は確認されなかったが、船のバラスト（船底に積む重り）と思われる礫が多数発見され、その中に棒状石として報告された石材がある。いわゆる板状石製品で合計一二本発見された（写真8）。

一二本の法量は以下の範囲内で、長さは五五～九〇・五㎝、幅は九・九～一六・二㎝、厚さ五・一～八・五㎝で、横断面は長方形を呈する。重さは五・七～一六㎏で、石質は輝石安山岩の一本以外は、すべて砂岩である。上・下面は板状節理面を利用して平滑であったと報告されている。

調査者は用途について船舶の甲板を構成した敷石石材、あるいは備前福岡庄の長船刀《おさふねとう》に関連する、荒砥ではないかとし、平面および側面に研磨痕があると述べているが、これらを碇石と考える向きがある。

船の敷石としては数が少ないし、日本刀を研ぐ荒砥にしては大きすぎる。また船のバラストであれば多量の礫が発見されていることから、それで事足りるはずである。

引き揚げられた陶磁器から推測して、この沈没船は一四世紀中頃のものと思われる。当然この古備前を積んだ船は木碇を積んでいたはずであろう。すなわちこれら棒状石が、木碇の碇石ではないかとの推測もなりたつわけである。

船底部分に積まれているはずのバラストが数多く発見されていることからして、おそらく難破船は、その船体ごと沈没し、積荷である備前焼は周辺に散乱し、長い時間の経過とともに船体の木質部は失われ、碇の木製部材も同様の運命をたどったものと思われる。

これらの棒状石がどのような位置関係で散布していたかが分かれば、さらに木碇の碇石である可能性を探ることができるが、残念ながら報告文には、その記録は残されていない。しかし、この疑問に対する新証言が現れた。

まず、バラストと思われる礫について、もう少しくわしくみてみよう。こぶし大の円礫群で、総量は五トンをこえる。石質別の内訳では花崗岩六％、流紋岩四％、斑れい岩二％、砂岩五五％、礫岩二％、チャート二八％、ホルンフェルス三％、火成岩一二％、堆積岩八五％、変成岩三％で、いずれも花崗岩質の水の子岩の石質とは異なるものである。そのうちの砂岩は和歌山県の日置川の河床礫や付近の洪積世堆積礫と同一のものであることから、日置川河口付近の河原石であることが推定された。そしてその用途としては船底部分に敷いたバラストであると考えられた。(8)

では棒状石はどうかというと、先にも述べたごとく輝石安山岩の一本以外は、すべて砂岩である。すなわち、まったくその組成が異なり、とくに砂岩で板状節理面を利用している点が特徴的である。つまり棒状であることの意味と役割を担った形状であり、それはほかのバラストとは違い、単に船底に重心を加えて船を安定させるといった意図だけにとどまらない、別の目的があったと想像すべきではないだろうか。

岡山県立博物館の臼井洋輔氏は、報告文が出版された数年後、具体的にこの棒状石に対する私見をまとめて発表した。それによると棒状石と名づけられた一二本の長方形の石材の用途としては、さまざまな説がありながら、いずれも決め手がなく、これまで想定されてきた用途に関しても、不合理であることから、石材は碇用ストック（桿）すなわち碇石ではないかと考えたのである。

また、水の子岩で発見された遺物類が、難破船一隻分の積荷だとする前提にも疑問を示した。そして報告文では出土地点が示されていなかった一二本の棒状石は、同じ地点から発見されたものではなく、S地点から六本、N地点から六本と、異なった地点から発見されていたことを明らかにし、実測図を添えてその特徴を示した。これによるとN地点のものは定型化された三本と、歪な不正形のもの三本がある。これに対しS地点のものは、ほぼ六本すべてが定型化された長方形であった。また臼井氏は「松崎天神縁起絵巻」に描かれた船上の木碇を示して、棒状石はこの木碇の碇石でありストック（桿）ではないかと考えたのである。(9)

木碇とは、長方形の石材をレの字形の碇身で左右から挟み込んだ構造であり、その石材の重さで沈降させること、この桿が支点となって碇身部分の碇爪を立たせる構造となっている。唐人碇の別名のとおり、中国などで主流となっていた木石碇を模倣したものと考えられる。先述したとおりこの海底遺跡では木製品は皆無である。この当時、碇の主力は木碇であるはずだが、その碇に関する情報が一つも報告文には出てこない。しかし棒状石が木碇のストック（桿）であるとしたら、この疑問も払拭され、ほかの諸説よりは蓋然性が高いと思われる。

中世の中国船には主碇一本、副碇一本、三碇二本の木石碇が装備されていた。江戸時代の廻船では鉄錨が四本から六本装備されていた。そこで注目したいのが、異なった場所から、各々六本発見された棒状石である。つまり臼井氏が指摘するように、これが碇のストック（桿）であるとするならば、六本の木碇を装備した難破船は一隻ではなく、もう一隻存在した可能性が出てくるのである。

しかも各地の和船の碇石と思われるものと、形状が酷似していること、さらには石質が砂岩質のものであること、加えて研磨痕と観察されたものは、繫船索を緊縛するさいについた磨り痕と考えれば、その痕跡が石材に残った可能性も高いと思われる。

現在、この和船の碇石と思われるものが、少しずつではあるがみつかっている。これも外来船の碇石と同様に分類整理が進み、調査研究が進展していけば、さらに資料が増え、その実態が明らかになるものと期待される。

長崎県五島列島の小値賀町の前方湾やクリクス崎沖からは、中国製と考えられる碇石に混じって、この棒状石とほぼ同じ形状の碇石が合計六本確認されており、和船の碇石と考えられている。臼井氏の指摘するように、水の子岩の遺物が一括して一隻分の積荷とされ、これによって時代の異なる備前焼が、同一期のものとされて、編年研究に影響を与えたとしたら問題であろう。したがって遺物に関するとりあつかいを誤ると、時間軸を歪めてしまうおそれがあるのである。潜水調査では活動時間が制限される。しかし遺物類の位置関係や、散布状況の記録を正確におこなわないと、時として誤った答えを導きかねないのも事実である。

## 第三節　出土した碇身

これまで木碇の碇石の部分については、少しずつではあるが資料が増え、形状も次第に明らかとなりつつあるが、碇石に装着される木製の碇身とはどのようなものであろうか。次にそこをみていきたい。前にも述べたが碇身となる部分は木製である。長年水に浸かって使用されるたびに劣化していくのは致し方ない。碇石が石製であるのに比べて、後世にはその姿をとどめづらいものといえよう。そのような中にあって、発掘調査における出土資料として二点の碇身が確認されているので、それを紹介してみたい。

### (一)　元島遺跡

静岡県福田町（現在は磐田市）は、静岡県西部の磐田郡最南端に位置し、南に大田川の河口が遠州灘へと注ぎ、近くには近世以降に成立した福田漁港がある。遠州灘は、その昔には掛塚港、横須賀港が栄えたが、宝永四年（一七〇七）の大地震により、横須賀港が使用できなくなったさい、掛川・横須賀藩の藩米輸送港として、この福田港が脚光を浴びた。

元島遺跡の存在する豊浜は、この福田港から二㎞しか離れておらず、近くを流れる太田川の沖積平野に立地している。

調査は一九九四年から実施され、弥生時代中期から近世の遺構までを含む複合遺跡であることが分かった。この元島遺跡から出土した木碇（木材はヒサカキの枝分かれした部分を利用した、木製部材の碇身と碇爪）は、胴部長

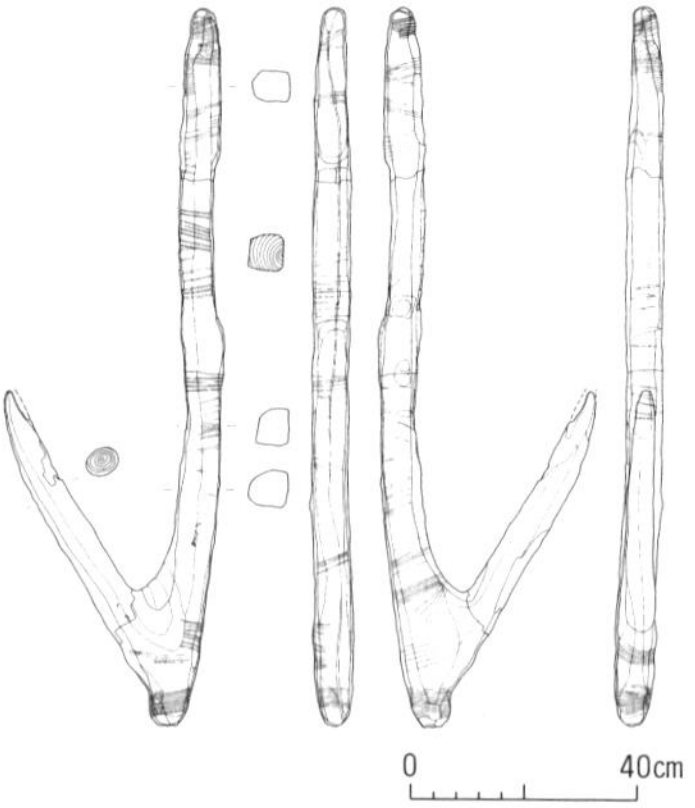


図12　元島遺跡から出土した碇身

一二四・五cm、径約八cm、爪部長約七五cm、径六cmを測るもので、胴部はほぼ四角形に加工されていた（図12）。

碇身の部分は自然木の皮を剥いだままの状態で、頭部に約二三cmの緊縛痕があり、索を縛りつけた痕跡と思われる。胴部中央部に残る約二〇cmの緊縛痕は、裏には明瞭に残るが、表の爪側にはわずかしかみられないので、おそらくこの位置に横木を渡し錘（碇石）をつけていたと推測される。爪部先端のほぼ横位置にあたる胴部に残る緊縛痕は、ともに外側だけで、内側にはみられない。したがって、爪部が割れないように、索で結んでいた可能性が高い。また胴部と爪部の分かれ目に、明瞭に緊縛痕が残るが、両サイドにはみられないので、何らかのものをあいだに挟んで縛りつけていたとしか考えられない[10]。

また、「一遍聖絵」の中の「厳島社の全景」と「観音堂の前の海」部分に、船に乗せられた木碇が描かれているが、船から外に出ているのは、碇爪のみで、頭部の形状はみることができない。これによると爪部と碇身胴部の分かれ目から、胴部に沿う形で胴部とほぼ同じ太さの真っ直ぐな棒が縛りつけられている。おそらくこれとほぼ同様の棒が括りつけられていたため、両サイドにしか緊縛痕が残らなかったものと推測されている。木製の碇身が出土した五八号土坑からは、志戸呂焼（古瀬戸後Ⅳ期併行期）の壺もしくは甕の破片が出土しており、一五世紀代のものと思われる。碇身もほぼこの時代のものと考えられている。

### （2）高松城址西の丸地区

次に、木製碇身の資料としてとりあげるのは、香川県高松市にある高松城址から出土したものである。

この資料は、高松城跡西の丸B地区の中世礫敷遺構面から出土したもので、同地区は「生駒家時代讃岐高松城屋敷割図」によると、西外曲輪の北辺をなし、海に面していたことがわかっている。遺構は安山岩の板石を敷き詰めた礫敷のもので、生駒氏が高松に入府し、高松城を築城したさいに造られた部分に相当し、旧汀線に添って造られており、福岡市博多遺跡群から発見された護岸跡や、佐賀県唐津市徳蔵谷遺跡の石列や杭列、あるいは青森県十三湊遺跡のように、海岸や後背湿地の汀線に礫を敷いて、海運のための護岸としたものと同様のものと思われる。[11]

共伴遺物である国内産の和泉型瓦器碗や東播系擂鉢、あるいは吉備系土師碗の編年から、一二世紀後半から一三世紀前葉の年代が与えられている。

木製の碇身は、長さ約七九cm、最大幅約六cm四方で、基部から約三五度開いた二股部分は長さ三六cmで、「レ」字の側面形態を呈するものである。おそらく木の枝を利用したものと思われる（図13）。

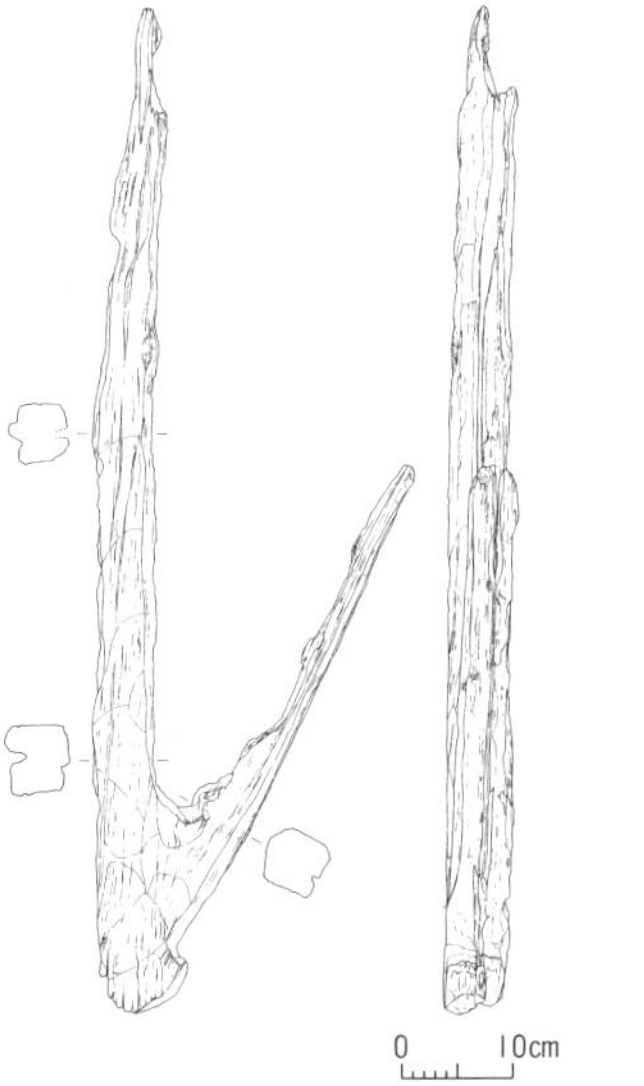

図13　高松城址から出土した碇身

報告文では、その用途は不明としながらも木碇ないしは石を装着する碇部材との考えを示し、あるいは船の着岸に用いるボートフックの可能性にも言及している。そしてこの遺物の出土により、この地区の遺構が一二世紀から一三世紀前葉にかけての船着場であった可能性を指摘し、礫敷石遺構から出土する遺物に、搬入品の比率が高いことなども、その理由として挙げている。この遺物が木碇の碇身であった場合、そこに装着されていた碇石についての報告はないが、先の元島遺跡においても碇石は共伴していないことから、碇石はほかの目的に転用されたか、あるいは別の木碇に転用された可能性が高いと思われる。

## おわりに

これまで、中世における和船の碇についてみてきた。まず、とりあげたのは「蒙古襲来絵詞」に描かれた日本の武士たちが乗る船の碇である。船首におかれた碇は両爪の木碇と呼ばれるもので、二つのレの字型の木製部材からなる碇身が、左右から碇石を挟み込む形である。これが水底におろされると、碇石は桿の役目をはたして碇爪を立たせる役目を担う。また沈降させるための錘としての役目も担っており、これで水底をがっちり嚙んで船を固定してしまうわけである。同じ画面上に描かれている蒙古の軍船の碇爪といえば、碇石と木製の碇身ががっちり一体化したものであり、彼我の船の碇に大きな違いがあることが分かる。このことは「一遍聖絵」に登場する和船の木碇にもみられる。それは厳島神社の全景とその海上に浮かぶ船を描いたもので、その碇もやはり二つのレの字の碇爪が碇石を挟み込むもので、当時の和船では普遍的なものだったと思われる。また、一遍が入滅した観音堂の前の海である輪田泊の運上米を運ぶ船の船首にも、やはり両爪の木碇が描かれている。船の大きさからいうと、屋棟をそなえ帆走用の帆柱をもつ大型船であるが、やはり碇は木碇なのである。一三世紀末の船舶事情とそこに装備された碇は、まさに木碇が一般的であったことの証といえよう。

次に、一三世紀頃の船舶を描いた例として「北野天神縁起絵巻」（弘安本・一二七八年）と、「松崎天神縁起絵巻」（一三一一年）をあげたが、こちらもやはり両爪をもつ木碇であった。もともとは大宰府に配流される菅原道真を描いた画題であるから、一〇世紀初頭の話であるが、描かれた時期が一四世紀代であり、当時の船舶事情を反映していると考えられることから、当時の碇が一般的に両爪の木碇を使用していたことは疑いない。またそれから二世紀ほどたった一五世紀の「西行法師行状絵詞」では、淀川べりに打ち捨てられた木碇と、船材や古綱が描かれているが、ここでも両爪の木碇であること、その碇石が、加工をほどこしていない自然礫に近いものであることが分かる。これは「松崎天神縁起絵巻」に描かれた碇の碇石も同様で、その姿が忠実に再現されている。

実際に碇石として使用されたものの中には現物が残っているものもある。それが長崎県壱岐市芦辺町鬼川太師堂や同じく壱岐市芦辺町の千人堂にある自然石を利用した碇石などである。

また、香川県小豆島の海上に浮かぶ水の子岩の海底から引き揚げられた備前焼によって、一躍有名になった水の子岩海底遺跡では、一四世紀中頃の備前焼が二一〇点も引き揚げられ話題を呼んだが、実は、この備前焼を運んでいた船のものと思われる碇は、調査報告書には一切報告されていなかった。しかし、「棒状石」としてさまざまな使用法の憶測があった遺物が、実は碇石ではないかと提起したのが臼井洋輔氏であった。そしてこれまで知られていなかった事実として、一二本の棒状石は、それぞれ六本ずつ、異なった場所から発見されていたこと、石質も輝石安山岩が一本ある以外は、すべて砂岩であり、それも板状節理面を利用したものであること、さらには研磨跡があり、それがために日本刀の粗砥ではないかという仮説が生まれたことも分かった。しかしその研磨跡と思われたものが、実は木製部材の碇身と碇石を緊縛するためにつけられたものだとしたら、その想定はまったく違ったものになってくるのである。

また、近年では長崎県五島列島の小値賀島の前方湾で、和船の碇石と思われる遺物が引き揚げられており、その形状が水の子岩の海底から引き揚げられた棒状石に酷似しているのである。

今後、さらに和船の碇石に関する資料が集められることによって、こうした用途不明の石材遺物にも光があたることになるかもしれない。

そこで、和船の碇を構成するもう一つの素材として、碇爪の部分を形成する木製部材の碇身について出土資料を二点とりあげた。一つは静岡県西部に位置する磐田郡南端の福田町（現在は磐田市）で発掘調査がおこなわれた元島遺跡から出土した木製碇身である。ヒサカキの枝分かれした部分を利用してレの字の碇爪を形成するこの木製部材の碇身は、自然木の皮を剝いだままの状態のもので、繋船索を縛りつけた緊縛痕が明瞭に残っており、碇石を挟んで縛りつけたものとみられている。遺物は志戸呂（古瀬戸後Ⅳ期併行期）の陶片をともなっていることから、一五世紀代のものとみられている。

もう一つは香川県高松市の高松城跡西の丸B地区で出土した碇身で、旧汀線に沿って造られた石垣の中世礫敷遺構面から出土したもので、こちらも木の枝を利用してレの字の碇爪を構成する。共伴遺物の和泉型瓦器碗や東播系擂鉢の編年から、一二世紀後半から一三世紀前葉のものと思われている。

このように碇を構成する二つの要素である、碇石と木製碇身が確認されたことによって、中世から近世前半にかけて、木碇が幅広く使用されていたことが、絵画資料のみならず、実際の遺物として出土したことから確認でき、当時の碇の形状を確実にとらえることができたのである。

（1）　松岡史「碇石について」（『白初洪淳昶博士還暦記念史学論叢』韓国・蛍雪出版社、一九七七年）。
（2）　『小値賀島周辺海域及び前方湾海底遺跡調査報告書』（小値賀町文化財調査報告書第一八集、小値賀町教育委員会、二〇〇七年、塚原博執筆部分）。

(3) 横田博「熊本県天草郡天草町より発見の碇石について」(『九州・沖縄水中考古学協会会報』通巻一七号、二〇〇三年)。

(4) 林原利明「神奈川県の碇石——三浦市三崎町小網代・白髪神社所蔵の碇石2点の資料紹介——」(『九州・沖縄水中考古学協会会報』通巻一八号、二〇〇四年)。

(5) 前田元重「相州三浦宝篋印塔について」(『金沢文庫研究』第二九九号、神奈川県立金沢文庫、一九九七年)。

(6) 鈴木絵美「光明寺旧境内遺跡出土碇石について」(『鎌倉考古』五一号、鎌倉考古学研究所、二〇〇六年)。

(7) 葛原克人・栗野克己・狐塚省蔵『学術調査報告『海底の古備前』水の子岩学術調査記録』山陽新聞社、一九七八年)。

(8) 三宅寛「バラストの分析と考察」(前掲註7『学術調査報告『海底の古備前』水の子岩学術調査記録』)。

(9) 臼井洋輔「棒状石材について」(『岡山県立博物館研究報告三』一九八二年)。

(10) 安間拓巳「元島遺跡Ⅰ(遺物・考察編1中世)」(『静岡県埋蔵文化財調査研究所調査報告』第一一六集、一九九九年)。

(11) 松本和彦「サンポート高松総合整備事業に伴う埋蔵文化財発掘調査報告書」第五冊(『高松城跡(西の丸町地区)Ⅲ』第一分冊、香川県教育委員会、財団法人香川県埋蔵文化財調査センター、二〇〇三年)。

# 第六章　鉄製錨の登場とその原因

## はじめに

これまで時代を追って碇の変遷をみてきた。そこには利便性や経済性から、石製の錘と木製部材の爪（木製の碇身）を合体させた片爪や両爪の木碇が普遍的に利用されていた。しかし、ついに鉄錨が登場することによって、石製碇の終焉が到来するのである。高価な鍛造による鉄錨は決して経済的とはいえない。しかし、その経済性を無視してでも導入せざるをえなかった理由とは何か、本章ではその理由に焦点をあてて考察するものである。

## 第一節　中国における鉄製錨の登場

鉄製の錨が、東アジア世界においていつ頃から使用され始めたかについては、はっきりしたことが分からない。ただし、中国においては南宋末から元代にかけての頃に、イスラム世界から伝わったのではないかという説がある。

松岡史氏によれば、イスラム世界の航洋船は、西は地中海を越えてアフリカ西岸から、東は中国の江南まで進出していた。またマルコ・ポーロが、蒙古の皇女であるコカチン姫を、泉州からペルシャ湾のホルズムまで送り届けたさい、その船は鉄錨を使用していたと記していることから、イスラム世界の航洋船においては、すでに一三世紀初頭において鉄錨を備えており、これらが当時の国際貿易港であった広州や泉州といった港で、東アジア世界の船乗りたちに伝わり、遅くとも南宋末期には中国船へも伝わったという説を唱えている。

これを裏づけるように、中国における鉄錨の出土資料によると北宋代にはすでに鉄錨が登場していたと思われ、清明節の日に都を流れる河岸や、にぎわう町の様子を描いた北宋の絹本墨画淡彩「清明上河図」に、岸辺の小船と鉄錨の姿を描くものがある。

また、一九七五年、吉林市の松花江河畔から出土した金代の三本爪の鉄錨には「女真大字」の銘文があった。長さ二二・五cm、錨柄は方柱状で、断面の辺長は二cmであった。漁船の錨だといわれている（図1）。さらに同年、上海市南彙東海農場里護塘外からも片爪の鉄錨が出土している。柄は方柱状で頂端に穿孔があり、鉄環で爪の部分と結合してあった（図2）。重量一一kg、爪の長さは五八cm、最大幅一四cm、錨柄は長さ二九cm、錨柄と錨爪の角度は二五度であった[1]。

一九八四年、山東省蓬萊水城から出土した鉄錨は、宋・元代の四爪錨で、長さ二・一五m、重さ四五九kgであった（図3）[2]。

図1　三本爪の鉄錨

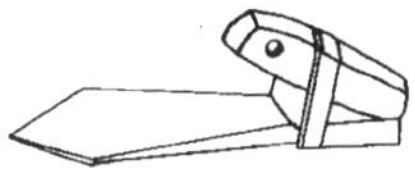
図2　単歯の鉄錨

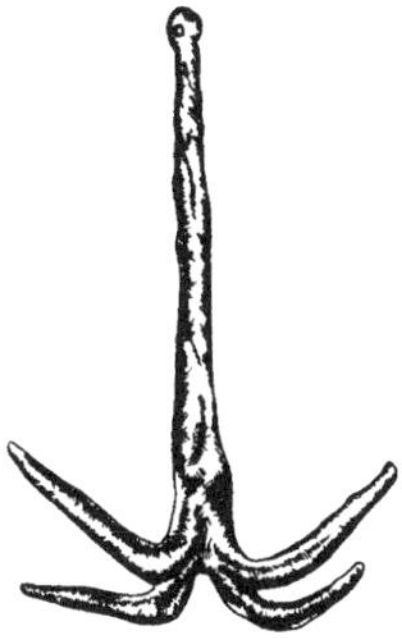
図3　山東省蓬萊水城出土の四本爪錨

このように、すでに北宋代の時点において鉄錨が登場したのは確実であり、当初は小型のものが登場し、次第に鍛造技術の発達によって、大型の鉄錨も生産可能となり、大型船にも鉄錨が備えられるようになったものと考えられる。したがって山東省蓬萊水城から出土した鉄錨の登場は、大型船も木石碇から鉄錨への転換が図られつつあった時期とみるべきかも知れない。時代は下るが、中国明末の崇禎一〇年（一六三七）に、江西省泰新県の学者であった宋應星によって書かれた、産業技術書『天工開物』[3]の中巻にある「鍛造」の項では、錨についての記述があるので、参考までにみてみよう（図4）。

『錨』、航行している船が、風にあって港に泊まることがむつかしい時には、錨に船全体の運命がつながれる。戦艦や海をゆく船には、錨の重さ一〇〇〇斤のものがある。鍛造の方法は、まず四個の錨爪をつくり、次々に錨身に接合する。三〇〇斤以内のものは、直径一尺の広い砧を用い、それを炉のかたわらにすえる。錨身と爪の端がすっかり赤くなると、炉の炭を取り去り、鉄をかぶせた棒で挟みながら砧にのせる。一〇〇〇斤内外のものでは、木を掛け渡し棚をつくり、多くの人がその上に立ち、錨に結んだ鉄鎖を一緒にもって爪を錨身にくっつける。

鎖の末端にはいずれも大きな鉄輪や鎖止めをつけて、ひきあげて捻転させ、力をあわせて打ち鍛えて接合する。接合剤には黄泥を用いない。まず古い壁土をとって細かくふるい、一人がひっきりなしに、接目の所にまいてしっかりあわせると、少しの隙間もなくなる。鍛造するものでは、これがもっとも大きいであろう。

図4 『天工開物』に描かれた鍛造中の鉄錨

また、同じく中巻の「船車」の項でも船にともなう「錨」の説明として次のように述べている。鉄錨は水に沈めて船を繫ぐ用をなすもので、一隻の糧船は総計五、六個の錨を用いる。そのもっとも大きいものを「看家錨《いちばんいかり》」といい、重さ五〇〇斤内外である。そのほかは船首に二個を用い船尾に二個を用いる。中流で逆風にあい、進むことも港に泊まることもできぬ時には（あるいはすでに岸に近づいても、下が石で砂がないと碇泊できない。その時には錨だけを深所に下ろす）錨を下ろして水底に沈め、繫いである綱を将軍柱の上に巻きつける。錨の爪は、一度泥砂にぶっつかると、底をつかんで船を食い止める。きわめて危急な場合には看家錨をおろす。この錨をつなぐ場所を本身という。これは大切なことをいうのであろう。さらに同行している前方の船が行き悩んでいて、自分の船が勢いに乗って突進し衝突の危険がある時には、すぐに急いで船尾の錨を下ろして食い止め、速く流れてゆかないようにする。風がやんで船を出すばあいには、滑車で錨綱を絞り、錨を引き揚げる。

## 第二節　日本における鉄製錨の登場

さて、同じ東アジア世界に位置するわが国の場合も、木と石を組み合わせた木碇から、やがて鉄錨の時代へと移るわけだが、これまでその過渡期がどこにあるのかが、極めてあいまいであった。先述したように鎌倉時代の絵巻に描かれた和船の碇は、ほとんどすべてが、扁平な碇石を左右からレ字の木製部材が挟み込む両爪の木碇であったが、室町時代になると鉄の錨らしきものが、絵画の中に登場する。

船舶史の石井謙治氏は、永享五年（一四三三）に描かれた「神功皇后縁起絵巻」の中に、それを確認している。三韓征伐の様子を描いたその絵画史料の中で、船や錨を描きこんだものがあり、作者が四爪の鉄錨と木碇を明瞭に描き分けていることから、当時、四爪の鉄錨がすでに存在したことの表れだとしている（図5）。

また、応仁二年（一四六八）の『戊子入明記』には、遣明船の船具として、鉄錨を「鉄猫」とかいて「カナイカリ」とよませていることから、この段階で鉄製の錨の存在はほぼ確実であると述べている。

図5　「神宮皇后縁起絵巻」
船首の人物の後ろに四爪の鉄錨らしきものと索が描かれている。

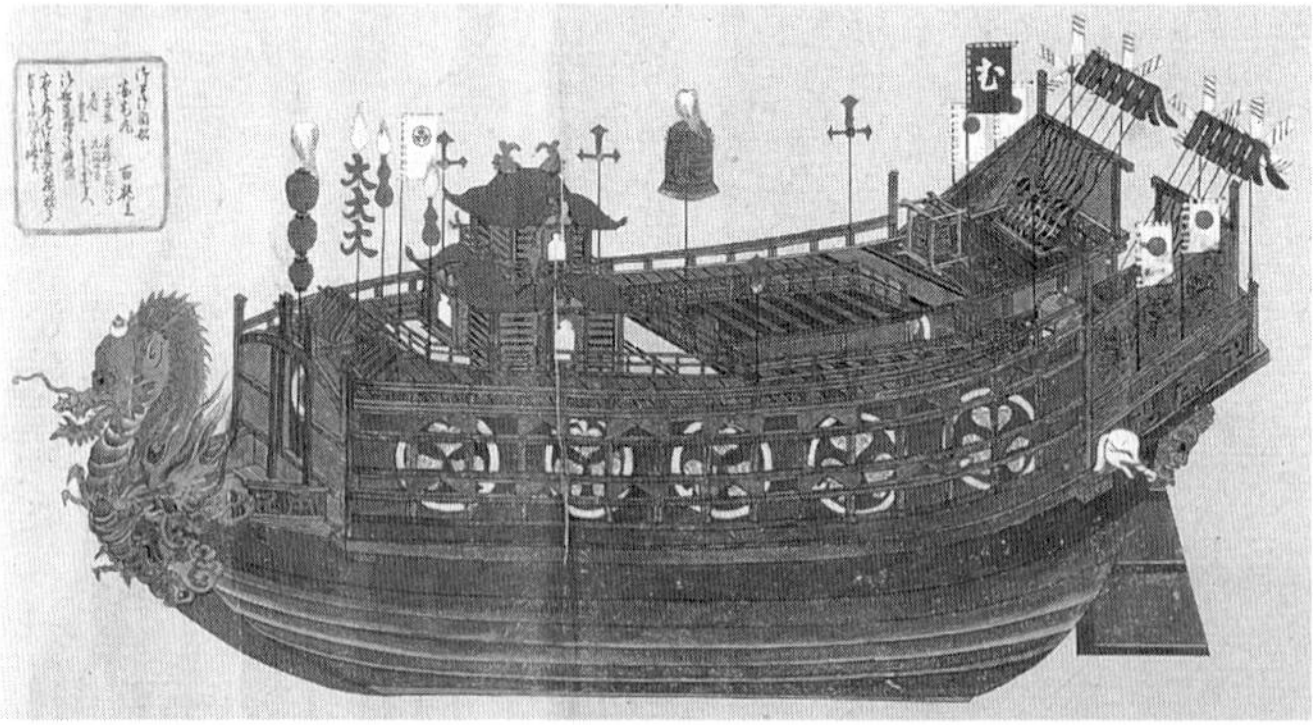

図6　安宅船（今川科乾隆筆「御船図巻」）

鉄錨は、当初から四爪錨という形で現れたものと思われ、それはまず軍船から普及し始めたといわれている。それは先の石井氏によれば、一六世紀末期の朝鮮戦役に参加した安宅船《あたけぶね》や関船《せきぶね》といった主力艦船のほとんどが、鉄錨を搭載していた可能性が高く、かの戦役に参戦したかもしれない蜂須賀藩の大安宅船が、慶長一四年（一六〇九）当時、すでに鉄錨を装備していた事実からも推定されるという（図6）。しかし、これはあくまでも軍船という特殊船舶に限るものであって、一般の廻船は木碇

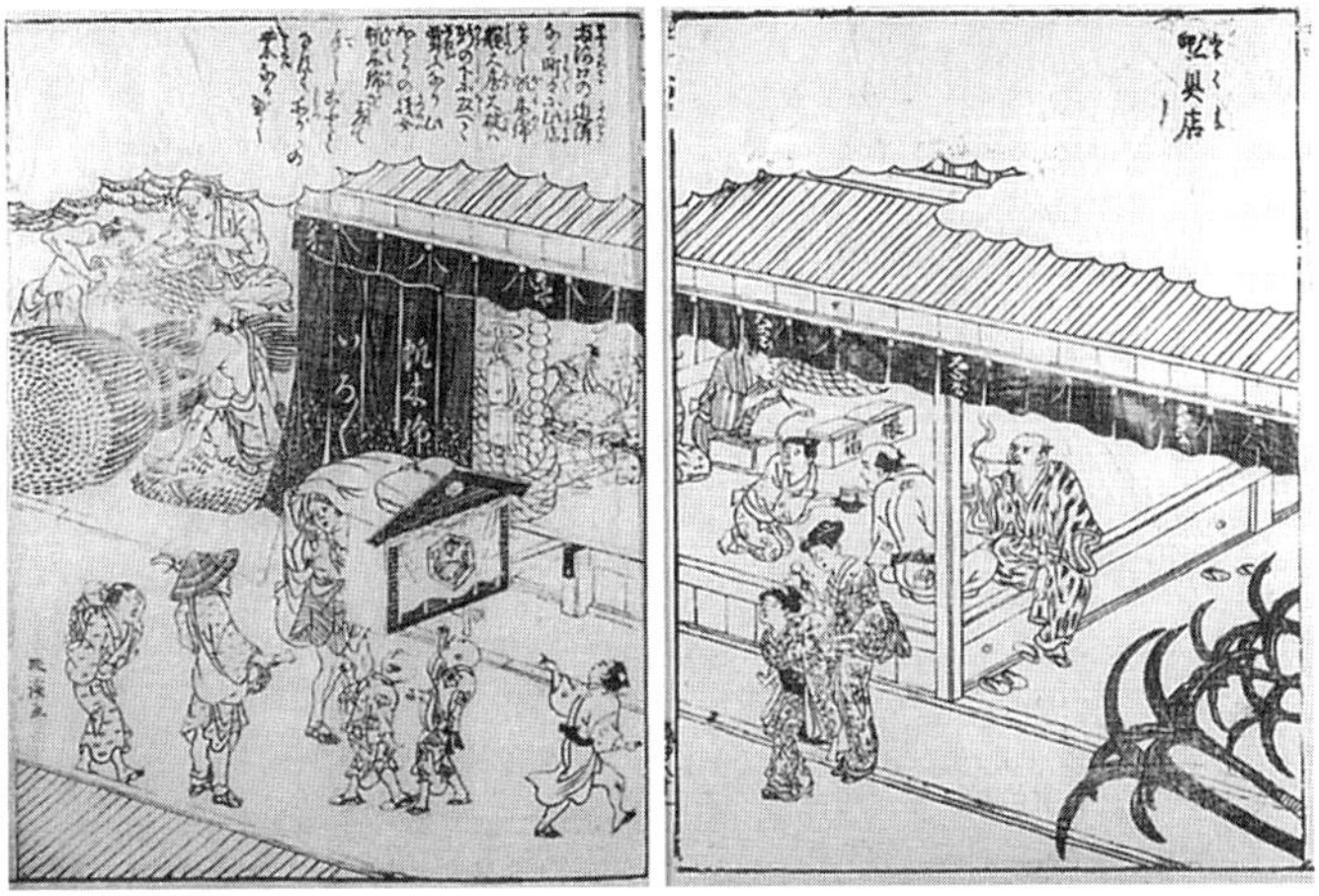

図7　大坂の船具店を描いた「摂津名所図会」

が一般的であり、一七世紀前期の「河口遊廓図屛風」のような風俗画の中には、木碇を乗せた船と、四爪鉄錨が同じ構図の中で描かれているのである。では、一般の廻船に四爪の鉄錨が定着するのはいつ頃かというと、それは船絵馬などに描かれた国内廻船の姿などから鉄錨の存在を推測する以外にはない。現存する四爪錨は、すべてが江戸時代以降のものであり、いずれもが鍛造で、大型の鉄錨製造には、かなりの技術を要したものと思われる。したがって四爪の錨が登場した一五世紀段階で、江戸時代のような大型錨の製造が可能であったかどうかは疑わしい。また、わが国の鉄錨は、そのほとんどが四爪のもので、朱印船貿易に使われた中国式の唐人碇や西洋式のような両爪ではなく、船体や帆装用具に独自性が強いわが国の事情とよく似ている。

寛政一〇年（一七九八）の「摂津名所図会」（図7）は、大坂の船具店の様子を描いたものだが、店先には四爪の鉄錨が並べられている。説明文には「両河口の近隣なる町々に此店多し、帆木綿、纜、大房、大碇は軒の下に双べて買うなり、此ほとりの賤女帆木綿を差て手しごとなすも所々の業なるべし」とあって、一八世紀末の段階では、船具店の軒先で錨が商われていた状況を表している。さて、和船の鉄錨に関して一つ特徴的な例をあげるとすれば、それは錨の揚げ下ろし専用の揚錨機（中国では「盤車」という）をもちえな

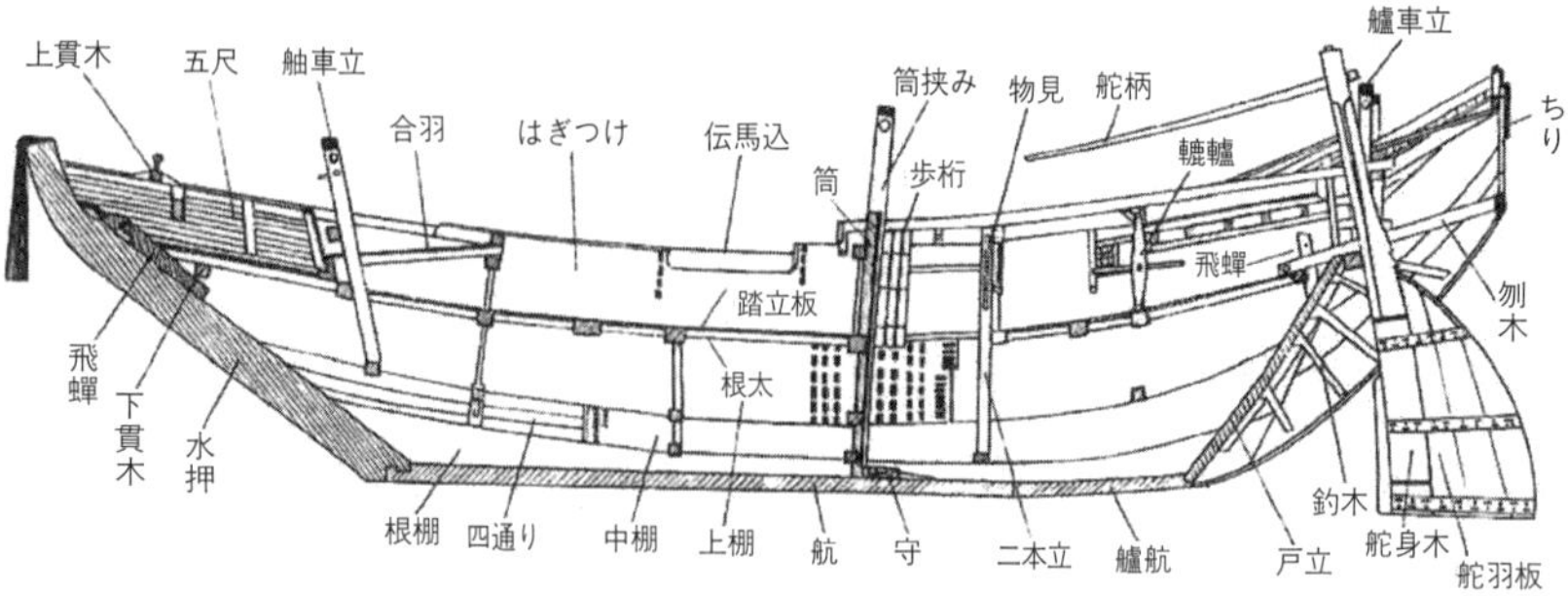


図8　弁才船の断面図

かったという事実である。国内廻船には後部の船倉内に「轆轤」といわれる巻き上げ機を装備していたが、これは帆や荷物の上げ下ろしのさいに利用されるもので、時によっては錨の巻き揚げにも用いられた。すわち揚錨専用機ではなく、重量物を上げ下ろしするための巻き上げ機という側面が強かった。しかも中船以上に装備されるものであった（図8・9）。

鉄錨は通常、一〇〇石積みの船では三～四本、五〇〇石積みの船で五～七本、一〇〇〇石積みの船で七～八本、一二〇〇石積み以上の船は八本搭載していたといわれる。これら複数の錨は重いものから順に、「一番碇」「二番碇」というふうに呼称されていた。また、その重量は、一番錨が一〇〇貫の場合は、二番錨が九五貫、三番錨が九〇貫、四番錨が八五貫、五番錨が八〇貫、六番錨が七五貫というふうに、大きさが下がるごとに五貫ずつ軽量化する決まりがあり、これを「五貫さがり」といって、一番錨が七〇貫以上の場合に用いられていた。これに対して五〇〇石積み以下の中小の船舶では「三貫さがり」や「二貫さがり」といった錨の重量基準があった。

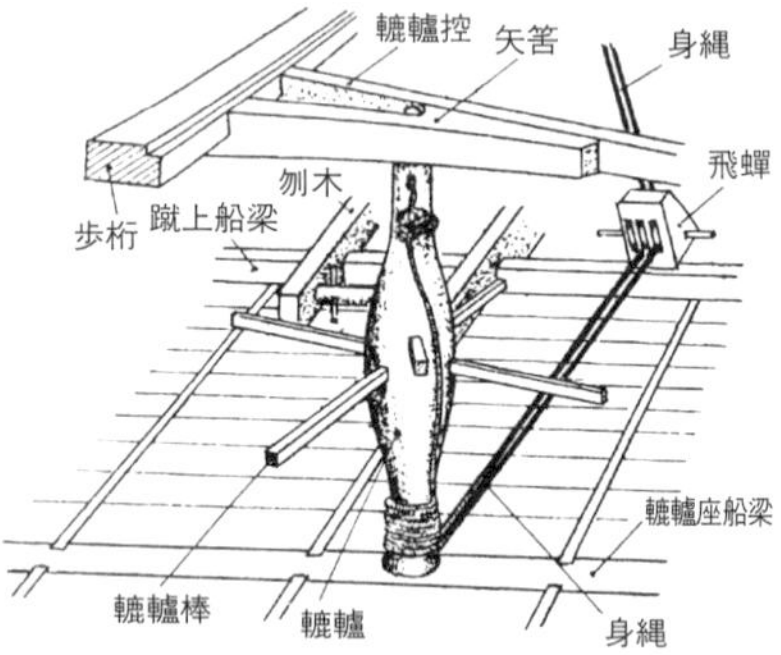


図9　轆轤の拡大図

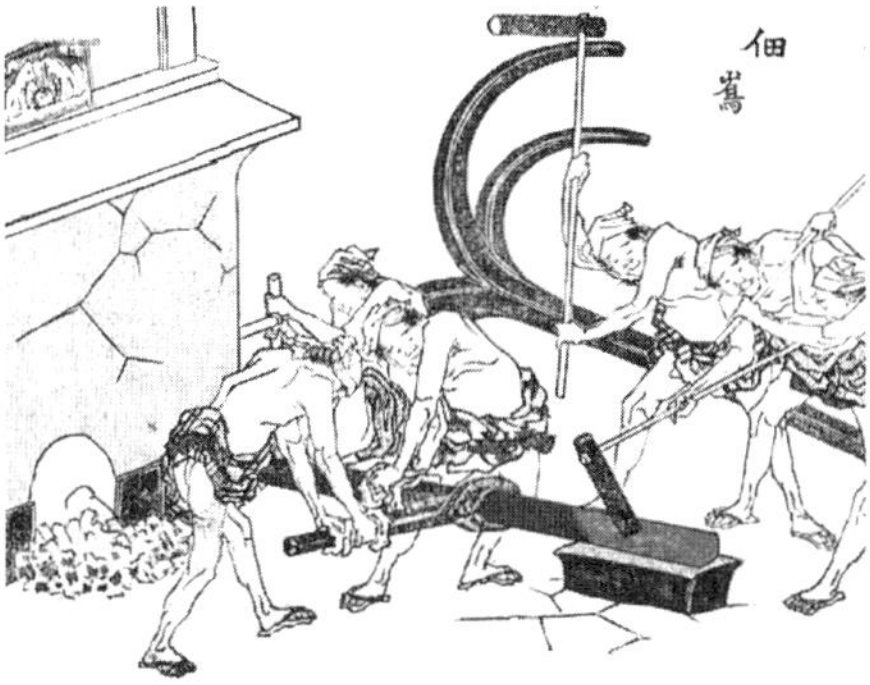

図10　佃島（葛飾北斎「江戸名所三十六景」）

錨がすべて鍛造品であったことは先述したが、量産が可能な鋳造技術がなかったわけではない。しかしそこには強度の問題があった。強靱な錨を造るには、やはり鍛造しかなかったのである。したがって製造にはかなりの金額が必要であった。一九世紀初頭に書かれた『今西氏家船縄墨私記・坤』(4)によれば錨の相場は、一〇貫前後で金一両したというから、七〇貫の錨は七両という値段であり、かなりの高額といわねばならない。

錨の製造場所では、葛飾北斎が描くところの「江戸名所三十六景」（東京国立博物館蔵）の佃島の場面で、錨の鍛造に従事する職人の動きが活き活きと描かれている（図10）。先述した大坂の船具店の例にもあるように、やはり海浜地帯に製造拠点と販売拠点があったことを物語っている。重量物である錨を搬送することを考えれば、船を繫留した場所から近い所に製造・販売の拠点があったことは、なかば当然のことであろう。

広島県福山市鞆の浦は、造船業にとって重要な錨や船釘の生産地として有名で、国内需要の八、九割を生産する中心地であり、鍛冶職人が多く居住していた。その起源は定かでないが、鎌倉末期の正和年間（一三一二～一七）頃に、三原で活躍していた正家の流れをくむ貞次・貞家・家次らが、鞆の浦に居住し刀匠として活躍していたが、戦国時代の終焉とともに、農具や錨、船釘の生産をするようになったといわれている(5)。

さて、錨鍛冶の様子を民俗学の立場で紹介した田村善次郎氏の調査によれば、四爪鉄錨は、徒弟制家内工業で製作され、問屋や船具屋から錨型（昔は唐人錨・四爪錨・片爪錨の三種類、図11）と重量で注文を受けたといわれる。錨の素材となる鋼は、ヤオといわれる極軟鋼の板で、大坂から仕入れていた。作業は、そのヤオを火床に入れて一〇〇〇～一三〇〇度に熱し、一〇〇貫の錨などはヤオを二〇数枚重ねて鍛接した。この作業をアカシズケという。ヨコザといわれる責任者の音頭で、先手といわれる作業員が、ヤオ（鋼板）を鍛接していくもので、鉄錨の部位であるツメ（爪）、スド（棹）、龍頭（スドの上端が環状になっており、これに環《かん》をつけ、繋船索で船に結びつける）、カン（環）の四つを製作し、熟練の職人による連携作業で作られる。一〇〇貫ほどの錨になると、一日に一本かせいぜい二本しかできなかったという。また、四爪鉄錨にはウケ（浮木・筌）あるいはカシラとよばれる木片浮木がとりつけられていた。これは四爪の根元に結んだ碇頭綱に結ばれており、それぞれの船名が記載されていた。『廻船必用』(6) によると「有浮　是は碇綱切れたるとき、碇を尋ねる目印に付け置き、但し桐丸太にて長さ一尺四五寸」とあって、錨綱が断裂した場合や、錨が海底に引っ掛かり引き揚げにくい場合に、この浮木を探し出して碇頭綱を引き、爪の方から碇を引き揚げたり、あるいは他船が誤って自船の碇爪で船底を傷つけないように、または停泊中の自船の碇の位置を確認するための目印としたものである(7)（図12）。

なお、先に述べた唐人錨や片爪錨は、大坂の河などで「艫イカリ」として使用された特殊な錨に属する。唐人錨は小さいものだと一貫くら

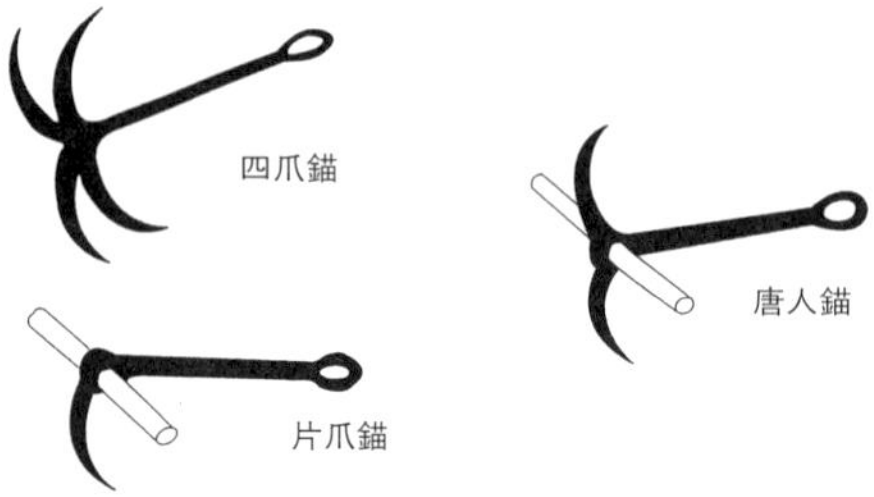

図11　鉄錨の諸形態

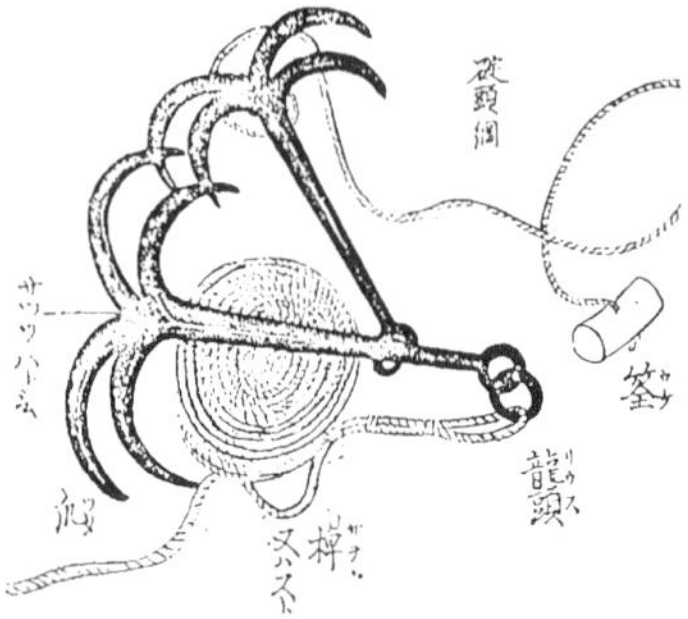

図12　四爪錨の説明図

いのものもあり、通常は三〇～五〇貫くらいのもので、帆前船や機帆船に利用された。片爪錨も一〇～三〇貫程度で、網や浮木などを固定するさいに用いられたものである。(8)

## 第三節　「錨」という表記

鉄の錨を表す「錨」という漢字は、今日ではもっとも定着している漢字であるが、石井氏によれば、この表記は明治以後のものであろうという。それは江戸時代の造船史の史料にはこの表記がなく、『和漢船用集』には鉄錨のことを「鉄猫」と書いて「カナイカリ」と読ませ、鉄製の碇と同義語として掲載されている」と述べている。この『和漢船用集』(9)とは、大坂堂島の造船業として、歴代にわたり船匠の家柄であった金澤兼光が、宝暦一一年（一七六一）に著し、明和三年（一七六六）から頒布をはじめ、文政一〇年（一八二七）に再刊されたわが国随一の造船史料である。内容は和漢の船に関する用語集であるが、その巻一一の中に「用具之部」があり、その中に「碇」の項があるのでみてみよう。

碇　和名抄四聲字苑曰、海中以石駐舟曰碇。亦作矴。字彙曰、鎮舟石也。磸同矴石、沈石群書重石萬葉和名伊加利又[舟+定]掟並に武備志古は石をくくりて用しと見えたり。今石を用る者木碇と云。まがれる枝の木を以って一角叉を作り、是に石をくくり付けて碇とするなり。左右に角叉有を唐人碇と呼。三才圖會曰、北洋可施鐵猫。南洋水深、惟可下水碇とみえたり。

鐵猫　鐵猫兒正音又雑字大全　錨同正字通　焦竑俗書刊誤曰。船上鐵猫曰錨、即今船首四角叉用鐵索貫之投水中使船不動揺者。

看家錨　天工開物曰。凡鐵錨所以沈水繫舟一糧船計用五六錨。最雄者曰[redacted]。重五百斤内外其餘頭用二枝。

稍用二枝と見へたり。

本邦千石積の舟に用いる處鐵碇八頭其一番碇と云者重八拾貫目余也。是則五百斤に當れり。其大船に至りては重百貫目余におよべり。

碇首郷談猫爪天工開物　起矴　發碇　下碇。下碇起掟武備志　藻鹽草にいかりおろすいかりあぐるといへり。矴綱　蒙国彙錨纜と書。とものいかりつなとすべし。藻鹽草にいかりのつなといへり、又歌にいかりなはとよめり。

拾遺　湊いづるあまの小舟のいかりなは

くるしき物と戀をしりぬる

続後拾遺　いかりおろす舟の綱手はほそくとも

命のかぎりたえしとぞ思ふ

すなわち江戸時代も慣用句として「碇」であり、鉄でできた碇という意味をもたせるために、鉄と猫から「錨」と字をあてたというのである。

嘉永六年（一八五三）に日本最初の大型洋式軍艦として完成した「鳳凰丸」には、鉄錨を採用しながらも、その記録には「碇」の字が使われていたという。

また「鉄猫」も、鉄錨の四爪が猫の爪に姿が似ていることから名づけられたもので、鉄錨の起源と同じ頃に生まれた言葉である。

このように「碇」の字が近世まで残ったということは、鉄錨が使われるようになっても、木と石を組み合わせた碇が存在した証拠であり、鉄錨をことさら「錨」として区別したのも、実は木碇が厳然として存在し、四爪の鉄錨と明確に違いを示す必要があったものと思われる（図13）。

たとえば、江戸時代の一八世紀後半から一九世紀前半の長崎を描いた「長崎唐船交易図巻」（渡辺秀詮筆）において、長崎に寄航した唐船に寄り添う和船の舳先をみると、片爪の木碇が搭載されているのが分かる（図14・15）。これは役人の通船であるらしく、荷役の監視に赴いている小船のようだ。その一方で、沿岸から近づいてくる少し大型の屋根を張った船の舳先には四爪の錨が描かれているので、この時代であっても、船の種類によって木碇と鉄錨が混在したと考えられる。

そして経済面を考え合わせると、錨は鉄の鍛造品という高価なものであったことも事実である。ましてや鉄生産の増大なくしては、鉄錨の生産まではいきとどかないので、やはり「碇」が「錨」となるにはかなりの時間が必要であったし、安宅船や関船といった軍船の採算性を度外視した船ではなく、廻船などの商業船においては、

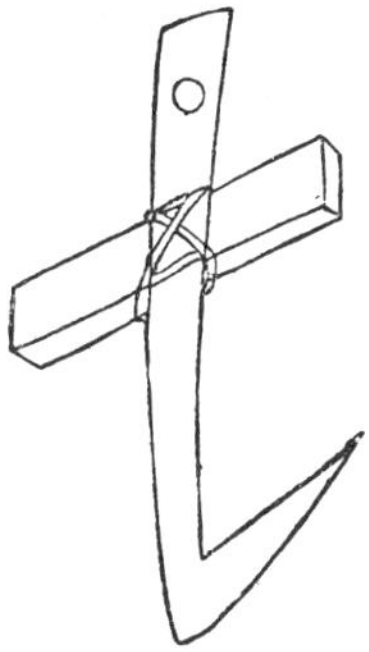

図13　『和漢船用集』に描かれた碇

図14　唐船（「長崎唐館交易図巻」）

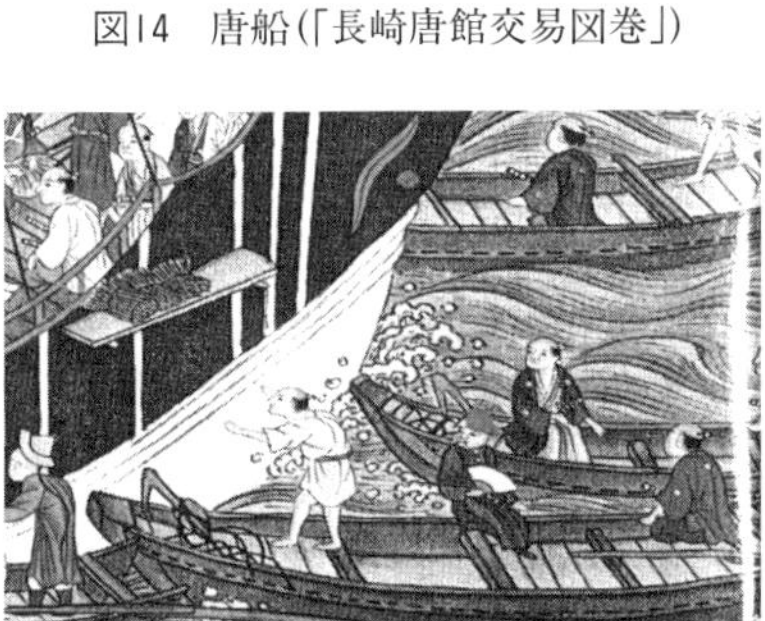

図15　唐船に検分のため接舷する和船

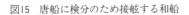

なおさらその導入には時間を要したものと考えられる。

すなわち四爪の鉄錨が登場し普及する過程には、鉄生産と鍛造技術の改良が必要であったし、それは高価で貴重な繋船具としてとらえられ、中・小の船舶では、鉄錨登場以降もその導入は経済的な問題があって見送られ、依然として木碇が存在し、使用され続けたのである。そのため「碇」の字は残り続け、日本最初の大型洋式軍艦として完成した「鳳凰丸」が鉄錨を装備したのにもかかわらず「碇」の字を使うという事態がおこったのである。すなわち繋船具の慣用句である「イカリ」という言葉は同じでも、代名詞である「碇」という文字が残り、「錨」の字が定着するには、さらに時間が必要であったということなのである。

では、なぜに鉄錨への転換を図らねばならなかったのか、そこが次の問題となる。次節ではその点を論及し、碇の素材が石から鉄へと移り変わった背景をみていこう。

## 第四節　碇を喰ったフナクイムシの存在

経済性を無視してでも碇を石製から鉄製にしなければならなかった理由について、考えていきたい。とくに和船は先にも述べたとおり、自然礫と木製の碇身でつくられた、いわゆる木碇で、形態は片爪の「矴」または両爪を有する「唐人碇」と呼ばれた碇である。古代から中世にいたるまで全盛をきわめたこの木碇が、何ゆえ高価な鉄錨に変化しなければならなかったのか、そこにこそ石製碇衰微の謎が含まれているのである。

そこには、実は極微細な生物が起因していたのではないかと考えたい。それこそが「フナクイムシ」の存在なのである。この生物は、比較的広範囲な海洋に生息し、好んで木製品に寄生し、木造船の船体を蝕む。この生物こそが碇の木製部材をも蝕み、木碇の耐久性を劣化させていたのではないか。この仮説をこれから検証してみたい。

まず、ここではそのフナクイムシについてくわしくみていこう。

「フナクイムシ」とは、軟体動物門弁鰓網真正弁鰓目フナクイムシ科（Family TEREDINIDAE）で海中に棲息する貝の仲間である。頭にのみに球状の殻をもち、体の大部分は露出しており、主として木材に穿孔しながら石灰質の棲管を作る習性をもつ。軟体は細長く穿孔口から海水中に水管とよばれる管を出しており、そこに栓をするための尾栓（Pallet）の形態などによって、分類されている。簡単に説明すると、トンネルを掘削する工法に「ツールド工法」というものがあるが、フナクイムシの木質への侵食は、これに似ており、侵食して穿孔しながら先に進むとその後に石灰質の棲管を作る。これが無数に付着して蝕むと木質そのものが崩壊してしまうのである。

さて、これらフナクイムシは日本産だけでも一一属二三種類の存在が今日までに確認されている。(10)

次に、代表的なフナクイムシをみてみよう。まず「コチョウフナクイムシ」（Teredora princesae 〈Sivickis〉）である。殻頭は小さく、殻体は細くて、殻翼は上方へ著しくそり曲がっている。尾栓は団扇形で大きい爪状の窪みがあり、柄部は短い。相模湾以南に棲息する。

「オオシマフナクイムシ」（Nototeredo hydei）は殻が大きく、尾栓は長方形で、先端は弧状に爪状の窪みがある。和歌山県以南に棲息する。

「ウチワフナクイムシ」（Nototeredo pentagonalis Iw.TAKI et HABE）は、尾栓が五角形で、その一辺に爪状の窪みがあり、和歌山県から九州までの太平洋側、山形県から九州までの日本海側に棲息する。

「ヤツフナクイムシ」（Lyrodus siamensis yatsui）は、尾栓が黒褐色の皮を被り、先端では両側が角状に伸びる。

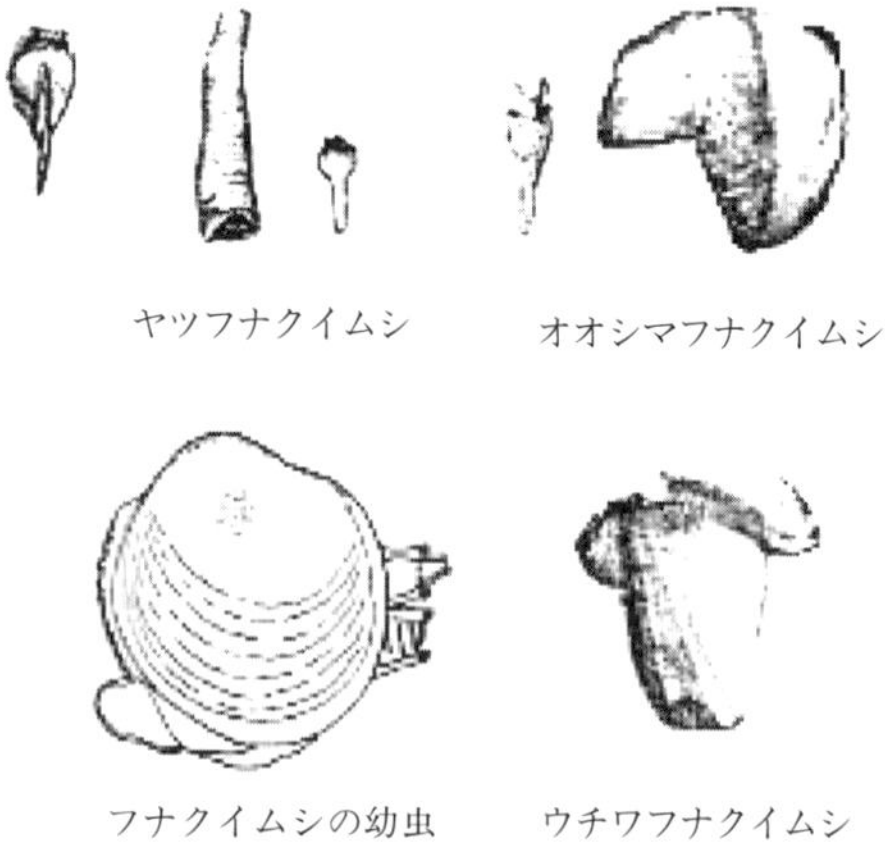

図16　フナクイムシの種類

柄部も長く、胎生は本州から九州に棲息し、もっとも普通のフナクイムシで、木造船や筏橋などを蝕む。石灰部はドーム形で柄は細長い。東南アジア、中国、台湾、朝鮮、九州から北海道西岸に棲息する。

以上、これら「フナクイムシ」（Teredo navalis Japonica）は、穿孔口が尾栓の矢羽形に石灰化していて、その先端は窪んでいる。尾栓の前半は黄色から黒色の皮を被り細い板がついている。樺太から沿海州、日本、朝鮮、中国の塩分濃度三％以上の海水に棲息している（図16）。

フナクイムシの幼生（Teredo japonica Clessin）は、七〇～八〇μmの大きさの被面子になってから親の体外に出る。この時期には鉸板に幼歯（左二本、右三本）が形成されつつあり、はじめ円形だがしだいに殻高が大きくなり、殻色は亜麻色、殻頂部帯は紫色で、二七〇μmに達すると木材などに付着、殻前部に鋸歯ができはじめ穿孔生活に入る。(11)

いずれも特徴としては、海中の木材に穿孔して樹脂を浸食する習性があり、穿孔して侵食する過程で石灰食のチューブを形成する。体の後部にある尾栓は矢羽状で石灰質を呈し、前半は黄色から黒色の皮を冠り細い板がついている。生息地は中国、朝鮮、九州、四国、本州、北海道、沿海州、樺太など、日本周辺海域すべてに分布する。またこの種類には、さらに生息地が南下して台湾、東南アジアに分布するものや、逆に大型のフナクイムシで分布地を北上するものもいる。

「キタオオフナクイムシ」(Bankia setacea)、はアラスカ、北海道南部、カリフォルニアに分布し、殻が球形で一・五㎝程度になり、尾栓は盃を重ねたような麦穂状を呈するものがある。

さらに海中にはほかにも木材を侵食する生物がいる。「ネムクリガイ」(Zachsia zenkewitschi Bulatoff et RJABTSCHIKOFF) や「アジモ」(Zostera marina)、「スガモ」(Phyllospadix scouleri) といった種は、木材に穿孔するフナクイムシの原始的な形態をもつもので、沿海州、本州、四国、九州に分布している。(12)

また木材穿孔動物では、節足動物門甲殻網等脚目キクイムシ科の「キクイムシ」(Limnoria Lignorum) が海中の木材を侵食する。体長は二～六㎝のきわめて小さい甲殻類で、全体円筒形をしており、一見するとシャコに似ていることから、別名キクイシャコともいわれる。卵から孵化した幼生が海水中を浮遊し、木材に付着すると木材を噛み砕き穿孔してその中に群生する習性をもっている。海水中の木材には径二・五㎜、深さ一〇㎝の孔を穿つ。多数穿孔されると木材の表面は海綿状となり、侵食が進むと木材は次第に細くなり、海底に埋まった部分まで食われることもある。一般にアカマツ、ヒノキ、ヒバなどの針葉樹を好み、ナラ、ブナ、クルミなどの広葉樹の被害は少ないといわれている。世界中に分布し、日本国内では九州から北海道にかけて生息し、フナクイムシよりさらに寒冷地にも棲息するという。

このように日本沿岸および周辺海域には海中に棲息し、木材を好んで侵食する軟体動物や甲殻類が多数存在し、船や木造構築物に害を与えている。ただし、こういった生物は海中にのみ生息するので、海底下の砂や泥に埋没した木材は、比較的難を逃れることができるのである。

碇が礫のみの時代は、こういった生物からの侵食は受けなかった、ところが木製部材を組み合わせた木碇の段階では、必ずや侵食を受けることになったのである。大きな船体をも侵食する被害は、碇の木質部を侵食するのはいとも簡単なことで、碇の機能を奪ってしまうほど木製部材を劣化させた。したがって人々は、木製部材を丹念に交換し、あるいは木碇を間段なく引き揚げて、侵食を防止したことが考えられる。おそらく地中海世界の青銅器時代における碇に、青銅製の箍を掛けたり、碇爪を被覆したのは、こういった理由があったと考えられる。

船においてもっとも大切で、緊急時には生死を分かつ碇に万が一の支障があってはならない。海に従事する人々の思いは、こうした海中の生物との闘いであったことが想起される。そこで鉄製品の鍛造技術が発展してきた段階で、フナクイムシの侵食を受ける木碇を捨て去り、高価ではあるが堅牢で安全性の高い鉄錨に変えたことが想定される。そしてそれは、わが国でいえば経済性を無視した安宅船や関船などの軍船から、順次導入されていったと考えられるのである。

## 第五節　素材からみた碇の変遷

これまで碇の変遷が、その材質や形態的な特徴から考察されることは稀であった。とくに先史時代から中世にいたる「碇」の存在が真正面から論じられることは少なかったはずである。

碇は「石の時代」「石と木の時代（木碇）」そして「鉄の時代」へと変化した。地中海世界では木製の碇に青銅製の箍をはめて被覆し、碇爪を青銅製の保護具で覆ったものがあった。中国においては、比重の重い木材だけを使った「椗」も存在したが、碇については世界的にみても、先の時代区分でおおむね了解されるであろう。したがって碇の発展過程は、人類の文化史の発展過程である「石器時代」「青銅器時代（金石併用期）」「鉄器時代」とまったく同じ過程を経てきたのである。その発展過程は、より丈夫な材質を求め、加工技術の進歩と一体化してとらえることができるであろう。しかし水中になげうつ碇には、陸上（空気中）では想定できない、さまざまな問題が存在していた。たとえば金属に大敵である錆びの問題であり、海中にあっては木材を好んで侵食するフナクイムシの存在である。

古代から中世にかけて、わが国の船に装備された木碇は、レの字の片爪をもつものや、レの字状の碇身で左右から碇石を挟んだ唐人碇であったが、碇石自体は、あまり加工を施さない自然礫に近いもので、規格化された優美な中国の木石碇と比べると、かなり見劣りがする。しかしこれはフナクイムシによって木製部材が侵食されることを想定して、あえて精巧に作らなかったのではないかという推測が成り立つ。

すなわち、中国沿岸部は海底の底質が泥質であり、碇はその大半が海底下に埋没し、フナクイムシの侵食を受けにくいが、日本近海は沿岸部を含めて、かなりの部分が岩礁または砂地であり、碇自体が海底に埋没せず、海底面に露出してしまうことが多い。

つまり碇の木質部分は、当然のことながらフナクイムシの格好の餌食となるのである。したがって長期間にわたって海中に浸っていると、その木質部は侵食され、碇自体が劣化してしまい、碇石を脱落してしまうことが多かったはずである。

これは日本に来航した東アジア世界の国々の船に搭載されていた碇についても同様で、博多湾や小値賀島の前方湾内で確認される碇には、木製碇身が残存していない。本来、碇を放棄する場合は、引き揚げ不能の状況にあるので、碇本体はすべて放棄されたはずである。決して碇石だけを放棄することはない。しかし今日確認できるものは、碇石だけなのである。この事実から推測すると、おそらく何らかの理由で、海底に碇が根掛かりして、碇を放棄したに相違ないが、長い年月を経るあいだに、海底に残された碇の木質部分はフナクイムシに侵食されて消滅し、侵食を受けない碇石のみが残存したということになる。その証拠に、博多湾や小値賀島の前方湾から発見される碇は、すべて碇石のみなのである。唯一、木質部分を残した碇が発見された例は、長崎県の鷹島海底遺跡からの発見例だけである（写真1）。これも海底の発掘調査によって、海底下の砂泥層に埋没していた木製部材の碇身のみが確認されていて、海底面から露出していた部分は侵食により消滅していた。したがって海底下の泥質に埋没していたからこそ、碇身がフナクイムシの侵食を受けることなく残存することができたのである。すなわち博多湾や前方湾で碇石が数多く発見されるのは、中国船が海底に碇を根掛かりさせてしまい、引き揚げられずに捨てたもので、木製部材の碇身はフナクイムシにやられたということである。それは福岡市東区志賀島の海底に今もなお所在している碇石の存在からも明らかである（写真2）。したがって日本人が、木碇の素材を重要視しなかった理由は、まさにここにあるのである。わが国の沿岸部が岩礁や砂地であり、碇爪があると岩礁部に挟まりやすいこと、砂地では海底下に埋没しないこと、さらには海底に長くとどまる碇の木製部材は、必ずフナクイムシによって侵食を受けること、これらを経験的に熟知していたからこそ、常に交換の必要な木製部材には、ことさら重要性を認めず、自然木の枝分かれした部分を利用した碇身としたのである。

写真1　鷹島海底から引き揚げられた右爪が侵食された碇

写真2　福岡市東区志賀島勝馬の角柱対称型碇石

木造船にとっても最大の敵は、フナクイムシの存在である。そこで世界中の木造船は、定期的に船を陸揚げして、船底を焼きフナクイムシを駆除した。そして時代が下がると、木造船は船底を銅で皮膜したり、塗料を塗るなどしてフナクイムシの侵食から船体を守ったのである。それは碇も同様で、青銅器時代になると、地中海世界の碇は、碇歯や木碇部分に青銅のカバーが掛けられるようになるのである。これが唯一フナクイムシの侵食から碇本体を防止する対策だったわけである。

## おわりに

木石碇や木碇が全盛期を迎えた中世の碇は、やがて終末期へ向けて衰退していく時期にあたるといえよう。まず中世の碇でもっとも注目されたのが、西北九州の沿岸部で発見される「蒙古碇石」であった。最初にこの碇に注目したのは、山田安栄氏で福岡市内の料亭の庭先に置かれた碇をもって「蒙古碇図」として紹介した。その後も博多湾から碇石が引き揚げられると、山本博氏が山田氏を受けた形で蒙古が襲来した文永の役の遺物としてとりあげた。続いて川上市太郎氏が福岡市周辺で確認された碇石を集成し、その場所が蒙古襲来の地と重なることから、これらを蒙古の遺物として一括してとりあつかった。こうして西北九州の碇石は、「蒙古碇石」として長く語り伝えられることになるのであるが、筑紫豊氏、上田雄氏、松岡史氏らが疑問を唱え、さらに資料を集成する中で、碇石のすべてが蒙古襲来、いわゆる元寇と結びつくものでないことを検証していった。

一方、一九八〇年から開始された鷹島海底遺跡の調査では、弘安四年（一二八一）の弘安の役において覆滅した、蒙古軍船の碇を検出し、その形状が、博多湾を中心とする沿岸海域で引き揚げられた碇とは異なることを導き出した。

すなわち蒙古軍の碇は、博多湾沿岸やその周辺地域から引き揚げられた、博多湾型といわれる角柱対称型の一石による碇ではなく、二石に分離した鷹島型といわれる左右対称一対型の碇だったのである。この形式の碇は、南宋の水軍の根拠地であった中国山東省の蓬莱水城周辺からも確認されたことにより、当時の軍船ではこのような二石に分離された左右対称一対型の碇が主流を占めていたことが分かった。

そこで博多湾および周辺海域から出土する碇石は、中国の貿易船のものではないかという推論がでてきた。これを間接的に証明したのが、中国江南の泉州湾后渚港から発見された一三世紀南宋末期の貿易船にともなうと思われる碇石で、泉州湾に程近い吴村の小川から出土したものである。その形状が角柱対称型の碇であり、まさに博多湾沿岸から出土するものと同じ博多湾型であることが確認された。これによって碇石を短絡的に「蒙古碇石」とするのでなく、中世東アジアの貿易船がもたらしたものであることが証明されたのである。とくに近年では五島列島小値賀島の前方湾内でも同様の碇石が多数発見され、中世の航路帯にあたっていた同地は、避難港としての性格をもつことから、これらの碇石も貿易船のものと思われている。

中世の和船については、現存する資料がないことから、当時描かれた絵図や絵巻でしか確認できないが、それらの資料をみる限り和船の碇とは、扁平長楕円形の碇石を、木製のレ字の爪をもつ碇身一本で碇石と接合した片爪の矴と、左右から木製の碇爪をもった碇身で挟みこんだ木碇、いわゆる両爪の唐人碇であることが分かる。

蒙古襲来を描いた竹崎季長の「蒙古襲来絵詞」でも、日本側の武士団が乗った軍船にはこのタイプの碇が搭載され、一方の蒙古船には碇石と碇本体が完璧に合致した木石碇が描かれていたのである。また、ほかの国内絵図においても、やはり両爪や片爪の碇が描かれており、この形状の碇が長く続いたことを物語っている。

しかし室町時代に入ると鉄錨の存在が確認される。それは永享五年（一四三三）に描かれた「神功皇后縁起絵巻」に両爪の碇と同じ画面上に、四爪錨が描きこまれている事実による。すなわち一五世紀前半には四爪の錨が存在し、和船にも次第に搭載されつつあったという証である。しかし鉄の鍛造による錨は、経済効率が悪く、かなり高価なものであり、その搭載は、経済性を無視した船から進められたのである。それは安宅船や関船といった軍船であり、朝鮮征伐に従軍した大名家の軍船は、これらを搭載していたことがうかがえる。

そこでなぜこのような鉄錨が登場するにいたったかを検証した。そこには海中に生息する微細なフナクイムシの存在があった。すなわち木材を好んで侵食するこの生物は、船体であれ木碇であれ、およそ木質部であればほぼすべてのものに付着し、侵食しながら木質部内を穿孔しつつ石灰質の棲管を形成していく。これによって付着された木材は、ボロボロになって最終的に崩壊してしまうのである。このため木造船はたびたび陸に引き揚げて船底を焼き、フナクイムシを駆除しなければならない。しかし木碇においては、木製部材の碇身と碇石を組み合わせ、それを索で緊縛した構造であることから、火をかけると索や碇身を燃やしてしまい、碇石も割れてしまう可能性が高い。このような理由で、フナクイムシの駆除は容易ではなかったはずである。

海底を嚙む碇身が木製であるがために、肝心な時にフナクイムシによる侵食がもとで、碇自体が損壊したら一大事である。あるいはそれが原因で船を危険にさらすかもしれない。荒天時にもっとも頼るべき存在の碇に不具合が懸念されるとしたら、そこは何としてでも危険を回避したいと願うはずである。そのためにはあえて経済性も無視し、より安全でフナクイムシの侵食がない鉄錨を求めるのは道理であったろう。

しかし鉄錨の登場が、すぐさま木碇の消滅をうながすことはなく、江戸時代の廻船が普通に鉄錨を用いるようになっても、まだ残り続けた。それを裏づけるように、幕末に建造された西洋式軍艦の繫船具は「碇」と記載されており、江戸時代は四爪錨を「鉄碇」と書き、「カナイカリ」と呼称していたのである。すなわち「碇」とは石製を基本とするという観念が、色濃く残っていたということが明らかである。

また「錨」の呼称も明治以降のことで、江戸時代は「鉄猫」と書いた文書もあり、四爪が猫の爪を連想させることからきているといわれる。すなわち「錨」の字は、鉄碇と鉄猫とから創作されたものなのである。

木碇が、現在でも一部地域で民俗資料として残ったのは、やはり経済的な理由からであろう。鉄錨は高度な鍛造技術によって製作され、価格的にも非常に高価な存在であり、漁船の碇としてはあまりに経済効率が悪い。そこへいくと木碇は手作りも可能で、修理や部材の交換も簡単にすることができる。当然の結果として木碇は、漁師たちにとって捨て難い存在として残り続けたのである。

最後に、木碇のその後について少し紹介しておこう。漁船などの小船を繋留する繋船具として、つい最近まで適度な重さをもつ礫と自然の木の枝を巧みに組み合わせた木碇が使用されていた。それは鹿児島で使用されていた、通称「ヤマタロー」という木碇である（写真3の1）。次に、礫を一部加工して長方形の錘を作り、これに木製の碇身と碇爪を組み合わせ緊縛した木碇がある。これは長崎県小値賀町の歴史民俗資料館に所蔵されているも

1　ヤマタローの名で呼ばれる木碇

2　五島列島小値賀島の木碇

3　五島列島小値賀島の木碇（爪は鉄製）

写真3　現代の木碇

ので、当地で実際に使用されていたものである（写真3の2）。もう一つも、やはり適度な角柱状に粗加工した礫を碇身に緊縛したもので、二本の碇爪は鉄製である。こちらも同歴史民俗資料館に収蔵されている（写真3の3）。同館の民俗資料展示コーナーには、小型の鉄錨などとともにこのような木碇が展示されており、最近まで木碇が細々とではあるが現役として使用されていたことをうかがわせる。したがって鉄錨の補助的な繋船具という意味において、木碇は活用実績があり、その基本構造である、碇爪、碇身、碇石という組み合わせは、中世からの伝統を受け継ぎ、時代を越えて存在し続けたのである。

(1)　王冠倬編「従碇到錨」（『船史研究』第一期、一九八五年）。同『中国古船図譜』（生活・読書・新知三聯本店、二〇〇〇年）。
(2)　前掲註(1)に同じ。および『蓬萊古船与登州古港』（大連海運学院出版、一九八九年、一二頁）。
(3)　宋應星撰／藪内清訳注『天工開物』（東洋文庫、平凡社、一九六九年）。
(4)　今西幸蔵『今西氏家舶縄墨私記・坤』（『日本庶民生活史料集成Ⅱ』三一書房、一九七〇年）。
(5)　『広島県史』民俗編（広島県編集発行、一九七八年、田村善次郎執筆部分）。
(6)　『廻船必用』（住田正一編『海事史料叢書』第一巻、成山堂書店、一九六九年復刻版）。
(7)　堀内雅文『大和型船〔船体・船道具編〕』（成山堂書店、二〇〇一年）。
(8)　前掲註(5)『広島県史』民俗編。
(9)　金澤兼光『和漢船用集』（明和三年三月刊、文政十年六月再刊）。
(10)　渡部忠重『続原色日本貝類図鑑』（保育社、一九六一年）。
(11)　山路勇『日本海洋プランクトン図鑑』（保育社、一九六六年）。
(12)　渡部忠重・伊藤潔『原色世界貝類図鑑』（保育社、一九六五年）。

【参考文献】

（1）安達裕之『日本の船』和船編（財団法人日本海事科学振興財団、船の科学館、一九九八年）。
（2）石井謙治『図説　和船史話』（至誠堂、一九八三年）。
（3）『長崎唐館図集成』（関西大学東西学術研究所資料集刊九の六、長崎唐館図集成五・近世日中交渉史料集六、関西大学東西学術研究所、二〇〇三年）。
（4）松井広信「四爪鉄錨の基礎的研究――船に関わるモノの型式学的考察――」（『金沢大学考古学紀要』三四、二〇一三年）。

# 補論　茨城県、南西諸島、沖縄本島で発見された碇石

## はじめに

北部九州を中心にその存在が知られている碇石は、蒙古襲来との関連性を示唆されながら、すでに明治期から注目されており、成形、非成形の違いこそあれ、碇石といえば角柱対称型のものが一般的とされてきた。ところが一九九五年に実施された長崎県松浦市鷹島町神崎港改修工事にともなう緊急発掘調査において、それまでとは明らかに形状の異なる碇石が出土したのである。しかもその碇石は補助材の碇檣により碇身を左右から挟み込んで両側面から装着する、いわゆる左右対称一対型に分離した碇石であった。この点に着目し、さらにこれまで確認されている碇石を集成して、その類型についてすでに拙稿を著した。(1)その刊行から半年も経たぬうちに、飛田英世氏と桃崎裕輔氏の共著「茨城県波崎町の碇石」を目にする機会を得たのである。(2)そこにはお馴染みの碇石が、詳細な観察記録や拓本とともに紹介されていた。しかし、碇石といえばこれまで太平洋沿岸で確認された例はなく、例外的にロシアのウラジオストックのポシエト湾で確認されたものを除けば、その北限は山口県であり、日本海沿岸ないしは奄美大島から沖縄諸島にかけての地域に限定されていた。

思えば、碇石を「蒙古碇石」として疑わなかったのも、二度にわたる蒙古襲来（元寇）の地域と、碇石出土地

が博多湾を中心とする北部九州とその周辺部に限られており、双方が重なり合っていたからにほかならない。したがって太平洋沿岸でも角柱対称型の碇石が確認されたということは、貿易船の繫船具として普遍的なものであった可能性が広がることであり、何よりも碇石と蒙古襲来との因果関係を再考する契機を与えてくれるものと思えた。そこで茨城県波崎町（現在は神栖市）に所在する碇石を実見し、その所見を以下の通りまとめた。また、近年、南西諸島および沖縄本島でも碇石の存在が知られるようになった。これら新資料も加えて紹介したい。

## 第一節　茨城県波崎町の碇石

茨城県波崎町（現在は神栖市）は、同県の最東端に位置し、太平洋に突き出した犬吠崎の北側を占め、東に鹿島灘をのぞみ、南に千葉県銚子市や、北に茨城県神栖町（現在は神栖市）と隣接する人口三万九〇〇〇人の町である。また、太平洋に注ぐ利根川の河口部にもあたる。

碇石は、茨城県鹿島郡波崎町六九一五番地（小字は本郷という）の真言宗の寺院である宝蔵院の敷地内に所在する。さらにくわしくいえば宝蔵院第二駐車場から道を挟んだ雑木林の中にあり、地元ではこの地を「道祖神」と呼んでいる。

宝蔵院の関係者によれば、廃仏毀釈のさいにいろいろな物が寺院に持ち込まれ、それらをお払いしたことがあるが、碇石がいつ頃、誰によって持ち込まれたものかは不明という。また、昔は利根川がすぐ近くまで流れ込んでいたということであった。

さて、碇石の現況は、やや左斜めに傾斜し地面に突き刺さるように埋没している。おそらくは約半分が地中に埋もれているものと予想される。碇石の横にはタブの大木があり、碇石の周囲には取り囲むように円礫が点在す

固定溝のクローズアップ

写真1　宝蔵院の敷地内の碇石
中央部に固定溝がみえる

る。碇石の脇には小さな祠が三か所あるが、それらとの関係は不明である。ただ、何らかの供養のためにこの場所に突き立てたという印象が強くした。碇石自体の特徴としては、碇石の露出部分の地面と接する直上に、固定溝と思われる細い溝が確認できる。それは角柱状の幅の狭い二面のみにしかみられず、広い面にはみられない。また碇石の特徴でもある中央部の凹面、いわゆる碇身の軸着装部溝はみられない（写真1、図1）。

石質は小豆色を呈していて荒く、石を割ったさいの鑿跡が上部に二か所みられ、加工痕と思われる鑿跡もみられた。石質は輝緑凝灰岩（紫褐色）と思われる。碇身の軸着装部溝のない資料としては、沖縄県国頭郡恩納村字山田にある山田グスク下方の井戸の井桁石に使用されたものに類例があり[3]（図2）、長崎県松浦市鷹島町出土の角柱対称型の碇石を断ち割って左右対称一対型としたものの中にもある。これはごく薄い軸着装部溝をもつものであり、もともと一石型であったものを、その後、中央部で半折して再利用したものとみられる[4]（図3）。

軸着装部溝とは、あらかじめ抉りを入れた上下の碇身部材が碇石を挟み込んで合致し、さらに挟み込んだ碇身の上から楔を打ち込んで、細い固定溝と合致して確実に碇石と碇身とを固定するための仕組みである。

すなわち碇石と碇身とをより強固に固定するには必要欠くべからざる溝であったといわねばならず、大多数の碇石にはこの軸着装部溝が上下に彫り込まれている。

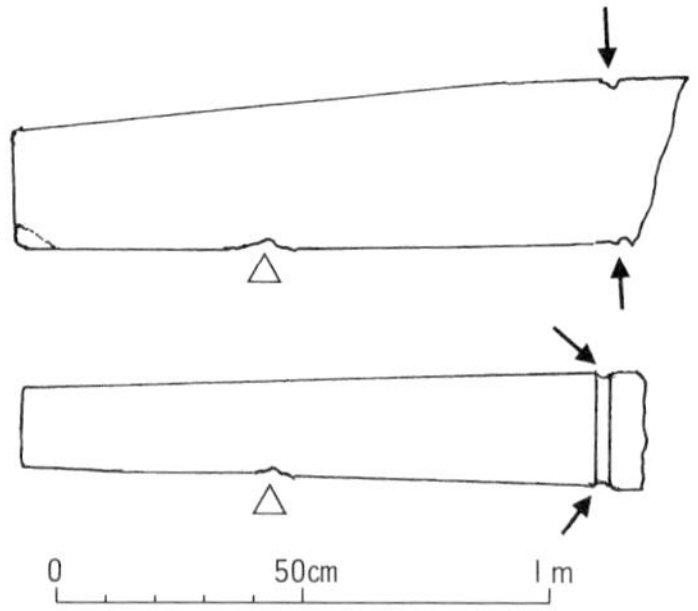


図1　茨城県波崎町の碇石実測図

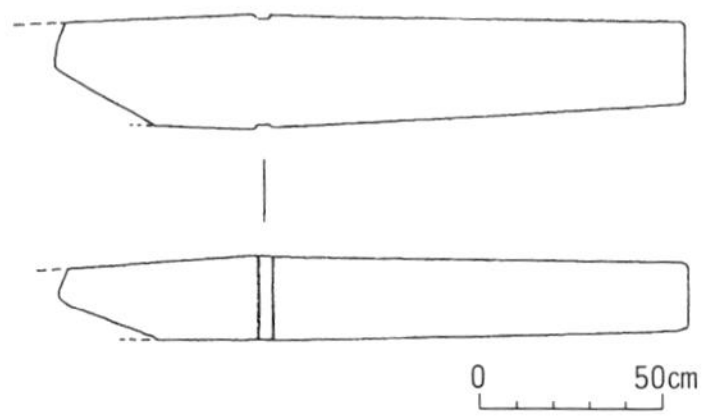


図2　沖縄県国頭郡恩納村山田グスクの碇石実測図

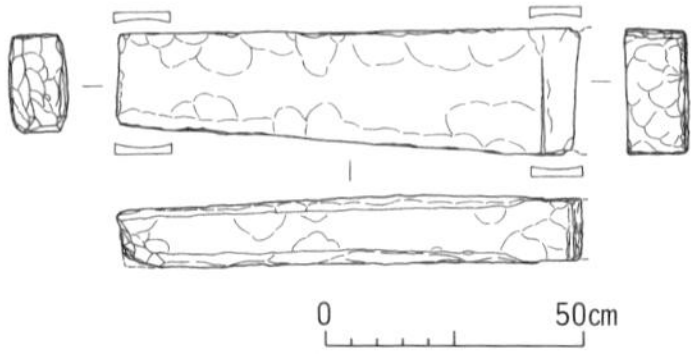


図3　長崎県松浦市鷹島出土の半切した碇石

この部分を欠くタイプのものが、軸着装部溝を施すようになる以前のものか、以後のものなのかは分からないが、碇石を用いた碇身の発展段階の一つを示すものであると思われる。碇石の法量についてはすでに桃崎氏によって測定されており、それによれば、全長は推定二四七cm、最大幅三二cm、最大厚二二~二四cmで最端部分の幅は二二cm、厚さ一七cm、固定溝は深さ一cm、幅五cmとしており、筆者の実測結果もほぼ同じである。また桃崎氏は重量を三〇〇kg前後と推定し、一五〇〇石前後の航海ジャンク船のものと想定している。

## 第二節　碇石の由来

この碇石がはたして中国船のものか否かは別として、わが国で出土する角柱対称型の碇石に該当することは確かで、固定溝の存在からも、国内船のように粗整形した碇石を二本の碇身ではさみ、索をめぐらして固定するタイプのものとは明らかに違う。

著書の中でこの碇石を紹介した岡田精一氏は、中世の太平洋航路と関連づけて説明している。すなわち「従来、太平洋航路の存在はなおざりにされてきた感がするが、それは造船・操船の技術の未熟さとともに、遠州灘や房総半島沖が海難事故の多発海域であったという暗黙の前提から生じたのであった」とし、西日本から関東地方に往来した船舶が房総半島をさらに北上したことを想定させるものととらえて、岩手県平泉町にあった奥州藤原氏の政庁跡とされる柳之御所遺跡からは、常滑焼や渥見焼、さらには中国製の舶載陶磁器が出土することを述べ、中には口縁径七〇cm、高さ一mという大型のものもあって、これにいたっては陸上輸送とは考えにくく、太平洋を往来する物資の搬送は平安時代末期までさかのぼるとしている。(5)

さらに網野善彦氏によれば、一三～一四世紀に北条氏は中国の宋、元とのあいだに公式の貿易ルートを独占しており、「唐船」といわれる大型の船を何回も中国大陸に向けて派遣したことを述べ、その根拠地であった六浦の港には、実際に中国船が入ってきたという言い伝えがあることを紹介している。とくに、北条氏の一族で金沢文庫を建てた金沢氏は、中国との貿易に熱心であったとして、鎌倉から太平洋を西に下り、さらに伊勢、志摩を経て瀬戸内海を通り、北九州、中国大陸にいたる海路の存在をも想定している。(6)

確かに網野氏が指摘するように、金沢氏は伊勢、志摩の守護となり、正応二年（一二八九）から永仁四年（一二九六）まで周防・長門の守護を務め、弘安年間には豊前の守護も務めている。そして何よりも金沢実政や金沢政顕が鎮西探題として肥前の守護を兼ねていたことは、まさに武蔵、相模に根拠地をもつ金沢氏が、中国との貿易利権を独占する狙いがあったことの傍証ともいえよう。

このように日宋貿易あるいはその後の日元貿易の貿易船航路は、最終寄港地が六浦にとどまることなく、さらに太平洋岸を北上して、奥州にいたったことも容易に想像されるのである。したがってこの波崎町に所在する碇石もそうした貿易船の繋船具であった可能性は否定できない。

飛田氏によれば、この碇石は地元において篠塚伊賀守の伝承とともに語られているという。この篠塚伊賀守という人物は、『太平記』によれば、上野国邑楽郡長柄郷の住人で、畠山重忠の子孫である篠塚伊賀守平重弘（広）と言い、武勇に秀でた武将であり、興国三年（一三四二）には脇屋義助にしたがって伊予に赴き、細川頼春と闘い、愛媛県東伊予にあった世田城の攻防戦では、その落城にさいして敵中突破を敢行し、今治から船をしたてて隠岐島へ逃れたとされている。

その後、しばらくして隠岐島を出てこの地に漂着したという説や、奥州へ向かうさいに鹿島灘で難破してこの地に漂着したという説もあって、いずれにせよこの碇が伊賀守の乗った船のものとされ、地元の篠塚権右衛門家には、その船の船頭を祀った「センドウノミヤ」という小さな祠もあるという。したがって地元の篠塚姓を名乗る人々には氏神的存在であり、婚礼などの慶事には参拝する風習があるという。また碇石の近くにある拳大の円礫は、子供の病気平癒のために持ち帰って、治ると倍にして戻す慣わしもあるそうだ。

この碇石が地元の伝承のように伊賀守が乗った船のものか、あるいは異国の貿易船のものかは分からないが、いずれにせよこの房総半島沖で何らかの海難事故があり、その船の乗組員たちを慰霊する意味合いがあったように思われる。

ちなみにこの付近の太平洋岸に漂着した異国船の例を別表に掲げてみた(7)（表

表１　漂着した異国船

| 漂着年 | 漂着場所 | 漂着した船の船籍 |
|---|---|---|
| 1403年 | 武蔵六浦 | 琉球船 |
| 1770年 | 駿河国興津 | 朝鮮船 |
| 1780年 | 安房国千倉 | 中国南京船 |
| 1807年 | 下総国銚子浦 | 中国南京船 |
| 1815年 | 伊豆国下田 | 中国南京船 |
| 1819年 | 常陸国川尻村 | 琉球船 |

荒川秀俊編『日本漂流漂着史料』気象研究所、1962年

1)。

房総半島沖は海難多発海域である。それはとりもなおさず、寒流と暖流がこの海域でぶつかり合い、潮流の変化が目まぐるしいことによる。

なかんずく利根川の河口付近では三角波が立ち、暗礁も多く、とくに難所中の難所であったことを考え合わせれば、この碇石もそうした難破船のもので、被災した乗組員の亡骸を埋葬し、慰霊のために同地に建立したという想像も成り立ちうるであろう。

可能ならば寺院側の了承のもとに一度、碇石を掘り起こし、全体像を詳細に検討する必要があろう。とくに固定溝を中心として、左右対称の構造をしているか否かは気にかかるところである。また、これを契機に太平洋沿岸の海浜部にこのような碇石の類例がないかどうかも調査する必要性を感じる。

## 第三節　南西諸島および沖縄本島近海から発見された碇石

### (一)　南西諸島の碇石

鹿児島県大島郡宇検村には、一九九五〜九八年まで調査が実施された倉木崎海底遺跡が所在する。同遺跡は奄美大島本島の東シナ海に面した、焼内湾入り口にあり、枝手久島北側海峡の比較的浅い海底に、一二世紀後半から一三世紀前半の中国南宋時代の青磁碗や皿類が散布していたもので、調査により中国製の陶磁器二三〇〇点が海底から出土している。

碇石（図4）は、もとは宇検村の碇家に伝わるものであったが、現在は宇検公民館に移されている。全長三〇九cm、軸着装部溝幅二〇cm×深さ〇・五〜一cm、固定溝幅五cm×深さ一・五cm、中央部幅三五・五cm×厚三〇cm、先端部幅二七cm×厚二二cmで、石質は凝灰質砂岩と考えられる。幅と厚みは中央部がもっとも大きく、先端部に向かうにつれて細くなる。上下左右対称の構造であり、松岡氏の分類による1Aに該当する。

次の碇石（図5）も、以前は碇家にあったものだが、現在は宇検公民館に移されたものである。全長二八二cm、軸着装部溝幅二五cm×深さ一cm、固定溝幅六cm×深さ一cm、中央部幅三三cm×厚二九cm、先端部幅二九・五cm×厚二一cmで、石質は凝灰質砂岩と考えられ、図4と同じく1Aと思われる。

次の碇石（図6）は、宇検村田検小学校裏の井戸の橋桁に転用されたものである。現況は半分がコンクリートで固められ、破損の箇所もあり、全体を計測することはできないが、復元すると全長一一一cm、幅一〇cm、厚一〇cmを測り、石質は砂岩質であるという。

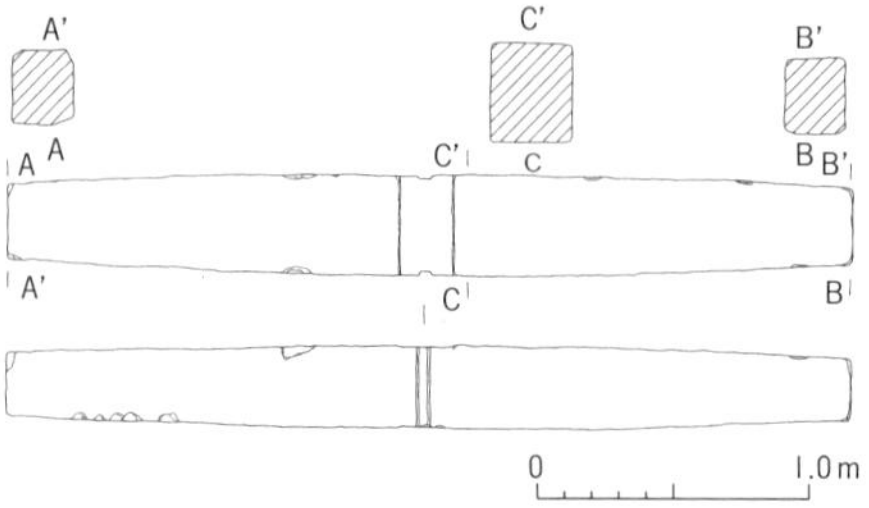


図4　宇検村碇家伝来の碇石①

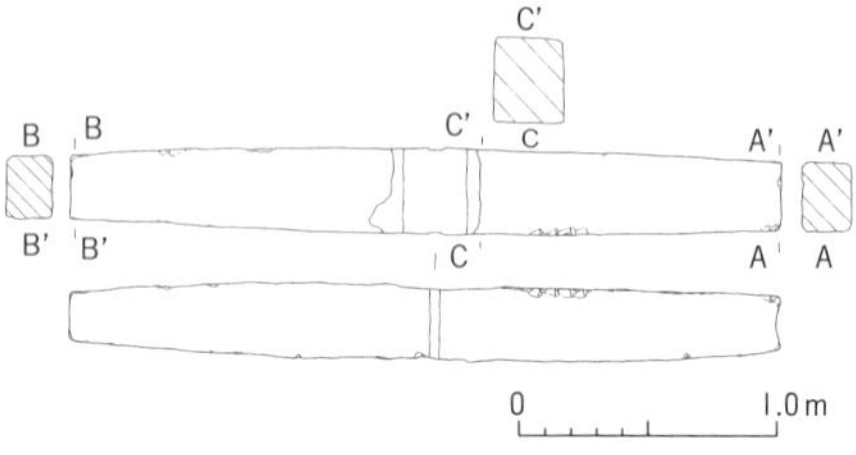


図5　宇検村碇家伝来の碇石②

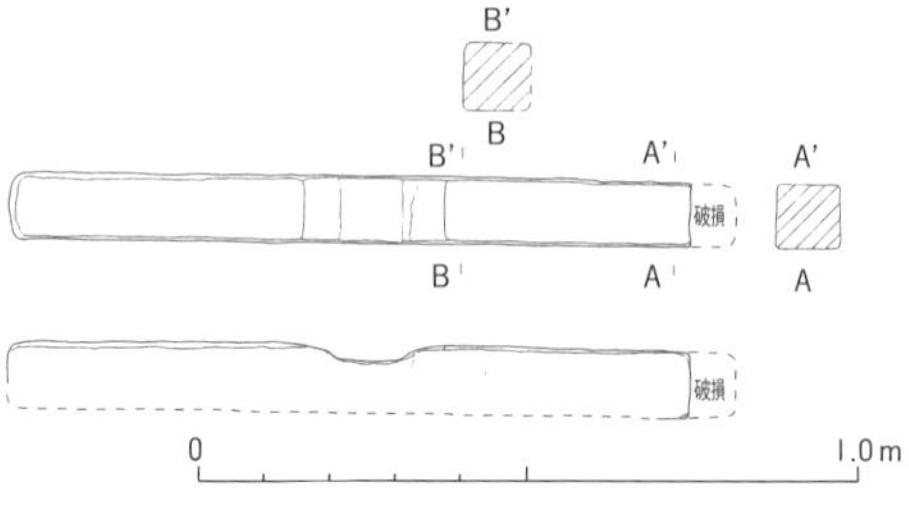


図6　田検小学校の井戸枠に転用された碇石

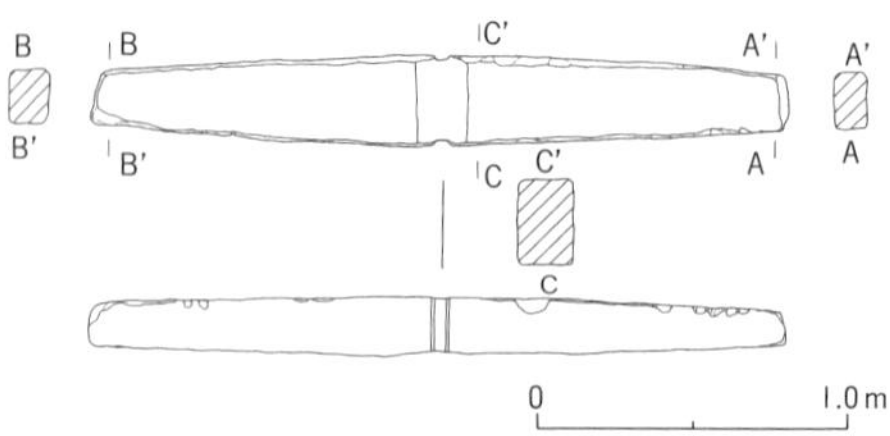


図7　奄美博物館の碇石

碇家にあった碇石については、その来歴がくわしく残っていないが、その家名からしても、碇と関係の深い家柄であり、碇家が倉木崎海底遺跡に近い宇検村に所在していることから、遺物類を運んだ中国貿易船から引き揚げた碇を所蔵した可能性が高い。

奄美市立奄美博物館に所在する碇石（図7）は、もとは奄美の龍郷町秋名の肥後家に保存されていた二本のうちの一本である。全長は二二五cm、軸着装部溝幅一二cm×深さ〇・五cm、固定溝幅五cm×深さ一・五cm、右側の中央部幅二八cm×厚一七・五cm、先端部幅一八cm×厚一一cm、左側の中央部幅二八・五cm×厚一八cm、先端部幅一六・五cm×厚一三・五cmを測る。石質は特定されておらず、松岡氏の分類の1Aに該当する。

残りの一本は、現在は名瀬市役所裏の肥後家の庭に保管されている。これら碇石については以前、當眞氏が報告したものがある。(8)

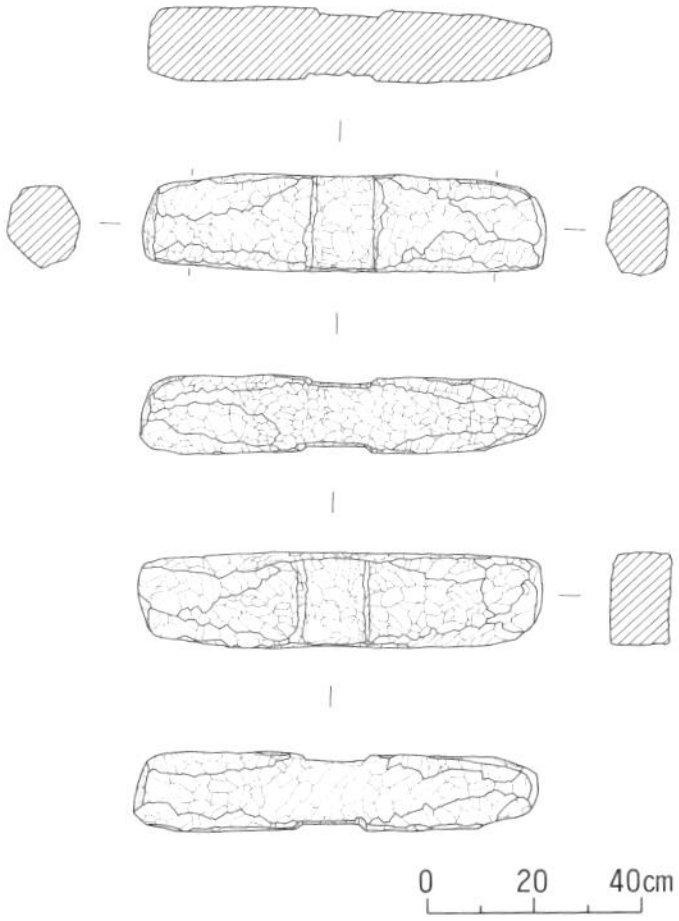


図8　アンチ浜の碇石

（2）沖縄県本部半島の瀬底島から発見された碇石

沖縄県埋蔵文化財センターによる「沿岸地域遺跡分布調査」（国庫補助事業）において、二〇〇四年度調査中、沖縄県本部町瀬底島のアンチ浜海底で碇石一本が確認されている。瀬底島は本部半島東岸からわずか四五〇m沖合にあり、周囲八kmの小さい島であるが、古来より瀬底島と本部半島の狭水道は「唐船グムイ」と呼ばれ、船舶の泊地として利用されていたらしい。しかしその反面、海難事故のためか、付近の海底からは、古銭や壺類が発見されることがあり、分布調査の対象地域となったものである。

碇石（図8）が発見されたのは、島と本部半島に挟まれた水道に面したアンチ浜の桟橋から、南に約二〇ｍ、水深三ｍの海域で、周囲にはリーフが広がっている。砂地で、直径一・二ｍほどの岩影に軸着装部溝がある幅広面をみせて沈んでいた。全長七六・五㎝、重さ二九kg、軸装着部溝は幅一一・五㎝×厚一・二㎝、中央部幅一七・五㎝×厚一四㎝、右側先端部幅一六・四㎝×厚一二・五㎝、左側先端部幅一五・三㎝×厚一四・四㎝である。石質は安山岩である。

形態的には中央部に最大幅をもたせ、左右の先端部に向かうにつれて次第に細くなるように成形されており、側面は左側先端部から中央部にかけてほぼ同じ幅をもち、右側先端部が若干細くなっていく。断面形状は柱状成形ののちに、稜線を面取りして八角形を呈する。軸着装部溝は丁寧に成形されているが固定溝は認められない。報告者は中国の角柱状碇石を模倣しようとした可能性がある、として軸着装部溝が両面にあることから、碇身で碇石を挟み込むタイプの装着法であったと推測している。(9)

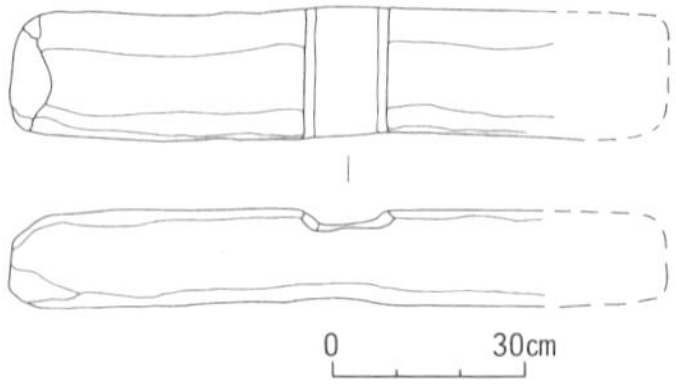

図9　糸満市の碇石

（3）　糸満市の碇石

この碇石（図9）は、沖縄県糸満市字糸満で「石敢當」として道路脇に立っていたもので、来歴は不明である。現在は糸満市教育委員会が保管している。全長一〇八㎝（推定）、軸着装部溝幅一三㎝×深さ二㎝、中央部幅二〇㎝×厚一五㎝、先端部幅一八㎝×厚一〇㎝で、外形は長方体の棒状が面取りされ、断面は八角形で、軸着装部溝はあるが固定溝は存在しない。石質は沖縄産の砂岩質である。(10)

## （4）　勝連町浜比嘉島の碇石

沖縄県勝連町字浜の集落内に「線刻石柱」として存在する碇石（図10）は、採集地は不明だが、以前、勝連町の文化財として上原静氏によって報告されたことがある。現在は民家の入り口の石垣に「石敢當」のように立っている。下部が埋没した状態であるため、詳細は不明だが、推定全長は一一三・二㎝（地表部に露出した長さは五七・九㎝）、軸着装部溝幅一〇㎝以上×深さ〇・八㎝、中央部幅一九・六㎝×厚一三・四㎝、先端部幅一四・四㎝×厚一〇㎝で、固定溝はなく、石質は砂岩である。外形は中央部から先端部に向かって細くなるように成形されていて、やはり稜線が面取りされ断面は八角形を呈する。重量は不明である。(11)

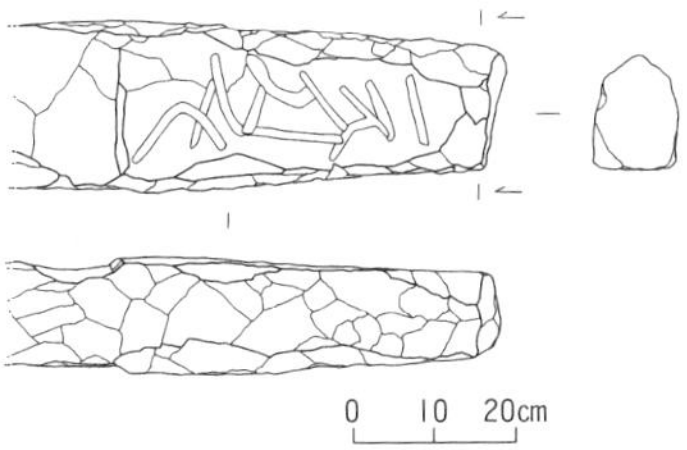

図10　勝連町の碇石

これら沖縄本島で発見された碇石は、いずれも軸着装部溝をもつものの、固定溝はなく、長方体の棒状のものを、稜線を面取りし、断面八角形としている。報告者はこのような状況から、中国船舶が装備していた碇を模倣して、琉球国内用として製作されたものではないかと推測している。その根拠としては、瀬底島の碇石（安山岩）を除いては、碇石が沖縄産の砂岩質であること、定型化された中国製の碇にある固定溝はなく、成形もやや粗く、稜線を面取りして断面八角形を呈していることなどをあげている。いずれにしても中世から近世にかけて、国内の琉球船舶に装備された碇と考えられるが、ここで重要なことは、これら琉球製の碇石に固定溝の彫り込みがないことである。すなわち、このことはこの碇石が軸着装部溝のみで碇身部分と着装していることを如実に示しているのである。つまりこれは「唐人碇」といわれるレ字型の碇爪を左右から装着し、緊縛したものと同じ発想であり、中国船舶が使う木石碇とは、構造的な着想を異にしていると考えるべきである。

中国製の木石碇とは、定型化された碇石を、碇身部分に完全に組み込んだものであり、すでに碇のストックや錘りとしての機能を、碇本体と融合した、いわば碇の構成要素の一部品に過ぎないのである。

これに対し日本や今回確認された琉球の碇は、二つのレ字の碇爪をもつ碇身との結合の中での碇石ととらえており、前代から受け継いできた「碇」の主体は石本体にあり、碇爪の役目を担うレ字の碇身は、従の役目をもつとの着想から抜け出していないのである。つまりその成形自体も、中国製の碇石より粗雑であって、碇石に碇身部分を合わせるという発想になっている。したがって、これら琉球製の碇石も、中国製の木石碇の単なる模倣とは言い難いと思われる。

## おわりに

本章では、茨城県波崎町（現在は神栖市）、南西諸島、沖縄本島で確認された碇石を紹介した。

本章でとりあげた南西諸島発見の大型碇石は、いわゆる角柱対称型の一石型を呈する典型的な碇石で、固定溝や軸装着部溝が施されており、中世東アジア世界の貿易船の碇と考えられる。また、茨城県波崎町（現在は神栖市）の宝蔵院境内に所在する碇石も、この類型に近いものであろう。最後に沖縄県発見のものは、角柱対称型の碇石を模倣しながらも、石質が琉球産の砂岩質であり、成形も粗いことなどから、中国製の碇石を参考にしながら製作された琉球独特の碇石と考えられる。

（1）石原渉「中世碇石考」（『大塚初重先生頌寿記念考古学論集』東京堂出版、二〇〇〇年）。

（2）飛田英世・桃崎裕輔「茨城県波崎町の碇石」（『六浦文化研究』第一〇号、六浦文化研究所、二〇〇一年）。

（3）當眞嗣一「南西諸島発見の碇石の考察」（『沖縄県立博物館紀要』第二二号、一九九六年）。
（4）小川光彦「鷹島町第七次潜水調査（神崎地区）：一九九七年度」（『九州・沖縄水中考古学協会会報』一九九八年）。
（5）『仙台市史』通史編二古代中世（仙台市史編纂委員会、二〇〇〇年、岡田精一執筆、第五章「留守氏と国分氏」第二節「村と市と在家」）。
（6）網野善彦『海と列島の中世』（日本エディタースクール出版部、一九九二年）。
（7）荒川秀俊編『日本漂流漂着史料』（気象研究所、一九六二年）。
（8）前掲註（3）に同じ。
（9）片桐千亜紀・比嘉尚輝・崎原恒寿「本部町瀬底島アンチ浜海底発見の碇石」（『紀要沖縄埋文研究3』沖縄県立埋蔵文化財センター、二〇〇五年）。
（10）前掲註（9）に同じ。
（11）前掲註（9）に同じ。

【参考文献】

石原渉「茨城県波崎町で発見された碇石について」（『九州・沖縄水中考古学協会会報』通巻一八号、二〇〇四年）。

# 終章

## はじめに

わが国における碇についてこれまで論述してきた。先史時代である縄文時代、弥生時代のイカリは、大型礫石錘や超大型礫石錘が、地域性による漁撈活動の違いによって、さまざまな用途に活用される存在であったことを物語っており、船の繋船具という専用の道具ではなかったものの、時に丸木舟のイカリとしても活用された蓋然性があることを指摘した。

古墳時代や古代においては、船の大型化によりイカリに形態的な変化がおとずれた。それは丸木舟から準構造船へ、準構造船から、外洋を渡る構造船へと船自体が進化したことによる。そして中世においては礫石錘の段階から、木製部材の爪をもった碇へと形態上の変化を遂げ、ようやく「碇」の段階に達した。そして形態上の変化により、碇は船の繋船具という専用具に位置づけられ、その用途を拡大させることにつながった。しかし近世には石の碇が終わりを告げ、鉄の錨へと移り変わっていく。その材質の変容には重要な意味が隠されていた。

安価な石と木を組み合わせた木碇から、なぜ、高価な鉄を鍛造する鉄錨へと変化したのか。引き揚げが不可能となれば、水底に放棄せざるをえない、消耗品ともいえる碇を、なぜ、高価な鉄で造らねばならなかったのか、大いなる疑問であった。しかし、その理由は、実は碇自体の構造にあったのである。そして石と木の碇の存在を脅かしたものとは、実は微細な生物の存在にあった。本論を閉じるにあたり、その理由を明確にし、先史時代から中世にいたるまで、その存在を誇った石のイカリと木碇の時代が終焉し、鉄錨の時代へと変革するにいたる実像に迫りたいと思う。

## 第一節　先史時代のイカリ

これまで先史時代の大型礫石錘や超大型礫石錘の中から、報告文などでイカリの可能性が高いと伝えられてきたものを概観してきた。ここで再度、これら先史時代のイカリを各時代ごとにみていこう。

### (一)　縄文時代

縄文時代のイカリについては、海岸部に立地する遺跡において、たびたび大型や超大型の礫石錘が出土して注目された。また、時にはこれら遺物が丸木舟の周辺で出土する例があり、発掘調査に関する報告文において「碇石」と認識される場合もあった。これらの遺物の特徴は自然礫を巧みに利用し、礫を敲打によって打ち欠き、抉入部分を施して緊縛をより強固にすることを狙ったものである。それは大きさや重さの面から、錘としての機能を活用する道具との認識を得た。しかし、先史時代に活用された丸木舟の繋船具、すなわち丸木舟のイカリとしてのみ使用を限定するには無理があった。その理由として、これまでの出土例をみても、丸木舟と繋船索でつながれた状態でこの遺物が出土した例が皆無であること、次に海岸部に立地する遺跡には出土例が多いが、内陸水系の近くで出土する事例が少ないことなどがあげられる。つまり縄文時代の大型および超大型の礫石錘は、その遺跡の立地や生業の在り方によって、明らかに違いがあることが分かった。すなわち海岸部では、釣漁や刺突漁といった漁撈活動を生業とした人々が使用し、大型魚類や海洋性動物を捕獲したのちに、獲物の逃亡抑制のための錘としても活用された可能性が高いことを指摘したのである。こういった事例の一つとして北海道の石狩川を遡上するチョウザメの漁撈法にそのヒントがあった。しかし丸木舟のイカリとして活用された蓋然性があることは排除できないことから、縄文時代の大型ないしは超大型の礫石錘は、その用途については多目的な錘として活用され、時として丸木舟のイカリとしても使用された可能性があることを指摘した。

（2）弥生時代

弥生時代においては、同じく大型や超大型の礫石錘に溝を施して緊縛をより強固にする方法がとられた。そして、礫石錘は自然礫の楕円形または円形を主体とし、これを磨き全体的に丸みをもたせている点が、明らかに縄文時代のものとは違った点であった。また藤森栄一氏の指摘にもあるとおり、礫石錘自体もさまざまな形態をもつものが生み出され、用途に応じて使い分けをしていたことが分かった。とくに九州以西では上窄下寛式の穿孔のある礫石錘が発達し、東海以北では綱（釣り糸）を掛けるために頭を造り出した有頭石錘が使用された。これらは沿岸から離れた海域での釣漁にさいして使用されたものと考えられる。また、九州地方では大型楕円形の中央部に穿孔した礫石錘が現れ、網漁用錘の可能性を秘めていることが分かった。すなわち漁撈の場は、沿岸部から近海部へと変化し、漁撈のあり方そのものが大きく様変わりしたのである。そこには大型礫石錘や特殊な形態の礫石錘が活用される用途が広がったことを想起すべきだと考えた。したがってこの時代においても船の繋船具としてのイカリとして限定することはできなかった。船が丸木舟から準構造船へと発達し、大量輸送の便と航洋性が求められる時代にあっても、その姿形は前時代の殻を抜け出すことなく、複合的な用途に活用されたものと思われる。

(3)　まとめ

縄文時代の礫石錘が自然礫を使用し、簡易な敲打による側面の打ち欠きで成形したのに対し、弥生時代の礫石錘は、緊縛のために溝を施し、礫そのものを磨き円くしている事実はきわめて興味深い。礫石錘は一度根掛かりすれば回収不能となる、いわば消耗品であることは周知の事実である。日本列島の周辺部は荒磯が多く、そこにこそ漁撈活動の場があるわけで、漁撈に従事したさいに、その海域で礫石錘を使用せざるをえない。しかし当然のことながら、角のある自然礫を打ち欠いた礫石錘は、海底の岩礁に挟まって引き揚げが困難になるはずである。そこで角をなくした楕円形の円礫に溝を彫って緊縛すれば、岩礁のあいだにはまりこんでも、海上から索の方向を変化させながら引くことで、比較的抵抗なく引き揚がるはずである。すなわち礫石錘の表面を磨くことは、根掛かりを防ぐ知恵であったと考えられる。また礫を打ち欠いて緊縛すればおのずと角を造り出してしまうが、礫石錘の本体に溝を彫ってめぐらし、そこに緊縛すれば本体に角はなくなり、根掛かりも少なくなったはずである。おそらくは漁撈に従事した人々の生活の知恵によって、円礫や長楕円礫を使用することとなり、礫を打ち欠いて緊縛することから、溝を施してそこに緊縛するように変化していったのではないか。そしてその技術は、さらに漁撈用の小さな礫石錘にも応用され、礫石錘の多様性を生み出したものと考えられるのである。

## 第二節　古墳時代のイカリと古代の碇

古墳時代のイカリと古代の碇について論述してきたことをまとめると、まず古墳時代のイカリについては、その実物がないため、古墳や横穴墓の壁面に描かれた線刻画の船とイカリの表現と思われるものから、当時のイカリの形態を復元した。そこからは、大型の準構造船や内水用の小型船で使われたイカリは、同じように楕円形の自然礫に、索を巻いた程度のものであるとの結論を得た。そしてそれは、古代においては倭語でイカリと呼称されていた。イカリという呼称の起源については、いまだ解決をみないものの、それを漢字に置き換えるとまさに沈石や重石といった自然礫そのものを描写するような字であることがわかった。しかし、外洋を遥かに越えて渡海する船が利用される九世紀頃には、碇の形態は飛躍的に発展する。すなわち木製部材の碇身と碇爪に碇石を組み合わせた木碇が登場した。遣唐使船を描いた絵巻には、船首に両爪の唐人碇が、船尾には片爪の矴が描かれ、船首の碇は碇巻き揚げ機である盤車が装備されたことを物語っていた。

古代の碇の実例として、船戸遺跡から出土した古代の川船の碇を実見し、その碇が木製部材のいわゆる碇身や碇爪をもつ木碇であった可能性も指摘した。これは碇爪を構成する木製部材の例として、元島遺跡と高松城跡から出土した木碇の碇身を検討することで、その可能性があることを指摘したのである。すなわち古墳時代に自然礫のみであったイカリの形態は、古代において木碇へと発展した。それは船の大型化にともなう把駐力の増大を狙った碇の進化ととらえたのである。そして遣唐使船においては、碇を海底に揚げ下ろしするための揚錨機である盤車が装備されていた。それはとりもなおさず、東アジア世界の先進的な造船技術の導入とその模倣であったことは間違いない。すなわちこの古墳時代から古代にいたるイカリの変化と発達は、船の進化発展と軌を一にしている。なぜならばこの時代には、周辺諸国からの船舶来航が相次いでいる。そしてわが国の人々が、あえて猛々しい波頭を越えてまでも、海外との交流を図ったのは、隋の滅亡と唐の興隆、そして朝鮮半島情勢の変化など、東アジア地域の政治的変化に対応する狙いがあったこともまた事実であろう。そしてそれを実行するには大型船の建造が必要不可欠であり、その繋船具としての碇もまた大型化し、碇の形状も木碇へと変化したのである。そしてそれはのちに内水用の船舶にも利用されるようになり、後世にその伝統が受け継がれていったものと考えられる。

## 第三節　古代の用錨法

慈覚大師円仁の記録である「入唐求法巡礼行記」に記録された、承和の遣唐使たちの渡海の様子や、旅の途中での航海の記録を通して、遣唐使船と新羅船における碇の使用方法について論述した。古代における海事資料として、しかも碇について、これほど詳細に記述した資料は、ほかに見当たらないといっても過言ではない。それは円仁自身の体験談であると同時に、生死をかけた旅の記録であり、円仁の目と耳に残った印象的な事象が記録されているからにほかならない。

当時の航海方法は、帆走や漕力により航行する、自然の天候に左右されやすいものであり、とくに荒天時においては、難破という危険を常にはらんだものであった。そのとき船とその乗組員を救う、唯一の手立ては、船に積まれた碇の適切な使用にあったことは論をまたないであろう。したがって、とくに航海技術を熟知していない僧侶の円仁といえども、船の難破という身の危険をはらんだ荒天時においては、碇の使用方法に注意を払い、かなり印象的に、しかも事細かく描写したと考えられるのである。これは船具の一部といえども碇という存在が、とくに生死を分かつ、重要な位置を占めた存在であったことの傍証といえよう。

それでは、「入唐求法巡礼行記」から読みとれた、当時の航海方法や用錨法をまとめてみよう。

(一)測深には鉄製の錘を利用していた。測深はかなり慎重におこない、場合によっては艇を先行させて測深をさせていた。

(二)地文航法（船が地形や地上物を目標にしておこなう航海方法）がきかない濃霧などでは海水面の色の変化によって陸地が遠いか近いかを判断していた。

(三)「石」とは当時の「碇」の俗称である。円仁はこれをあえて「矴」と言い直している。「矴」とは木碇のことを指していると思われる。

(四)「沈石」「鎮石」とは、碇の種類を表す言葉であり、「沈石」とは常用の碇で、「鎮石」とは非常用の大碇と思われる。

(五)「碇を歩ませる」とは、碇を利用した用錨法で、激しい湾流を乗り切るため、沖合に沈めて盤車で巻き揚げながら推進力を得る方法や、沿岸の岩礁に衝突することを回避するため、碇を下ろしてブレーキをかけるなどの作業のことである。

(六)「纜」とは、単に舳の繋船索というだけでなく、碇をつけた碇綱のことであり、碇は通常五、六門を装備していたと考えられる。

(七)碇を失った時は、近くの海岸へ立ち寄って、碇の材料を採取し、碇身となる木材を切り出して加工し利用していた。

以上が「入唐求法巡礼行記」の記録から分かった碇の使用例である。古代の船舶においても碇の機能を十分に活用し、その適切な使用によって船の運行をおこなっていたことがよくわかる資料といえよう。

## 第四節　中世中国船の碇と和船の碇

中世の碇でもっとも注目されるのが、西北九州の沿岸部で発見された「蒙古碇石」の存在である。最初にこの碇に注目したのは山田安栄氏で、その著書『伏敵編』の中で福岡市内の料亭の庭先に置かれた碇をもって「蒙古碇図」として紹介した。その後、博多湾から碇石の発見が相次ぐと、山本博氏が山田氏を受けた形で蒙古が来襲した文永の役の遺物としてこれらをとりあげた。続いて川上市太郎氏が福岡市周辺で確認された碇石を集成し、その場所が、奇しくも蒙古襲来の場所と重なることから、これらを蒙古襲来すなわち元寇の遺物として一括してとりあつかうことになった。こうして西北九州の碇石は、「蒙古碇石」として長く語り伝えられることになるのであるが、筑紫豊氏、上田雄氏、松岡史氏らが疑問を唱え、さらに資料を集成する中で、碇石のすべてが蒙古襲来と直接結びつくものでないことを検証していった。

一方、一九八〇年から開始された長崎県松浦市の鷹島海底遺跡の調査では、二度目の蒙古襲来である弘安の役(弘安四年)において、のちの世に「神風」と称された大暴風雨によって覆滅した、蒙古軍船の木石碇を発見し、その形状が、博多湾を中心とする沿岸海域で引き揚げられる木石碇とは異なることが判明した。

すなわち蒙古軍の碇は、博多湾沿岸やその周辺地域から引き揚げられた一石による角柱対称型の碇ではなく、二石に分離した左右対称一対型の碇だったのである。この形式の碇は、旧南宋海軍の根拠地であった中国山東省の蓬萊水城周辺からも確認されたことにより、当時の軍船ではこのような二石に分離された左右対称一対型の碇が主流を占めていたことが分かった。そこで博多湾および周辺海域から出土する碇石は、中国の貿易船のものではないかという推論が成り立ったのである。これを間接的に証明したのが、中国江南の泉州湾后渚港から発見された一三世紀の南宋末期の貿易船にともなうと思われる碇石で、泉州湾に程近い呉村の小川から出土したものである。その形状はまさに角柱対称型の木石碇であり、博多湾沿岸から出土するものと同じであることが確認された。これによって碇石を短絡的に「蒙古碇石」とするのは誤りで、中世東アジアの船舶がもたらしたものであることが証明されたのである。とくに、五島列島小値賀島の前方湾内では、このような角柱対称型の碇石が多数発見されており、中世の航路帯にあたっていた同地は、避難港としての性格をもつことから、これらの碇石も貿易船のものと推定することができそうである。

中世和船の木碇については、現存する資料がないことから、当時描かれた絵図や絵巻でしか推測できないが、それらの資料をみる限り、和船の木碇は扁平長楕円形の礫を木製のレ字の片爪をもつ碇身に懸架した矴か、または木製のレ字の爪をもつ碇身二本で左右から挟みこむ、両爪の「唐人碇」であることが分かった。

これを証明するように、国内の海底でこれに該当すると思われる長方形の碇石が発見され、その具体例として福岡県福岡市東区志賀島沖出土のものや、熊本県天草郡天草町海底出土のもの、あるいは長崎県五島列島小値賀島前方湾出土のもの、さらには水の子岩海底遺跡から発見された棒状石をあげた。

蒙古襲来を描いた竹崎季長の「蒙古襲来絵詞」でも日本側の軍船には、このタイプの碇が搭載され、一方の蒙古船には碇石と碇本体が完璧に合致した碇が描かれていたのである。またほかの絵画資料でも、やはり木碇が描かれており、この形状の碇が近世まで続いたことを物語っていた。

## 第五節　鉄錨の登場

室町時代に入ると鉄錨の存在が確認される。それは永享五年（一四三三）に作成された「神功皇后縁起絵巻」で両爪の碇と同じ画面上に、四爪の鉄錨が描きこまれている事実が確認できるからである。すなわち一五世紀前半には四爪の鉄錨が存在し、和船にも次第に搭載されつつあったという証であった。しかし鉄の鍛造による錨は、経済効率が悪く、かなり高価なものであり、その搭載は、優先的に軍船から進められたのである。それは安宅船や関船といった軍船であり、朝鮮戦役に従軍した大名家の軍船は、これを搭載していたことが推測された。

しかし鉄錨の登場がすぐさま木碇の消滅をうながすことはなく、江戸時代の廻船が普通に鉄錨を用いるようになっても、小船の碇としては残り続けた。それを裏づけるように、幕末に建造された西洋式軍艦の繫船具は「碇」と記載されており、江戸時代には四爪錨を「鉄碇」と書き、「カナイカリ」と呼称していたのである。すなわち「碇」とは石製を基本とするという概念が、当時も根強く残っていたということが分かる。

また「錨」の呼称も明治以降のことで、江戸時代には「鉄猫」と書いた文書もあり、四爪が猫の爪を連想させることから、「錨」の字は、鉄碇と鉄猫とから創作されたものといえることが分かった。石碇が現在にいたるも細々とでも残り続けるのは、こうした理由からであり、そこには鉄錨製造が高度な鍛造技術に支えられていたということを忘れてはならないし、何といっても鉄錨が高価なものであったからにほかならなかった。

## 第六節　素材からみた碇の変遷

これまで碇の形態についての変遷をみてきた。先史時代のイカリから古代、中世の木碇、そして鉄錨にいたる歴史がそこにはあった。しかし、その材質や形態的な特徴から、碇の変遷が考察されることは稀であった。

碇の歴史とは、その素材によって「石の時代」「石と木の時代」（木碇）そして「鉄の時代」へと変化したことを説明したが、地中海世界においては、木製の碇身に青銅製の箍をはめて被覆し、碇爪を青銅製の保護具で覆ったものもあった。また中国においては、比重の重い木材だけを使った「椗」も存在したが、碇の素材については世界的に一つの発展過程があった。それは時代ごとの碇の発達が、実は碇の素材と構造そして時代背景によってなされてきたということである。

碇の発達史をおおむね外観すると、人類が歩んできた文化史の発展過程をそのままたどることができた。すなわち「石器時代」「青銅器時代（金石併用期）」「鉄器時代」という過程である。これらの発展過程は、人類がより丈夫な材質を求めて発展させた、加工技術の進化と一体化してとらえることができる。水中になげうつ碇には、陸上（空気中）では想定できない、さまざまな条件や問題が存在した。たとえば、材質は堅牢でなければならないし、海水中にあっては木材を好んで侵食するフナクイムシなどの生物の存在があり、金属には大敵である錆びの問題もあった。

すなわち碇の素材の変遷とは、これらの問題への対処という側面があったのである。そこでもう一度、イカリと碇の素材に焦点をあてて考察してみたい。

まず、先史時代から古墳時代でみた素材とは、構造上は大型ないしは超大型の礫石錘を一部加工し、これに繋船索を緊縛した簡易的なものであった。それは索を通じて対象物を固定するに足る充分な重量があり、素材の入手が簡単で、適度な硬度をもちながら、加工に耐えうる程度の材質であることが大切であった。まさに「石の時代」が、そこにはあったのである。

古代から中世にかけて、わが国の船に装備された碇は、その素材に大きく変化が現れた。すなわち木製部材の碇身と碇爪をもち、碇石を錘およびストック（桿）として利用した「木碇」への移行である。碇石を左右二本のレの字状の木製碇身で挟んだ木碇（別名「唐人碇」）や、レの字状の木製碇身一本に碇石を緊縛した片爪の「矴」だが、碇石自体は、あまり加工を施さない自然礫に近いものであり、規格化された優美な中国の碇石と比べると、かなり見劣りがした。しかし、これはフナクイムシによって木製部材が侵食されることを想定して、あえて精巧に作らなかったのではないかという推測が成り立つ。

中国の沿岸部は海底の底質が泥質であるため、木石碇はその大半が海底下に埋没し、フナクイムシの侵食を受け難いのであるが、日本近海は沿岸部を含めて、かなりの部分が岩礁や砂地であり、碇自体が海底下に埋没せず、海底面に露出してしまうことになる。つまり碇身の木製部材は、フナクイムシの格好の餌食となる公算が大きいのである。したがって、碇が長期間にわたって海中に浸っていると、それは侵食され、碇自体が劣化してしまい、碇石を脱落してしまうことも多かったはずである。これについては日本に来航した東アジアの船に搭載された木石碇についても同様のことがいえ、福岡県福岡市の博多湾や長崎県五島列島小値賀島の前方湾内で確認される碇石には、いずれも木製部材の碇身が残存していなかった。

碇を放棄する場合は、引き揚げが不可能な状況下にあるので、碇身を含む碇本体をすべて放棄したはずである。決して碇石だけを放棄することはありえない。しかし今日発見される、碇の存在を確認できるものは碇石だけなのである。この事実から推測すると、海底に根掛かりして引き揚げ不能となり放棄された木石碇が、長い年月を経るあいだに、海底に残された碇身だけがフナクイムシに侵食されて消滅し、侵食を受けなかった碇石のみが残存したということになる。その証拠に、長いあいだ、海底に放置された木石碇は、すべて碇石のみなのである。

唯一、木製部材を残した木石碇が発見されたのは、長崎県松浦市の鷹島海底遺跡からの例だけである。これもたまたま海底下の砂泥層に埋没した碇本体が、奇跡的に残存し確認されたことによる。したがって、海底下の泥質に埋没したならば、碇本体もフナクイムシの侵食を受けることなく残存することが可能であったことがわかる。これは中国泉州湾で発見された沈没船が、海底の砂泥に埋まっていたがために、埋没した船底部分のみが残存していた事例にも通じる。

そして、ここにこそ日本人が木碇の碇石や碇身を重要視しなかった理由がありそうである。つまり海底に長く浸っている碇の木製部材（碇身）は、必ずフナクイムシによって侵食を受けることになる、そのためには頻繁に碇身の交換が必要であったし、しばしば碇を放棄せざるをえない場面があったはずである。しかし中国製の木石碇のような完成度の高い碇は、碇を消耗品とみた場合、非常に高価なものとなる。それよりはより簡易的に粗加工した碇石にこれまた自然木を粗加工した碇身を組み合わせた木碇の方が、より経済的であることを先人たちは経験的に熟知していたのである。

木造船にとっても木碇にとっても、最大の敵はフナクイムシの存在であった。世界中の木造船は、今日でも定期的に船を陸揚げして、船底を焼いたり塗装を施してフナクイムシを駆除している。これは碇も同様で、青銅器時代の地中海世界では、碇爪や木碇部分を青銅のカバーで被覆して保護した。これが唯一フナクイムシの侵食から碇本体を守る対策だったわけである。しかし、それにはおのずから限界があった。そこに登場したのが鍛造技術の発展がもたらした鉄錨の登場であった。すなわち碇の素材が木質から鉄に変わったのには、こうした背景があったのである。

## 第七節　構造からみた碇の変遷

碇（イカリ）は礫からスタートした。縄文時代のイカリは、最初は自然礫そのものを緊縛して使用していたが、外海に面した地域では、それだけでは礫を縛った索が緩んでしまい、礫が脱落することもあったであろう。そこで縄文人は、扁平な礫を打ち欠いて索のかかりを改良した礫石錘を使用したと考えられる。しかし、これも岩礁のあいだに挟まってしまうと、容易に引き揚げられない欠点をもっていた。ましてや最悪の場合は、礫石錘そのものを放棄せざるをえないのである。そこで弥生時代の礫石錘においては、円礫を磨き、角をなくし、表面に溝を彫って緊縛しやすいように改良が加えられた。これは形態的に岩礁に挟まりにくい構造を意図したものと考えられる。すなわち海底の岩礁部にはまり込んでも、引き揚げる角度を変化させれば、礫石錘そのものに抵抗面が少ないので、容易に引き揚げることが可能となったのである。

古墳時代にあっては、船も準構造船の段階に進み、丸木舟よりは船自体も多少大型化するが、基本的には刳舟段階であるため、繋船具としてのイカリも弥生時代とほぼ形態の似かよった円礫でよかったはずである。その具体例は壱岐市兵瀬古墳の石室内に描かれた線刻画のイカリや、高井田横穴墓にみられる線刻画のイカリによって明らかである。しかし船が大型化する古代においては、もはやイカリの自重だけで船を支えることができなくなり、イカリに爪がつくようになったと考えられる。

イカリに爪があれば、碇本体の礫の重さを追求しなくても、把駐力が増すことにより、効率的に大型の船を繋留することが可能になったものと考えられる。ここで初めてイカリは碇の段階を向かえた。

慈覚大師円仁の「入唐求法巡礼行記」にみる「矴」とはまさに、このような碇の形態をそのまま表した文字といえよう。すなわち木の枝を利用して爪を作り、そこに礫を抱かせた形態の碇が出現したのである。そして両爪の唐人碇のような、東アジア世界の船が普遍的に使用していた木石碇をも装備していた。これらわが国における遣唐使船の建造においては、朝鮮半島の造船技術をもつ安芸国の技術者集団が主体となったため、船とともに船具についても、当時の東アジア文化圏における木石碇が導入されたものと考えられる。

## 第八節　用途からみた碇の変遷

碇に爪ができたことは、それまでの碇の用途を激変させることにつながった。すなわち飛躍的に向上した碇の把駐力は、碇の使用法を画期的に多様化させることに役立ったのである。つまり碇を使って船の進行方向を変える用錨回頭、座礁したあとの離礁作業、碇を水中に垂らして走錨状態にし、船の行足を減速させる方法など、なげうった碇を支点として、はたまた水中に懸架することによる力学的な運動により、船を操る方法の開拓であった。しかし、これには碇の巻き揚げを人力だけに頼らない、繋船具の巻き揚げ機が必要であった。水底をがっちり噛んだ碇を引き揚げるのは至難の業である。したがって古代の遣唐使船には、絵巻にもあるように繋船具の巻き揚げ機である盤車が装備されていたのである。

碇は船を水上に留め置くだけの機能から、船の運航そのものに関わる主体的な役目までを担うようになったのである。そしてその用錨法は、現代船にも通用する航海術の基本的な操作法として伝承されている。

## おわりに

わが国におけるイカリの変遷から、各時代における形態の変化、さらには石の碇や木碇から鉄の錨へと移り変わった理由を論述してきた。そこにあったのは、海に従事する人々の碇への改良と工夫に対する思いだった。

古来、「船板一枚、底は地獄」という諺がある。つまり海に生きる人々は常に危険と対峙した中で生活を送らざるをえなかった。そこには果てしない時の流れを越えて、いつの時代にも共通する概念がある。そしてそれは船の安全を守るための碇への信頼と、危機に直面しては、碇へ託す生還への希望があった。したがって人々はより安全性が高く、より堅牢で操作性の優れた碇を希求したのである。

丸木舟を碇泊させる程度の機能をもったイカリは、自然礫を簡易加工した程度のものでも事足りたことだろう。しかし船の大型化が進み、波濤を越えて外洋に出て行く人々にとって、船とそのイカリは、みずからの生命を託すものであった。やがて碇は木製部材の碇爪をもつ木碇となり、さらに進んでより強靱な堅牢さを誇る鉄素材の錨へと変化していった。それはより堅牢な碇を希求する人々の願いであり、そのためにはあえて経済性をもこえた存在となっていった。船の象徴が錨であるゆえんと、錨のシンボルに「希望と信頼」という意味を込めるのは、こうした理由にほかならなかったのである。

最後に、わが国が四囲環海という島国でありながら、真の意味での海洋国家たりえなかった理由は、船を使い波濤を越えて勇躍することを、鎖国政策などの政治的束縛によりとどめたり、農耕主体の国民性に矯正化し、海への思いを阻害した嫌いがあったものと思われる。

応永八年（一四〇一）から天文一六年（一五四七）まで、室町幕府は明の皇帝に貢物を奉る朝貢船の形式をとって、遣明船を派遣し、その一世紀半におよぶ期間中、実に一九回の遣明船が派遣され、総数九〇隻近くの船が東シナ海を渡ったとされている。「日本国進貢船」という桐紋をあしらった旗を立てたこの遣明船には、外交使節の正史、副使といった官人とともに、貿易船としての性格から、商人などが随行したといわれる。この遣明船の構造については、京都市の真正極楽寺に残る「真如堂縁起絵巻」（大永四年〈一五二四〉）に描かれたものがあり、その概容を知ることができる。

室町時代の航洋船の典型ともいえるその姿は、幅広で大型の船形に、巨大な棚、櫓、艫床をもち、中央と船首には風を受ける万帆の蓆帆が描かれている。また櫓床が舷側にみえることから、順風には帆走を、無風では櫓漕ぎを併用していたものと思われる。このような遣明船の大きさについては「戊子入明記」にもその記録が残っている。これは応仁年間に派遣された遣明船の記録であるが、「豊前国「門司和泉丸」二千五百斛　是ハ大舶ニテ不渡唐也、豊前国「門司寺丸」千八百斛　此寺丸モ大船ニテ度々及難儀也」と書かれている。すなわち二五〇〇石や一八〇〇石の大船は、航行することができなかったと記録していることから、当時の造船技術では、一〇〇〇石から一二〇〇石程度の船が限界であったと考えられる。

この頃に積んでいた碇がどのようなものであったか、その記録は残念ながら残っていない。先の「真如堂縁起絵巻」にも碇までは描かれておらず、また船自体に碇巻き揚げ機が描かれていないので、おそらく唐人碇のような木碇で、人力で揚げ下ろしをしていたものと思われる。

遣明船の貿易が途絶した頃、東シナ海には「倭寇」が出没し始める。一六世紀中葉の頃である。「倭寇」といえば日本人の集団による海賊行為という響きがあるが、その実態はいささか異なるようである。しかし沿岸を荒らしまわる倭寇対策については、周辺諸国が手を焼いた時代である。そこで中国では日本への警戒心から多くの研究書が書かれた。その一つが鄭若曾の『籌海図編』である。この中で日本の船について「日本の造船は中国とは違い、必ず大木を用い、角材として繋ぎ合わせる。鉄釘は使用せず、ただ鉄片をつらねるばかりである」とか「継ぎ目の水もりを防ぐには、麻縄、桐油は用いず、ただ短水草という草で塞ぐだけである」あるいは「その帆は帆柱の真ん中に架けて、帆柱は取り外しがきき、順風だけ使い、逆風や無風であれば帆柱を倒して櫓を漕ぐ」と書かれている。

石井謙治氏は、「鉄片を連ねる」というのは鎹のこと、「短水草」とはマキハダのことだろうと述べている。そして柱を倒す構造は、その後の大和型和船にもみられるもので、ほかの外国船には決してみられない構造である。

室町時代の遣明船でさえも、渡海にあたっては、一か月近くも風待ちをおこなったという記録があることから、航海技術においては、遣唐使船の頃からさほど進んでいない状況がうかがえる。

近世になってようやく大和型船（国内廻船など）が登場したことによって、構造船の造船技術が確立してくるが、それも沿海用の船に限られ、外洋に耐えうる大型船の出現をみなかった。したがって海外からの文物の海上輸送は、ほとんどが外国船でまかなわれたといっても過言ではない。

徳川幕府は、寛永一〇年（一六三三）二月二八日に、一七条におよぶ鎖国令をとりまとめ、寛永一六年（一六三九）七月五日まで、実に四回にわたって条文を改変し、以後、嘉永六年（一八五三）にいたるまで二一五年間鎖国政策を実施した。条文の内容はおよそ一条から三条までが日本人の海外往来の禁止、四条から八条がキリスト教の禁令と伴天連取締令、九条以下が外国船貿易の取り締まりなどであった。

とくに、幕府は西国大名が五〇〇石以上の大船をもつことを禁じ、慶長一四年（一六〇九）に「五百石以上安宅船禁制」を発し、西国大名から大船を没収して各大名の軍事力を削ぐとともに、海外貿易参加の道を封じた。また寛永一二年（一六三五）には「三本船檣禁制」を打ち出して、帆走力の抑制をも打ち出している。

このように徳川幕府による海外貿易の統制や「朱印船」の制度、さらには寛永時代以降の鎖国政策も大いに影響して、航用性の高い船舶の建造を規制するなど、みずから海洋国家としての技術力獲得を封印してしまったのである。そして近代になってようやく黒船の脅威にさらされ、開国という現実を突きつけられるまで、わが国はみずから門を閉ざし、国内の太平を謳歌し続けた。しかしすでに西洋列強の植民地政策はアジア世界を席巻し、わが国に迫ろうとしていたのである。

幕末の攘夷論や海防論は、黒船来航に象徴されるような、西洋列強からの脅威に震えたわが国の情況を浮き彫りにしている。そして何よりも海防政策の根幹をなすものが造船技術の獲得であった。すなわち船の性能において、世界との技術水準の格差を思い知らされ、その現実を認識せざるをえなかったといえよう。

幕府は最先端の造船国であったオランダに西洋式の軍艦「開陽丸」の造船を依頼し、長崎に海軍操練所を作って近代的な航海技術の習得に慌てることになるのである。それはとりもなおさず海の窓口を閉ざし、船の技術革新をなおざりにしたつけを一挙に払わされる結果となった。

碇に関してもまったく同様で、鉄錨の時代になってからも、和船が揚錨専用機を備えることはついになかった。その導入は、やはり幕末期の西洋式軍艦を備えるようになってからのことである。

最後に、わが国の地勢が四囲環海であることから、わが国を「海洋国家」と評する人もいるが、はたしてそれはいかがなものであろうか。真の意味で海洋国家たるものは、みずから進んで波濤を越えて勇躍し、海外の文化をいち早く摂取して、諸外国との交流の中に活路を求めるものである。そのためには波濤を越えるための船の進化発展が必要欠くべからざるものであったはずだ。しかしわが国の造船技術は、ごく限られた時代に航洋性の高い船舶の建造があったものの、その技術はなりをひそめ、近世にいたっては鎖国政策によって国を閉ざした関係から、構造的な改良を抑制した。

近世の大和型船である廻船なども、竜骨に肋骨をもつ強靱な水密構造をもたず、荒天時に浸水を受けて沈んでしまう船が多かった。また、沿岸各地の港が河口近くに営まれたのも一つの原因で、沖積層の堆積によって港内の水深が浅いことから、舵は引き揚げ式としたため、荒天時に舵の破損が多く、舵を失った船は糸の切れた凧のように洋上を彷徨することになったのである。また碇においても揚錨専用機の導入が図られていれば、さまざまな用錨法を用いて難破を防げたかもしれない。そこにわが国の技術の限界があり、その反省が幕末から明治維新にかけて、積極的に西洋式蒸気船や近代的な航海術を吸収することにつながったのである。

当然、そこでは繋船具たる錨も鉄製錨索とともに導入され今日にいたっている。そこには船の運用上欠かすことのできない安全性の確保という重要な役割があった。木碇の脆弱性は、木製部材をともなうことであり、そこにフナクイムシなどの侵食をゆるす結果となり、堅牢であるべき碇の安全性に重要な問題を抱えていた。

一方、効率的な錨の利用法たる用錨法が運用面から導入されたことも画期的な発展であったといえよう。すなわち繋船具としての信頼性と運用上の利便性がもっとも優れたものが鉄錨であり、今日、錨が「希望と信頼の象徴」といわれるゆえんは、正に鉄錨に象徴される堅牢さとそこから生まれる信頼性にあったのである。

【参考文献】

石井謙治『図説　和船史話』（至誠堂、一九八三年）。
金沢兼光『和漢船用集』（日本産業資料大系第六篇運輸業、日本図書センター、一九七八年）。
国史大辞典編集委員会編『国史大辞典』六巻（吉川弘文館、一九八五年）。
安達裕之「鎖国と造船制限令」（『海事史研究』四〇号、日本海事史学会、一九八四年）。
渡辺信夫「江戸幕府の大船禁止令について」（『渡辺信夫歴史論集二　日本海運史の研究』清文堂出版、二〇〇二年）。

# あとがき

私が碇石に出会ったのは、昭和五六年の長崎県北松浦郡鷹島町（現松浦市鷹島町）における海底調査からである。文部省科学研究費特定研究「「古文化財」の水中遺構・遺物の探査並びに保存に関する研究」において、研究協力者として同地を訪れていた私は、ダイバーによって海底から引き揚げられる巨大な碇石を初めて目の当たりにし、大変感激したのを覚えている。今にして思えば、無数の牡蠣殻に覆われたその碇石は、角柱対称型に分類されるもので、中央部からみごとに半切した状態のものであった。

福岡市内の箱崎八幡宮や櫛田神社の境内に安置されている、いわゆる「蒙古碇石」をみる機会はあったが、遺物として海底から発見された碇石をみたのはこれが初めてであった。

その後、水中遺跡の調査研究にたずさわるにつれ、碇石との出会いが増えていった。とくに、沈没船に関する遺跡においては、船体は朽ち果てていようとも、碇石は往時を偲ばせるかのように、必ず存在していた。それは石材という経年劣化を受けにくい素材であると同時に、水中から引き揚げられる、貴重な文化財と認識されるようになったからである。

そこで私は、わが国における石製碇の変遷を、先史時代から中近世にいたるまでたどり、その構造や系譜を調べることによって、包括的な石製碇研究をおこなおうと決意した。すなわち本書は、石製碇の誕生から終焉までをたどり、その進化発展の歴史や活用法にも考察を広げ、碇を文化史の面からとらえ直したものである。

なお本書は、佛教大学へ提出した平成二五年度博士論文「繋船具の変化とその文化史的研究—石製イカリから鉄錨へ―」を一部改稿し、平成二六年度の佛教大学研究叢書出版助成を受けたものである。浅学非才な私をこれまで粘り強く、ご指導をいただいた門田誠一先生をはじめ、論文提出に向けて、温かい励ましのお言葉をいただいた今堀太逸先生に、心から感謝の意を表するとともに、人生の師と仰ぐ大塚初重先生あるいは日本の水中考古学発展のために、共に情熱を傾けた恩師荒木伸介先生や学兄の林田憲三氏、そして今は亡き高野晋司氏に本書を捧げるものである。

平成二七年三月一日

石原　渉

# 挿図一覧

## 序　章

図１　丸木舟の船形による分類法……………………………………………………………16
(大林太良編『日本古代文化の探求　船』社会思想社、1975年)
図２　原木より丸木舟を彫り出す分類法……………………………………………………16
(同上)
図３　埼玉県大宮市膝子出土の丸木舟（③Ⓐ形）………………………………………16
(同上)
図４　千葉県光町出土の丸木舟（③Ⓒ形）………………………………………………16
(同上)
図５　静岡県登呂遺跡出土の丸木舟…………………………………………………………17
(同上)
図６　和歌山県西牟婁郡串本町笠島遺跡出土の丸木舟……………………………………17
(同上)
図７　奈良県唐古遺跡の土器に描かれた舟の図……………………………………………18
(同上)
図８　福井県春江町出土の流水紋銅鐸に描かれた舟の図…………………………………18
(同上)
図９　大阪市西淀区大仁町鷺洲出土の丸木舟………………………………………………19
(同上)
図10　大阪市東成区今里本町出土の丸木舟…………………………………………………19
(同上)
図11　宮崎県西都原古墳群の埴輪船…………………………………………………………20
(安達裕之『日本の船　和船編』船の科学館、1998年)

## 第１章

図１　藤森栄一氏が集成した礫石錘の実測図………………………………………………29
(藤森栄一「弥生式末期に於ける大型石礫」『考古学』７巻９号、東京考古学会、1936年)
図２　伊木力遺跡の礫石錘①…………………………………………………………………33

(森浩一ほか著『伊木力遺跡——長崎県大村湾沿岸における縄文時代低湿地遺跡の調査——』同志社大学文学部調査報告書第7冊、同志社大学文学部文化学科考古学研究室、1990年)
図3　伊木力遺跡の礫石錘②……33
(『伊木力遺跡II』長崎県文化財調査報告書第134集、長崎県教育委員会、1997年)
図4　千里ヶ浜遺跡の礫石錘……36
(『千里ヶ浜遺跡』長崎県文化財調査報告書第168集、長崎県教育委員会、2002年、村川逸朗執筆部分)
図5　漁撈民具(ホタリ漁の碇)……38
(『歴史九州』第9巻2号、1998年、立平進執筆部分)
図6　供養川遺跡の礫石錘……38
(『供養川遺跡』長崎県文化財調査報告書第174集、長崎県教育委員会、2003年、村川逸朗執筆部分)
図7　針原西遺跡の礫石錘……39
(『針原西遺跡発掘調査報告書』富山県埋蔵文化財センター・小杉町教育委員会、2004年、稲垣尚美執筆部分)
図8　伝福寺裏遺跡の礫石錘……41
(『伝福寺裏遺跡』横須賀市文化財調査報告書第16集、横須賀市教育委員会、1988年、大塚真弘執筆部分)
図9　殿崎遺跡の礫石錘……42
(『殿崎遺跡』長崎県文化財調査報告書第83集、長崎県教育委員会、1986年、高野晋司執筆部分)
図10ⓐ　森の宮遺跡の礫石錘……42
(『森の宮遺跡II』大阪市文化財協会、1996年)
図10ⓑ　森の宮遺跡の礫石錘……42
(同上)
図11　佐賀貝塚の礫石錘……45
(『佐賀貝塚』峰町文化財調査報告書第9集、長崎県峰町教育委員会、1989年、正林護執筆部分)
図12　堂崎遺跡の礫石錘……46
(『堂崎遺跡——長崎県有家町所在の海中干潟遺跡——』長崎県文化財調査報告書第58集、長崎県教育委員会、1982年、町田利幸執筆部分)
図13　川津部遺跡の礫石錘……47

（池田耕一『隼人の漁撈生活』隼人文化研究会、1971年）
図14　石狩川沿岸の礫石錘……………………………………………………………………47
（杉浦重信「漁撈文化の地域性」『季刊考古学』25、1989年）
図15　原の辻遺跡の礫石錘……………………………………………………………………49
（『原の辻遺跡——幡鉾川流域総合整備計画に係る幡鉾川河川改修に伴う緊急発掘調査報告書——』下巻、原の辻遺跡調査事務所調査報告書第９集、長崎県教育委員会、1998年、宮崎貴夫執筆部分）
図16　西川津遺跡の礫石錘……………………………………………………………………51
（『西川津遺跡』島根県教育委員会、1988年）
図17　宮の本遺跡の礫石錘……………………………………………………………………51
（『宮の本遺跡』佐世保市埋蔵文化財調査報告書昭和55年度、佐世保市教育委員会、1981年、久村貞男執筆部分）
図18　宝金剛寺裏山遺跡の礫石錘……………………………………………………………52
（『宝金剛寺裏山遺跡』神奈川県、1979年）
図19　花渡川遺跡の礫石錘……………………………………………………………………52
（池田耕一『隼人の漁撈生活』隼人文化研究会、雄山閣出版、1971年）
図20　稲荷台遺跡の礫石錘……………………………………………………………………54
（『稲荷台ｂ地点遺跡』藤沢市教育委員会、1971年）
図21　新潟県沖から引き上げられた礫石錘…………………………………………………54
（大野雲外「海底発見の石器に就いて」『人類学雑誌』28巻10号、1913年）
図22　今山・今宿遺跡の礫石錘………………………………………………………………55
（『今山・今宿遺跡——玄海自転車道建設に伴う遺跡の調査——』福岡市埋蔵文化財調査報告書第75集、福岡市教育委員会、1981年、折尾学執筆部分）
図23　唐原遺跡の礫石錘………………………………………………………………………55
（『唐原遺跡２』集落址編、福岡市埋蔵文化財調査報告書第207集、福岡市教育委員会、1989年）
図24　真栄里貝塚の礫石錘……………………………………………………………………56
（『真栄里貝塚発掘調査報告書』糸満市文化財調査報告書第16集、糸満市教育委員会、1999年）
図25　礫石錘の抉入の状況からみた分類法…………………………………………………58
（宝珍伸一郎「超大型礫石錘に関する二、三の考察」『伊木力遺跡』同志社大学文学部文化学科考古学調査報告、1990年）
図26　伊木力遺跡の礫石錘③…………………………………………………………………60
（森浩一ほか著『伊木力遺跡——長崎県大村湾沿岸における縄文時代低湿地遺

跡の調査――』同志社大学文学部調査報告書第7冊、同志社大学文学部文化学科考古学研究室、1990年)
図27　野方中原遺跡の礫石錘……61
(『野方中原遺跡』福岡市野方中原遺跡調査概報〈昭和48年度〉福岡市埋蔵文化財調査報告書〈第30集〉、福岡市教育委員会、1974年)
図28　旧坊主山遺跡出土の礫石錘……63
(宇田川洋・河野本道・藤村久和「北海道出土の特大型石錘」『考古学雑誌』50巻2号、1996年)
図29　旭川市神居村出土の礫石錘……63
(同上)
図30　西新町遺跡の礫石錘……64
(『西新町遺跡4』西新町遺跡6・7次調査報告書第4巻、福岡市埋蔵文化財発掘調査報告書第483集、福岡市教育委員会、1996年)
図31　海の中道遺跡の穿孔された礫石錘……64
(『海の中道遺跡』福岡市埋蔵文化財調査報告書第87集、福岡市教育委員会、1982年)
図32　石匙(千里ヶ浜遺跡)……67
(『千里ヶ浜遺跡』長崎県文化財調査報告書第168集、長崎県教育委員会、2002年、村川逸郎執筆部分)
図33　石銛(供養川遺跡)……67
(『供養川遺跡』長崎県文化財調査報告書第174集、長崎県教育委員会、2003年、村川逸朗執筆部分)
図34　石銛(殿崎遺跡)……67
(『殿崎遺跡』長崎県文化財調査報告書第83集、長崎県教育委員会、1986年、高野晋司執筆部分)
図35　一王子型離頭銛……68
(『佐賀貝塚』峰町文化財調査報告書第9集、長崎県峰町教育委員会、1989年)
図36　西九州型釣り針……68
(同上)
図37　鮭釣具……71
(『日本水産捕採誌』農商務省水産局編集、1912年)
参考資料1　大型礫石錘の分布図……83
(筆者作成)

## 第2章

図1　兵瀬古墳を描いた絵図 ……102
（『兵瀬古墳』壱岐市教育委員会、2005年、山口優執筆部分）
図2　兵瀬古墳から出土した盃の蓋と身 ……102
（同上）
図3　兵瀬古墳の壁画に描かれた線刻画 ……102
（同上）
図4　高井田横穴墓群第2支群12号窟に描かれた船 ……105
（辰巳和弘『他界へ翔る船』新泉社、2011年）
図5　人物の窟に描かれた船と碇 ……105
（金関恕・春成秀爾編『美術の考古学』佐原真の仕事3、岩波書店、2005年）
図6　西都原古墳群の船形埴輪 ……107
（石井謙治『図説　和船史話』至誠堂、1983年）
図7　宝塚1号墳から出土した船形埴輪 ……108
（『史跡宝塚古墳』松坂市教育委員会、2005年、福田哲也執筆部分）
図8　寺口和田1号墳の船形埴輪 ……109
（『よみがえる古代船と5世紀の大阪』大阪市教育委員会・財団法人大阪市文化財協会、1989年）
図9　久宝寺遺跡から出土した船首材 ……109
（安達裕之『日本の船　和船編』船の科学館、1998年）
図10　高廻り2号墳の船形埴輪 ……110
（同上）
図11　阿古山古墳の壁画に描かれた船の線刻画 ……113
（松枝正根『古代日本の軍事航海史』中巻、かや書房、1994年）
図12　岩坂大満横穴墓群に描かれた船の線刻画 ……114
（『千葉県富津市岩坂大満横穴群調査報告　富津市文化財調査報告書Ⅰ』千葉県富津市教育委員会岩坂大満横穴群調査団、1973年）
図13　広州漢墓から出土した陶器船の木石碇 ……115
（『鷹島海底遺跡――長崎県北松浦郡鷹島町神崎港改修工事に伴う緊急発掘調査報告書――Ⅲ』鷹島町文化財調査報告書第2集、長崎県鷹島町教育委員会、1996年）
図14　船戸遺跡出土の碇 ……124
（『船戸遺跡――中村・宿毛道路関連遺跡発掘調査報告書2――』高知県教育委

## 第4章

報告書――III』鷹島町文化財調査報告書第２集、長崎県鷹島町教育委員会、1996年）
図12　木石碇の模式図 ……196
（同上）
図13　鷹島出土の１号碇と碇石 ……198
（同上）
図14　鷹島出土の２号碇と碇石 ……198
（同上）
図15　鷹島出土の３号碇と碇石 ……199
（同上）
図16　鷹島出土の４号碇の碇石 ……199
（同上）
図17　５号碇の碇石 ……200
（同上）
図18　６号碇の碇石 ……200
（同上）
図19　７号碇の碇石 ……201
（同上）
図20　８号碇の碇石 ……201
（同上）
図21　碇石の実測図１ ……204
（當眞嗣一「南西諸島発見碇石の考察」『沖縄県立博物館紀要』第22号、1996年）
図22　碇石の実測図２ ……206
（松岡史「碇石について」『白初洪淳昶博士還暦記念史学論叢』韓国・蛍雪出版社、1977年）
図23　碇石の実測図３ ……206
（同上）
図24　碇石の実測図４ ……206
（同上）
図25　碇石の実測図５ ……206
（同上）
図26　碇石の実測図６ ……207
（『鷹島海底遺跡――長崎県北松浦郡鷹島町神崎港改修工事に伴う緊急発掘調査報告書――III』鷹島町文化財調査報告書第２集、長崎県鷹島町教育委員会、

## 第5章

図10　倭寇と明兵との接戦 ……………………………………………………236
(同上)
写真4　志賀島の碇石 ……………………………………………………………238
(「碇石展――いかりの歴史――」常設展示室解説、福岡市博物館、1995年)
写真5　天草の碇石 ………………………………………………………………238
(横田浩「熊本県天草郡天草町より発見の碇石について」『ニュースレター』17、九州・沖縄水中考古学協会、2003年)
写真6　カンカン石の1号碇 ……………………………………………………238
(林原利明「神奈川県の碇石――三浦市三崎町小網代・白髪神社所蔵の碇石2点の資料紹介――」『九州・沖縄水中考古学協会会報』通巻18号、2004年)
写真7　カンカン石の2号碇 ……………………………………………………238
(同上)
図11　鎌倉市の光明寺旧境内遺跡から出土した碇石 ……………………240
(『鎌倉市埋蔵文化財緊急調査報告書』22・平成17年度発掘調査報告第2分冊、鎌倉市教育委員会、2003年)
写真8　水の子岩海底遺跡から出土した「棒状石」 ……………………241
(「海底の古備前――水ノ子岩学術調査記録――」山陽新聞社、1978年)
図12　元島遺跡から出土した碇身 ………………………………………………246
(『元島遺跡1(遺物・考察編1中世)』静岡県埋蔵文化財発掘調査報告書第116集、1999年、安間拓巳執筆部分)
図13　高松城址から出土した碇身 ………………………………………………247
(「サンポート高松総合整備事業に伴う埋蔵文化財発掘調査報告書」第4冊『高松城跡III(西の丸町地区)』第1分冊、香川県教育委員会・財団法人香川県埋蔵文化財調査センター、2003年、松本和彦執筆部分)

## 第6章

図1　三本爪の鉄錨 ………………………………………………………………253
(王冠倬編『中国古船図譜』三聯書店、2000年)
図2　単歯の鉄錨 …………………………………………………………………253
(同上)
図3　山東省蓬萊水城出土の四本爪錨 …………………………………………253
(同上)
図4　『天工開物』に描かれた鍛造中の鉄錨…………………………………254
(宋應星撰／藪内清訳注『天工開物』東洋文庫130、平凡社、1969年)

## 第７章

◎著書略歴◎

石原　渉（いしはら・わたる）

1954年　長崎県生まれ
1976年　東海大学海洋学部海洋工学科卒業
1980年　明治大学文学部史学地理学科考古学専攻卒業
2003年　佛教大学大学院文学研究科東洋史学専攻修士課程修了
2014年　佛教大学大学院文学研究科日本史学専攻博士課程修了　博士（文学）
現　在　公益財団法人日本習字教育財団理事・同付属博物館「観峰館」副館長

［主要論文］
「日本における水底遺跡研究と水中考古学」（『駿台史学』57号、1982年）、「日本水下考古学現状与展望――以鷹島海底遺跡為中心――」（『福建文博』〈中国〉、1998年）、「中世碇石考」（『大塚初重先生頌寿記念考古学論集』東京堂、2000年）、「元寇の沈船」（文化庁文化財部監修『月刊文化財』第一法規、2006年）ほか

佛教大学研究叢書25

碇《いかり》の文化《ぶんか》史《し》

2015（平成27）年２月25日発行

定価：本体5,800円（税別）

著　者　石原　渉
発行者　佛教大学長　山極伸之
発行所　佛教大学
〒603-8301 京都市北区紫野北花ノ坊町96
電話 075-491-2141（代表）
制　作
発　売　株式会社　思文閣出版
〒605-0089 京都市東山区元町355
電話 075-751-1781（代表）
印　刷
製　本　株式会社 図書印刷 同朋舎

　ISBN978-4-7842-1791-5　C3021

## 『佛教大学研究叢書』の刊行にあたって

二十一世紀をむかえ、高等教育をめぐる課題は様々な様相を呈してきています。科学技術の急速な発展は、社会のグローバル化、情報化を著しく促進し、日本全体が知的基盤の確立に大きく動き出しています。そのような中、高等教育機関である大学に対し、「大学の使命」を明確に社会に発信していくことが求められています。

本学では、こうした状況や課題に対処すべく、本学の建学の理念を高揚し、学術研究の振興に資するため、顕著な業績をあげた本学有縁の研究者に対する助成事業として、平成十五年四月に「佛教大学学術振興資金」の制度を設けました。本『佛教大学研究叢書』の刊行は、「学術賞の贈呈」と並び、学術振興資金制度による事業の大きな柱となっています。

多年にわたる研究の成果は、研究者個人の功績であることは勿論ですが、同時に本学の貴重な知的財産としてこれを蓄積し活用していく必要があります。また、叢書として刊行することにより、研究成果を社会に発信し、二十一世紀の知的基盤社会を豊かに発展させることに貢献するとともに、大学の知を創出していく取り組みとなるよう、今後も継続してまいります。

佛教大学